国家出版基金资助项目

湖北省学术著作出版专项资金资助项目

数字制造科学与技术前沿研究丛书

电阻焊用点焊电极延寿技术与方法

董仕节　罗　平　编著

武汉理工大学出版社
·武汉·

内容提要

本书重点介绍了几种延长点焊电极寿命的方法，目的在于使读者了解延长点焊电极寿命的常用方法和相关理论知识。本书共分7章，第1章主要介绍了电阻点焊工艺基础。第2章介绍了点焊电极材料及失效机理。第3章介绍了点焊电极材料及影响点焊电极寿命的原因。第4、5章分别介绍了点焊电极表面电火花熔敷单相 TiC、TiB_2 涂层延寿方法。第6、7章分别介绍了点焊电极表面电火花原位熔敷 TiB_2-TiC、ZrB_2-TiB_2 复相涂层延寿方法，第7章还重点介绍了电火花原位熔敷 ZrB_2-TiB_2 复相涂层缺陷控制和相关机理。

本书可作为高等院校材料加工等相关专业的教学参考用书，也可供相关领域技术人员参考使用。

图书在版编目(CIP)数据

电阻焊用点焊电极延寿技术与方法/董仕节，罗平编著. —武汉：武汉理工大学出版社，2019.1
ISBN 978-7-5629-5701-0

Ⅰ.①电… Ⅱ.①董… ②罗… Ⅲ.①电阻焊-点焊-电极 Ⅳ.①TG453

中国版本图书馆 CIP 数据核字(2018)第078537号

项目负责人：田 高 王兆国　　责任编辑：雷红娟
责任校对：李正五　　封面设计：兴和设计
出版发行：武汉理工大学出版社(武汉市洪山区珞狮路122号 邮编：430070)
http://www.wutp.com.cn
经销者：各地新华书店
印刷者：武汉中远印务有限公司
开本：787×1092 1/16
印张：11
字数：282千字
版次：2019年1月第1版
印次：2019年1月第1次印刷
印数：1—1200册
定价：68.00元

数字制造科学与技术前沿研究丛书
编审委员会

总　序

当前，“中国制造 2025”规划和德国工业 4.0 以信息技术与制造技术深度融合为核心，以数字化、网络化、智能化为主线，将“互联网＋”与先进制造业结合，正在兴起全球新一轮数字化制造的浪潮。发达国家特别是美、德、英、日等制造技术领先的国家，面对近年来制造业竞争力的下降，大力倡导“再工业化、再制造化”战略，明确提出智能机器人、人工智能、3D 打印、数字孪生是实现数字化制造的关键技术，并希望通过这几大数字化制造技术的突破，占领数字化设计与制造的高地，巩固和提升制造业的主导权。近年来，随着我国制造业信息化的推广和深入，数字车间、数字企业和数字化服务等数字技术已成为企业技术进步的重要标志，同时也是提高企业核心竞争力的重要手段。由此可见，在知识经济时代的今天，随着第三次工业革命的深入开展，数字化制造作为新的制造技术和制造模式，同时作为第三次工业革命的一个重要标志性内容，已成为推动 21 世纪制造业向前发展的强大动力，数字化制造的相关技术已逐步融入到制造产品的全生命周期，成为制造业产品全生命周期中不可缺少的驱动因素。

数字制造科学与技术是以数字制造系统的基本理论和关键技术为主要研究内容，以信息科学和系统工程科学的方法论为主要研究方法，以制造系统的优化运行为主要研究目标的一门学科。它又是一门新兴的交叉学科，是在数字科学与技术、网络信息技术及其他（如自动化技术、新材料科学、管理科学和系统科学等）与制造科学与技术不断融合、发展和广泛交叉应用的基础上诞生的，也是制造企业、制造系统和制造过程不断实现数字化的必然结果。其研究内容涉及产品需求、产品设计与仿真、产品生产过程优化、产品生产装备的运行控制、产品质量管理、产品销售与维护、产品全生命周期的信息化与服务化等各个环节的数字化分析、设计与规划、运行与管理，以及产品全生命周期所依托的运行环境数字化实现。数字化制造的研究已经从一种技术性研究演变成为包含基础理论和系统技术的系统科学研究。

作为一门新兴学科，其科学问题与关键技术包括：制造产品的数字化描述与创新设计，加工对象的物体形位空间和旋量空间的数字表示，几何计算和几何推理、加工过程多物理场的交互作用规律及其数字表示，几何约束、物理约束和产品性能约束的相容性及混合约束问题求解，制造系统中的模糊信息、不确定信息、不完整信息以及经验与技能的形式化和数字化表示，异构制造环境下的信息融合、信息集成和信息共享，制造装备与过程的数字化智能控制、制造能力与制造全生命周期的服务优化等。本系列丛书试图从数字制造的基本理论和关键技术、数字制造计算几何学、数字制造信息学、数字制造机械动力学、数字制造可靠性基础、数字制造智能控制理论、数字制造误差理论与数据处理、数字制造资源智能管控等多个视角构成数字制造科学的完整学科体系。在此基础上，根据数字化制造技术的特点，从不同的角度介绍数字化制造的广泛应用和学术成果，包括产品数字化协同设计、机械系统数字化建模与分析、机械装置数字监测与诊断、动力学建模与应用、基于数字样机的维修技术与方法、磁悬浮转子机电耦合动力学、汽车信息物理融合系统、动力学与振动的数值模拟、压电换能器设计原理、复杂多环耦合机构构型综合及应用、大数据时代的产品智能配置理论与方法等。

围绕上述内容，以丁汉院士为代表的一批我国制造领域的教授、专家为此系列丛书的初步形成，提供了他们宝贵的经验和知识，付出了他们辛勤的劳动成果，在此谨表示最衷心的感谢！对于该丛书，经与闻邦椿、徐滨士、熊有伦、赵淳生、高金吉、郭东明和雷源忠等我国制造领域资深专家及编委会成员讨论，拟将其分为基础篇、技术篇和应用篇3个部分。上述专家和编委会成员对该系列丛书提出了许多宝贵意见，在此一并表示由衷的感谢！

数字制造科学与技术是一个内涵十分丰富、内容非常广泛的领域，而且还在不断地深化和发展，因此本丛书对数字制造科学的阐述只是一个初步的探索。可以预见，随着数字制造理论和方法的不断充实和发展，尤其是随着数字制造科学与技术在制造企业的广泛推广和应用，本系列丛书的内容将会得到不断的充实和完善。

《数字制造科学与技术前沿研究丛书》编审委员会

前　言

随着汽车工业的飞速发展和人们对环保要求的提高，镀层（镀锌、镀铝）钢板和铝板在汽车上的应用越来越多。点焊是目前汽车制造工业中最重要的工艺方法，它具有生产效率高、焊接成本低、易于实现自动化等特点，因而被广泛应用于机械制造和汽车生产中。点焊电极是点焊过程中的易耗品。在点焊过程中，电极的主要功能是传输电流、加压和散热。由于电极与工件接触时的温度较高，而且点焊电极自身具有一定的电阻，在点焊电流作用下也会产生电阻热，因此点焊电极头部温升很快，达到了稍低于焊点熔核的高温，这使得电极在高温和高压共同作用下而失效。尤其是点焊汽车用镀层钢板时，低熔点镀层材料减小了接触电阻，与点焊普通钢板（非镀层钢板）相比，需增大焊接电流或延长焊接时间才能保证点焊质量。电极工作部位在点焊热和焊接力联合作用下，易与钢板表面低熔点镀层材料发生反应，形成低熔点的合金，这将加快电极失效。因此，减少电极的磨损，延长电极的寿命，是近些年来汽车制造领域亟须解决的前沿课题。本书重点介绍了几种延长点焊电极寿命的方法，目的在于使读者了解延长点焊电极寿命的常用方法和相关理论知识。

本书由董仕节、罗平编著，参与编写的人员还有官旭博士、熊灿硕士、刘康硕士。

本书在编写过程中，参考了国内外同行的大量文献资料，谨向有关人员表示衷心的感谢。本书的出版得到了武汉理工大学出版社的大力支持和帮助，在此向参与本书审阅、编校、排版等环节的工作人员表示衷心感谢。

本书部分内容获国家自然科学基金资助，在此也感谢基金号为51375150、51075129、50575069的国家自然科学基金的支持。

由于编者水平有限，错误在所难免，敬请广大读者批评指正。

编　者

2017年10月

目　录

1 电阻点焊工艺基础

电阻点焊(Resistance Spot Welding,RSW)是电阻焊的一种,简称点焊。电阻点焊是将被焊工件装配成搭接接头并压紧在两电极之间,利用电阻热熔化母材金属形成焊点的电阻焊方法。点焊适用于焊接接头处无气密或液密的场合,是一种高效、经济且重要的连接方法,尤其适用于焊接厚度小于 3 mm 的冲压或轧制的薄板搭接构件,广泛应用于汽车制造、航空航天等领域。

1.1 点 焊 方 法

1.1.1 点焊方法的分类

按点焊时电极向焊接区的馈电方式,点焊可分为单面点焊与双面点焊。单面点焊时,电流由被焊工件的同一侧向焊接区馈电;双面点焊时,电极由被焊工件的两侧向焊接区馈电。同时还可按在同一点焊焊接循环中所能焊成的焊点数进行细分,参见图 1-1。

(1) 单面单点焊　两个电极安排在零件的同一面,其中一个电极仅起导电块的作用。如图 1-1(a)所示,当零件一侧电极的可达性很差或零件较大、二次回路又过长时,可采用这一方式。从焊件单侧馈电,需考虑在另一侧加铜垫以减小分流并作为反作用力支点。

(2) 单面双点焊　如图 1-1(b)、图 1-1(c)所示,从一侧馈电时尽可能同时焊两点以提高生产率。单面馈电也会存在分流现象,见图 1-1(c),当点焊间距过小时将无法焊接。在某些场合,可在工件下面加设铜垫板,用以提供低电阻通路,减小分流。若设计允许,在焊件的上层板两焊点之间冲一窄长缺口,便可使分流电流大幅减小。

(3) 双面单点焊　如图 1-1(e)所示,这种焊接方法电极压力较大,焊接电流能集中通过焊接区,可减少焊件的受热区,提高焊接质量。所有的通用点焊机均采用这个方法。它从焊件上、下两侧馈电,适用于小型零件和大型零件周边各焊点的焊接。图 1-1(g)为小压痕双面单点焊。

(4) 双面双点焊　图 1-1(f)为双面双点焊的示意图。此方法虽可在通用焊机上使用,但两点间的电流难以均匀分配,故不易保证两焊点的质量一致。

(5) 多点焊　图 1-1(d)及图 1-1(h)分别为单面多点焊与双面多点焊。当零件上焊点数较多而又大规模生产时,常采用多点焊方法以提高生产率。多点焊机均为专用设备,无论是单面或双面多点焊,基本上均采用变压器单独供电,可同时通电,具有焊接质量高、生产率高、变形小,且三相负载平衡等优点。该方法的焊接质量明显优于由一组变压器同时进行多点焊接的焊接质量。单面多点焊在汽车组件生产过程中已被广泛使用。

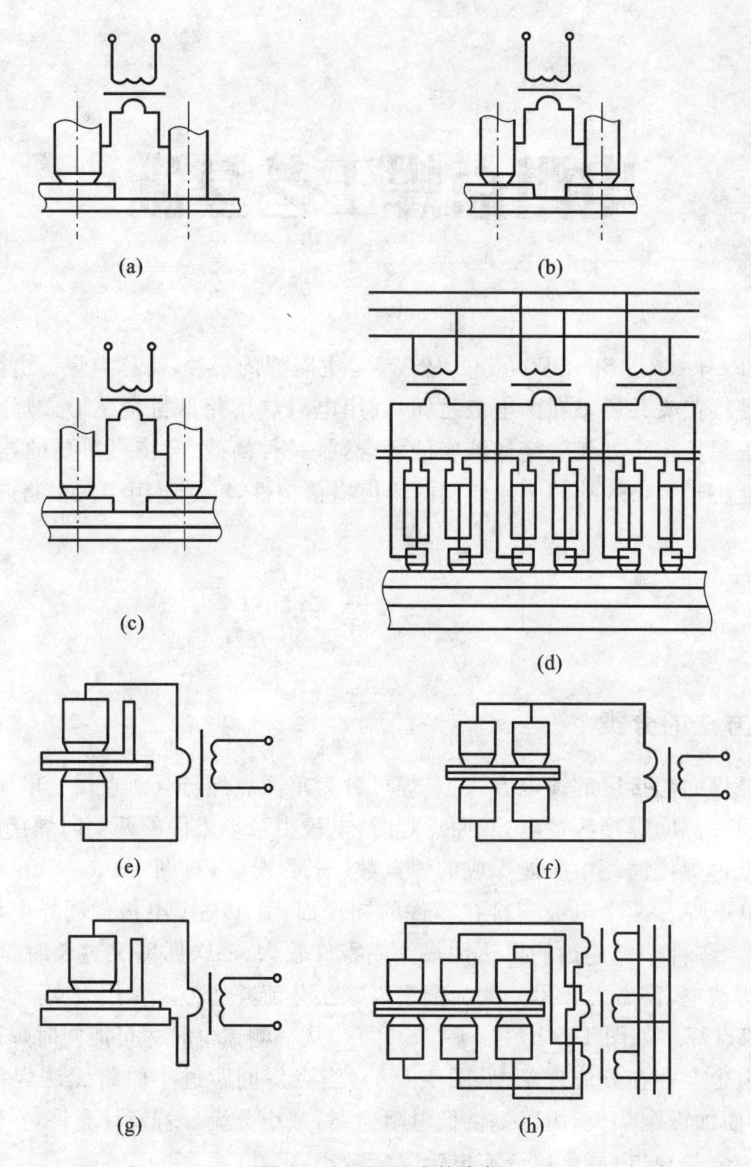

图 1-1 不同形式的点焊

1.1.2 点焊时向焊件馈电应遵循的原则

点焊是利用电极向焊接区馈电进行焊接的，故应遵循以下两个原则：

(1) 尽量缩短二次回路的长度及减小回路所包含的空间面积，以节省能耗。

(2) 尽量减小伸入二次回路的铁磁体的体积，尤其应避免在不同焊点焊接时工件伸入的体积发生较大变化，以避免焊接电流有较大的波动(尤其是在使用工频交流电源时)。

1.2 焊点质量要求

点焊结构靠单个或者多个焊点实现接头的连接。焊接接头的质量最终反映在接头的强度上，而接头强度主要取决于焊点的尺寸、焊点表面和内部的质量。

表面质量是指焊件表面电极压痕深度大小，有无表面飞溅、烧伤、裂纹、粘连电极、翘曲变形及表面抗腐蚀性能的变化等。内部质量则指熔核的几何尺寸、形状，有无超标的裂纹、缩孔等内部缺陷，以及热影响区金属的组织与力学性能有无明显的变化。

点焊结构是由两件或两件以上的搭接或折边的焊件靠单点或多点焊接而成的，接头可由等厚度或不等厚度、相同材料或不同材料的零件组成。接头强度一般用塑性比[每点的正拉力(F_σ)与剪切力(F_τ)的比，即 F_σ/F_τ]来评定，其值越大，则焊点的塑性越好。实践表明，焊件含碳量增加则塑性比下降，故应按构件的受力条件及所用材料合理地选用塑性比。

当焊接接头上存在的内部缺陷或外部缺陷均在标准规定允许的范围内时，则接头强度主要取决于焊点的几何尺寸，即焊点的熔核直径 d_n、焊透率 A 和电极的压痕深度 c。

焊点熔核直径 d_n 是影响焊点强度的主要因素。试验证明，d_n 与焊点强度近似呈正比关系。d_n 的大小根据焊件厚度和对接头强度的要求选取。根据美国电阻焊机制造协会焊接规范，低碳钢的熔核直径 d_n（单位：mm）一般为：A类接头，$d_n = 6\sqrt{\delta}$；B类接头，$d_n = 5.5\sqrt{\delta}$；C类接头，$d_n = 5\sqrt{\delta}$（δ 为板厚）。

焊透率 A 是指焊点熔核在单板上的熔化高度 h_n 对该板厚度 δ 的百分比，即：

$$A = \frac{h_n}{\delta} \times 100\% \tag{1-1}$$

通常 A 规定在 20%～80%范围内，但试验结果表明，焊点熔核直径符合要求时，取 $A \geqslant$ 20%便可保证焊点强度。A 过大，熔核接近焊件表面，表层金属过热，晶粒粗大，易出现飞溅，使压痕增大或在熔核内部产生缩孔、裂纹等缺陷，接头承载能力下降。当 $A>80\%$ 时，接头的疲劳强度显著下降，这是不允许的。

焊接过程中，电极在焊件表面留下的加压痕叫压痕。电极压力越大，电极直径 d 越小，焊接时间越长，焊接电流越大，则压痕越深。压痕过深，不仅影响焊件表面美观及光滑度，该处端面尺寸减小，还容易造成过大的应力集中，致使焊点强度下降。通常为减小压痕深度可采取较硬的规范及较大的电极端面尺寸。

1.3 焊前工件表面清理

工件的表面状态直接影响表面接触电阻大小和电流场分布，对析热和散热有重大影响。工件的焊前表面清理是至关重要的，为减小接触电阻及减少分流保证焊接质量的稳定，延长电极寿命，在点焊前均需对焊件进行表面清理，这亦适用于其他电阻焊焊接方法。除去表面脏物及氧化膜、获得小而均匀一致的接触电阻是避免电极黏结、喷溅、保证点焊质量和提高生产率的前提。对重要的钢结构和铝合金焊件等，需对每批焊前表面清理的焊件按一定比例进行抽检，测定施加一定电极压力下的总电阻 R，以评定其清理效果。一般情况下，清理效果可由清理工艺保证。

焊件的焊前清理，首先应用有机溶剂和碱性溶液除去焊件表面的涂料与油脂，然后再除去金属表面的氧化膜。清理方法视不同的焊件金属及其表面状态而定。对无氧化膜的冷轧钢板，可用金刚砂布、钢丝直径不大于 0.2 mm 的金属刷或中等粒度的金刚砂毡轮清理，使接头两面约 20 mm 的宽度范围内呈现出金属光泽。

对存在氧化膜的热轧或热处理后的钢板，应用喷砂或化学方法清理。若用喷砂清理，喷后应用干燥的压缩空气或金属刷去除残留在焊件表面上的砂粒与灰尘；用化学方法清理的焊件，不应有搭缝或其他缝隙，以免化学溶液流入缝隙后因清除不尽而产生腐蚀。

在清理焊件表面时，为避免已经清理完毕的焊件表面产生交叉污染，操作者应按规定戴好橡胶手套。化学清理用的溶液参见表1-1，或查阅相关资料。

焊前正确选用点焊电极及焊接过程中的维护修理，也是非常重要的。

表1-1 化学清理用溶液参考表

金属	腐蚀用溶液	中和用溶液	电阻 R 允许值/$\mu\Omega$
低碳钢	1.每升水中 H_2SO_4 200 g、NaCl 10 g，缓冲剂：六次甲基四胺 1 g，温度 50～60 ℃； 2.每升水中 HCl 200 g、六次甲基四胺 10 g，温度 30～40 ℃	每升水中 NaOH 或 KOH 50～70 g，温度 20～25 ℃	600
低合金结构钢	1.每升水中 H_2SO_4 100 g、HCl 50 g、六次甲基四胺 10 g，温度 50～60 ℃； 2.每 0.8 L 水中 H_3PO_4 65～98 g、Na_3PO_4 35～50 g、乳化剂 OP 25 g、硫脲 5 g	每升水中 NaOH 或 KOH 50～70 g，温度 20～25 ℃ 每升水中 $NaNO_3$ 5 g，温度 50～60 ℃	800
奥氏体不锈钢、高温合金	每 0.75 L 水中 H_2SO_4 110 g、HCl 130 g、HNO_3 10 g，温度 50～70 ℃	质量分数为 10% 的苏打溶液，温度 20～25 ℃	1000
钛合金	每 0.6 L 水中 HCl 16 g、HNO_3 70 g、HF 50 g		1500
铜合金	1.每升水中 HNO_3 280 g、HCl 1.5 g、炭黑 1～2 g，温度 15～25 ℃； 2.每升水中 HNO_3 100 g、H_2SO_4 180 g、HCl 1 g，温度 15～25 ℃		300
铝合金	每升水中 H_3PO_4 110～115 g、$K_2Cr_2O_7$ 或 $Na_2Cr_2O_7$ 0.8～1.5 g，温度 30～50 ℃	每升水中 HNO_3 15～25 g，温度 20～25 ℃	80～120
镁合金	每 0.3～0.5 L 水中 NaOH 300～600 g、$NaNO_3$ 40～70 g、$NaNO_2$ 150～250 g，温度 70～100 ℃		120～180

注：成分中酸的密度(单位：g/cm^3)为硫酸—1.84、硝酸—1.40、盐酸—1.19、正磷酸—1.6。

1.4 焊件的装配和定位焊

1.4.1 焊件的装配

焊件的装配质量对点焊质量影响很大。当装配不当而存在错边或间隙过大时，焊件将在焊后产生不同程度的变形。尤其当装配间隙过大时，有相当大的一部分电极压力消耗在变形上，导致作用于焊点内的压力减小且不稳定，焊接质量也不稳定。若焊件的间隙和刚度都很大，全部的电极压力都将用于变形上，还不能使两焊件很好地接触，此时全部焊接电流将被分流，使熔核无法形成。为此，在装配过程中应仔细修合整个搭接面，使其间隙在 0.3～0.8 mm 之间（视焊件材质及厚度而定）。

为保证装配质量，可采用专用工装夹具，并用弓形夹或平口钳紧固（装配有孔焊件时，也可用螺栓紧固），以防在定位焊过程中两电极压紧时，因电极发生偏移而使焊件产生相对位移或变形。

1.4.2 定位焊

定位焊时，采用与焊接时相同的参数，定位焊点的质量要求应与焊接点的相同。另外，定位焊点的排列和次序应保证焊件点焊后的变形量最小。为此，定位焊时应注意如下事项：

(1) 保证焊件具有一定的刚性。

(2) 焊件应按不同材质，确定定位焊点的最小间距，如铝合金直线焊缝定位焊的间距宜为 150～200mm。

(3) 对不规则弧形焊件进行定位焊时，应首先从曲率最大（半径最小）的部分开始。

(4) 对较大尺寸的平面结构或特殊弯曲结构进行定位焊时，应从中心分散到边缘进行。

1.5 点焊焊接参数

点焊的主要焊接参数是焊接电流、焊接（通电）时间、电极压力和电极尺寸等。工频交流电源在点焊中应用最广，且主要采用电极压力不变的单脉冲点焊。

(1)焊接电流 I_w

焊接电流是指焊接时流经焊接回路的电流。有：

$$Q = I_w^2 R t_w \tag{1-2}$$

点焊时析出的热量与电流的平方成正比，所以焊接电流对焊点的力学性能影响最大。在其他参数不变时，若焊接电流小于某值，则熔核不能形成图 1-2 中 AB 段。若超过此值，进入图 1-2 中 BC 段，则随电流的增加熔核也逐渐增大，焊点拉剪力上升，而后因散热量的增大熔核增长速度减慢，焊点拉剪力也增加缓慢。临近 C 点区域，板间变形翘离，限制了熔核直径的增大，温度场进入准稳定状态，因而焊点的拉剪力变化不大。若进一步增大焊接电流，这将导致金属过热产生喷溅、压痕过深等缺陷，焊点性能反而下降，如图 1-2 中 CD 段。所以一般常选用对熔核直径变化不敏感的适中焊接电流（BC 段）来焊接。

在实际生产中，焊接电流的波动有时会较大，其主要原因是：

① 电网电压本身有波动或在同一电网范围内多台电阻焊设备同时使用。

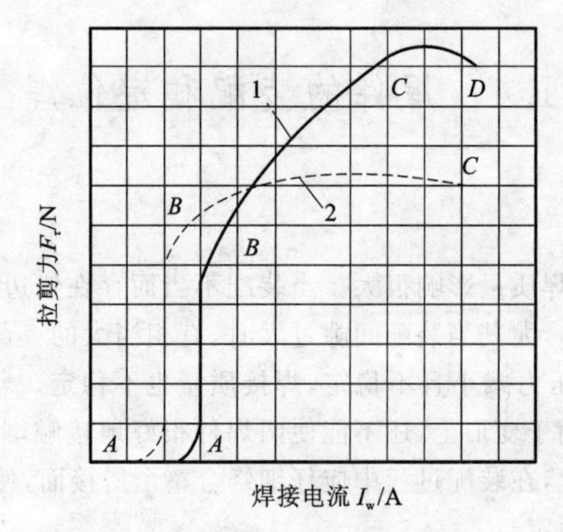

图 1-2 焊接电流 I_w 与拉剪力 F_τ 的关系

1—板厚大于 1.6 mm；2—板厚小于 1.6 mm

② 铁磁体焊件伸入焊接回路。

③ 前一焊点对后一焊点的分流等。

为此在选择焊接电流时，应避免上述波动因素的干扰，故可用网压补偿法来排除各种因素的干扰（常用稳压装置），以获取稳定的焊接电流。

(2) 焊接(通电)时间 t_w

焊接(通电)时间是指自焊接电流接通到停止的持续时间，简称焊接时间。通电时间的长短，直接影响输入热量的大小，在目前广为采用的同期控制点焊机上，通电时间是周的整数倍（我国一周为 0.02 s）。在其他参数固定的前提下，只有通电时间超过某一最小值时才开始出现熔核，而后随通电时间的延长，熔核先快速增大，拉剪力亦相应增大。当选用的电流适中时，进一步延长通电时间，熔核增长变慢，渐趋恒定。但因加热时间过长，组织变差，正拉力下降，使得塑性指标(塑性比 F_σ/ F_τ)下降，如图 1-3 所示。当选用的焊接电流较大时，熔核长大到一定极限后也会产生喷溅。

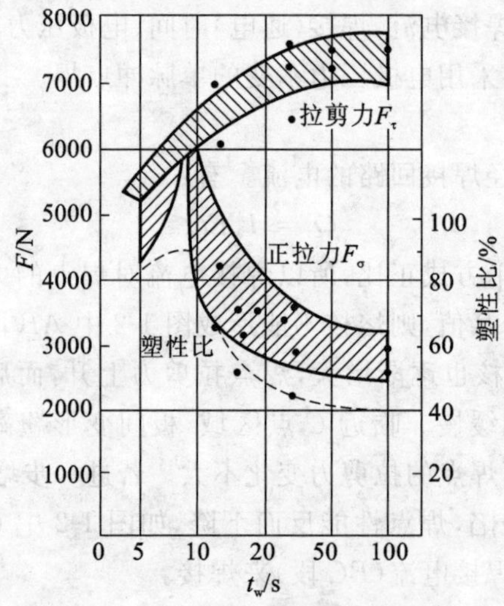

图 1-3 拉剪力 F_τ、正拉力 F_σ 及塑性比与通电时间的关系

（低碳钢：δ=1mm；I_w=800A；F_w=2300N）

(3) 电极压力 F_w

电极压力的大小一方面影响电阻的数值，即影响析热量的多少，另一方面影响焊件向电极的散热情况。过小的电极压力将导致电阻增大、析热量过多且散热较差，引起前期喷溅；过大的电极压力将导致电阻减小、析热量减少、散热良好、熔核尺寸缩小，尤其使焊透率显著下降。因此，从节能角度考虑，应选择不产生喷溅的最小电极压力。

点焊时，电极压力的大小可根据下列因素选定：

① 焊件材料的热物理性质。材料的高温强度越高，则电极压力应越大。如点焊不锈钢与耐热钢时应比点焊低碳钢时的电极压力大。

② 焊接规范。焊接规范越硬，则电极压力也应越大。当焊件要求很高的电极压力而造成焊点加热不足时，则可在通电加热时采用适当的电极压力，而在焊接电流接通前和切断后，分别施以较高的预压力和顶锻力。

(4) 电极工作面尺寸

目前点焊主要采用锥台形和球面形两种电极。锥台形的端面直径 d 或球面的端部圆弧半径 R 的大小，决定了电极与焊件接触面积的大小，电流相同时，它决定了电流密度的大小和电极压力的分布范围。一般应选用比期望获得熔核直径大 20%左右的工作面直径所需的端部尺寸。其次因电极采用水冷却，电极上所散失的热量可占总热输入量的 50%，因此端部工作面的波动和水冷孔端到电极表面的距离变化均将严重影响散热量，从而引起熔核尺寸的波动。因此，要求锥台形电极工作面直径在工作期间每增大 15%左右时必须修复。而水冷孔至电极工作表面距离在耗损至仅存 3～4 mm 时即应更换新电极。

1.6 焊接参数间的相互影响与选择

点焊时各焊接参数的影响是相互制约的。当电极材料、端面形状和尺寸选定以后，焊接参数的选择主要考虑焊接电流、焊接时间及电极压力，这是形成点焊接头的三大因素，其相互配合有两种方式。

(1) 焊接电流与焊接时间应适当配合

这种配合可反映焊接区加热速度。当采用大焊接电流、短焊接时间参数时，即硬规范；采用小焊接电流、适当延长焊接时间参数时，即软规范。

软规范的特点：加热平衡，焊接质量对焊接参数波动的敏感性较低，焊点强度稳定；温度场分布平缓，塑性区宽，在压力作用下易变形，可减小熔核内喷溅、缩孔和裂纹倾向；对有淬硬倾向的材料，软规范可减小接头冷裂纹倾向；所用设备装机容量小、控制精度不高，因而前期投资也较小。但软规范易造成焊点压痕深，接头变形大，表面质量较差，电极磨损快，生产率低及能量消耗量大等。

硬规范的特点与软规范的基本相反，在一般情况下，硬规范适用于铝合金、奥氏体不锈钢、低碳钢及不等厚度板材的点焊；而软规范较适用于低合金钢、可淬锻钢、耐热合金及钛合金等的点焊。

应注意的是，调节 I_w、t_w 在使之配合成不同硬、软规范时，必须相应改变电极压力，以适应不同加热速度及满足不同塑性变形能力的要求。硬规范焊接时所用的电极压力显著大于软规范焊接时所使用的电极压力。

(2) 焊接电流和电极压力的适当配合

这种配合以焊接过程中不产生喷溅为主要原则。要做到以上两种焊接参数的最佳配合，需认真做好点焊投产前的工艺性试验，对所得各项参数进行比对、筛选、调整后再予确定，在实际使用时，还需随时进行修正以满足焊件质量稳定的要求。

1.7 点焊焊接循环

点焊焊接循环是指完成一个焊点所包括的全部程序，即点焊过程是由"预压—焊接—维持—休止"四个基本程序组成的焊接循环，必要时可增加附加程序，其基本参数仍为焊接电流和电极压力随时间变化的规律，图 1-4 所示为点焊焊接循环时序图。

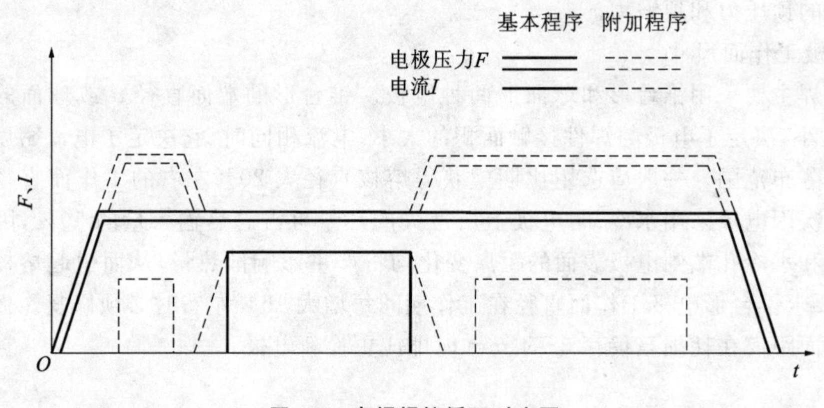

图 1-4 点焊焊接循环时序图

(1) 预压

预压的目的是建立稳定的电流通道，以保证焊接过程获得重复性好的电流密度。对厚板或刚度大的冲压零件，有条件时可在此期间先加大预压力，而后再恢复焊接时的电极压力，使接触电阻相对恒定而又不至太小，以提高热效率。

(2) 焊接

焊接阶段是焊件加热熔化形成熔核的过程。该阶段的焊接电流有效值可基本不变，亦可为渐升或阶跃上升，在此期间熔核内液态金属受电磁力作用为均质；若焊件表面清理不佳或接触面压力分布不均，就会产生喷溅。

(3) 维持

此阶段不再输入热量，熔核快速散热，冷却结晶。在冷却时必须保持足够的电极压力来压缩熔核体积，补偿收缩。这时必须精确控制增加电极压力的时间。若过早增加电极压力，将因液态金属的压强突然升高使塑性环被破坏而产生喷溅；若过晚增加电极压力则会因已形成凝固缺陷而使点焊失效。

(4) 休止

此阶段为恢复到起始状态所需的工艺时间。

一个好的焊点须满足下列各项要求：

① 外观上要求压痕深度较浅，既平滑又呈均匀过渡，无明显凸肩或表面局部被挤压的明显痕迹。

② 不允许外表有环状或径向裂纹；表面不得有呈熔化状或黏附（电极）的铜合金。

③ 内部熔核形状应规则、均匀，熔核直径应满足焊件的强度要求。

④ 核心内部无贯穿性或超越相关规定的裂纹，核心周围无严重过热组织及其他不允许的焊接缺陷。

点焊电极材料及失效机理

点焊电极是保证点焊接头质量的重要零件，主要有向工件传导电流、向工件传递压力、导散焊接区热量等三方面的作用。

2.1 点焊电极材料

在电阻点焊过程中，不同材料的被焊工件需要选用不同材料的点焊电极，电极对连续焊接时的焊接质量影响很大，选择合适的点焊电极材料对保证焊接质量至关重要。点焊电极材料根据《电阻焊电极与辅助装置用铜及铜合金》(HB 5420—1989)可以分为以下四类，但常见为前三类(表 2-1)。

Ⅰ类——电导率高，硬度中等的铜及铜合金。这类合金材料主要通过冷变形的强化方式来达到其硬度要求，一般用于铝及各种铝合金的焊接，也可用于镀层钢板的点焊，但其性能较Ⅱ类合金稍差。Ⅰ类合金还常用于制造不受力或低应力的导电部件。

Ⅱ类——电导率较高(低于Ⅰ类合金)、硬度较高(高于Ⅰ类合金)的合金。这类合金一般通过冷变形跟热处理相结合的方式达到其性能要求。此类合金与Ⅰ类合金相比，力学性能较高、电导率适中，在中等强度的压力情况下，抗变形能力较强，是最通用的电极材料。广泛应用于点焊低碳钢板、低合金钢、不锈钢、高温合金、电导率低的铜合金，以及镀层钢板等。

Ⅲ类——电导率较低(低于Ⅰ类、Ⅱ类合金)、硬度较高(高于Ⅰ类、Ⅱ类合金)的合金，这类合金通过热处理或者冷变形与热处理相结合的方法达到性能要求。这类合金具有较好的力学性能，耐磨性好，软化温度高，但电导率较低，因此适用于点焊电阻率高、高温硬度较高的材料，如不锈钢高温合金等。

此外还有一种钨-铜混合烧结材料，适用于焊接母材电阻率较低、焊接热量高、焊接时间长、电极压力较高的焊接场合。此类合金的性能随着其钨含量的增加，强度与硬度提高，但其导电性及导热性降低。

除上述电极材料外，还有一种氧化铝弥散强化电极($Cu\text{-}Al_2O_3$)，此类合金的强度较高，可用于点焊镀锌钢板和普通碳钢钢板。电极寿命可达Ⅱ类合金的电极寿命的 4～10 倍。

表 2-1 电极材料的成分和性能

<table>
<tr><th rowspan="4">类别</th><th rowspan="4">编号</th><th rowspan="4">材料牌号</th><th rowspan="4">材料名称</th><th rowspan="4">化学成分/%</th><th rowspan="4">品种及尺寸/mm</th><th colspan="4">材料性能</th></tr>
<tr><th colspan="2">硬度</th><th rowspan="2">电导率/(mS/m)</th><th rowspan="2">软化温度/℃</th></tr>
<tr><th>HV_{30}</th><th>HRB</th></tr>
<tr><th colspan="3">≥</th><th></th></tr>
<tr><td rowspan="8">Ⅰ</td><td rowspan="4">1</td><td rowspan="4">TP1
TP2</td><td rowspan="4">纯铜</td><td rowspan="4">Cu≥99.9</td><td>冷拔棒≥ϕ25</td><td>85</td><td>—</td><td>56</td><td rowspan="4">150</td></tr>
<tr><td>冷拔棒<ϕ25</td><td>90</td><td>(53)</td><td>56</td></tr>
<tr><td>锻件</td><td>50</td><td>—</td><td>56</td></tr>
<tr><td>铸件</td><td>40</td><td>—</td><td>50</td></tr>
<tr><td rowspan="3">2</td><td rowspan="3">CuCd</td><td rowspan="3">镉铜</td><td rowspan="3">Cd:0.7～1.3</td><td>冷拔棒≥ϕ25</td><td>90</td><td>(53)</td><td>45</td><td rowspan="3">250</td></tr>
<tr><td>冷拔棒<ϕ25</td><td>95</td><td>(54)</td><td>43</td></tr>
<tr><td>锻件</td><td>90</td><td>(53)</td><td>45</td></tr>
<tr><td>3</td><td>CuZrNb</td><td>锆铌铜</td><td>Zr:0.10～0.25
Nb:0.06～0.15</td><td>冷拔棒、锻件</td><td>(107)</td><td>60</td><td>48</td><td>500</td></tr>
<tr><td rowspan="7">Ⅱ</td><td rowspan="4">1</td><td rowspan="4">CuCr</td><td rowspan="4">铬铜</td><td rowspan="4">Cr:0.3～1.2</td><td>冷拔棒≥ϕ25</td><td>125</td><td>(69)</td><td rowspan="4">43</td><td rowspan="4">475</td></tr>
<tr><td>冷拔棒<ϕ25</td><td>140</td><td>(76)</td></tr>
<tr><td>锻件</td><td>100</td><td>(56)</td></tr>
<tr><td>铸件</td><td>85</td><td>—</td></tr>
<tr><td>2</td><td>CuCrZr</td><td>铬锆铜</td><td>Cr:0.25～0.65
Zr:0.08～0.20</td><td>(135)</td><td>75</td><td>43</td><td>550</td></tr>
<tr><td>3</td><td>CuCrAlMg</td><td>铬铝镁铜</td><td>Cr:0.4～0.7
Al:0.15～0.25
Mg:0.15～0.25</td><td rowspan="2">冷拔棒、锻件</td><td>(126)</td><td>70</td><td>40</td><td>—</td></tr>
<tr><td>4</td><td>CuCrZrNb</td><td>铬锆铌铜</td><td>Cr:0.15～0.40
Zr:0.10～0.25
Nb:0.08～0.25
Ce:0.02～0.16</td><td>(142)</td><td>78</td><td>45</td><td>575</td></tr>
<tr><td rowspan="8">Ⅲ</td><td rowspan="4">1</td><td rowspan="4">$CuCo_2Be$</td><td rowspan="4">铍钴铜</td><td rowspan="4">Co:2.0～2.8
Be:0.4～0.7</td><td>冷拔棒≥ϕ25</td><td>180</td><td>(89)</td><td rowspan="4">23</td><td rowspan="4">475</td></tr>
<tr><td>冷拔棒<ϕ25</td><td>190</td><td>(91)</td></tr>
<tr><td>锻件</td><td>180</td><td>(89)</td></tr>
<tr><td>铸件</td><td>180</td><td>(89)</td></tr>
<tr><td rowspan="4">2</td><td rowspan="4">$CuNi_2Si$</td><td rowspan="4">硅镍铜</td><td rowspan="4">Ni:1.6～2.5
Si:0.5～0.8</td><td>冷拔棒≥ϕ25</td><td>200</td><td>(94)</td><td>18</td><td rowspan="4">500</td></tr>
<tr><td>冷拔棒<ϕ25</td><td>200</td><td>(94)</td><td>17</td></tr>
<tr><td>锻件</td><td>168</td><td>(86)</td><td>19</td></tr>
<tr><td>铸件</td><td>158</td><td>(83)</td><td>17</td></tr>
</table>

续表 2-1

类别	编号	材料牌号	材料名称	化学成分/%	品种及尺寸/mm	材料性能			
						硬度		电导率/(mS/m)	软化温度/℃
						HV_{30}	HRB		
						≥			
Ⅲ	3	$CuCo_2CrSi$	钴铬硅铜	Co:1.8~2.8 Cr:0.3~1.0 Si:0.3~1.0 Nb:0.05~0.15	冷拔棒、锻件	(183)	90	26	600

注:1. 化学成分仅供参考,应保证表中材料的性能。

2. 括号中的硬度值是按 GB/T 3771—1983 换算的,可供参考。

2.2 点焊电极失效机理

电阻点焊电极工作条件恶劣,尤其是焊接镀锌钢板时,其失效形式主要有塑性变形、合金化、磨损、坑蚀与自愈合、再结晶、热冲击和热疲劳等。这些都是高温和压力共同作用所产生的结果。

2.2.1 塑性变形

不管是点焊镀锌钢板还是点焊普通钢板,电极的塑性变形都会导致电极端部直径的增加,以及电极端部“蘑菇化”的形成。这种现象的产生是由电极端部在焊接时承受循环高压和高温作用所造成的。一般来说,电极端部表面的温度应该与焊件表面的温度相差不大,点焊普通钢板时,钢板的表面温度大约为 700 ℃。而点焊镀锌钢板时,因为其焊接时电流密度比点焊普通钢板时电流密度要高出 25%~50%,因此电极端部表面的温度能达到 800~900℃,在这种温度之下,由于电极头部的温度分布不均匀,以致产生了不均匀的塑性变形。另外,在电极端部与工件表面之间产生的高温高压还会导致电极端部合金化,产生物理性能相对较低的 Cu-Zn 合金。Cu-Zn 合金的存在,将进一步加重电极局部的塑性变形。塑性变形使得电极端部的直径随焊点数目的不断增加而增加,因而在焊接过程中导致电极端面焊接电流密度减小,进而焊透率降低,最终导致熔核直径减小,焊点强度下降,此时若要保证焊接质量,就必须修整电极或更换电极。

2.2.2 合金化

在点焊镀锌钢板的过程中,电极的合金化主要发生在电极端面和镀锌层的接触面上,合金化的产物主要分布在电极端面及端部周围。影响电极合金化进程快慢的主要因素有点焊过程中电极与镀层钢板接触面的温度及接触时间长短、镀层元素与电极材料之间的元素扩散速度、合金化产物在焊接循环过程中的形核与长大等。通常来说,电极端面与板材接触面积越大、接触时间越长、焊接温度越高、扩散速度越快,越容易形成合金化,而合金化产生的产物不仅会降低电极端面的电导率,增大电极端面与板材之间的接触电阻,提高焊接时电极表面的温度,加快合金化,而且会影响电极表面的电流分布,造成分流现象,使局部电流过大,影响焊接接头的稳定。

2.2.3 磨损

点焊过程中,电极的磨损主要发生在电极端部,表现为电极端部的电极母材物质通过喷溅、剥落等方式转移到板材上,电极产生磨损,进而导致电极端面直径增大,最终致使焊接时电极端面电流密度减小。普通点焊时,板材与板材之间存在接触电阻,在电流通过的情况下产生热量形成熔核。电极端部与板材之间存在接触电阻,也有被焊接的可能,但电极与板材之间的接触电阻小于板材与板材之间的接触电阻,并且电极的散热性能较好,同时电极内部有冷却水通过,使得电极与板材之间的焊接并没有板材与板材之间的焊接那样容易。但在电阻点焊焊接镀锌钢板时,焊接电流比点焊普通板材时的焊接电流大,从而导致电极与板材之间产生焊接的可能性略大于普通板材的点焊。当电极抬起时,电极与板材之间局部焊接的地方就有可能发生断裂。在整个过程中,可能会在电极端面、焊接产物中间、钢板表面发生断裂。然而,断裂的位置主要取决于电极材料本身的强度、钢板表面镀层金属与钢板之间的结合强度以及局部焊接强度的大小。如果电极材料本身的强度最低,电极端部就会发生磨损;如果板材或镀层金属的强度最低,电极端部就会产生合金黏附物;如果电极端部局部焊接强度介于前面二者之间,那么电极磨损和电极表面黏附这两种情况都会产生。此外影响磨损的因素还包括在正常焊接规范下电极对板材的撞击以及焊接过程中电极冷却水对电极的冷却不足。

2.2.4 坑蚀与自愈合

当点焊电极点焊镀层钢板时,由于循环高温高压的作用,在电极端部表层产生低熔点合金。当一次焊接完成时,电极离开工件,部分低熔点合金以飞溅的形式离开电极端面,并在电极端部表面留下一个个小弧坑,产生若干小弧坑连在一起的过程就叫坑蚀,坑蚀的结果是形成了蚀坑。蚀坑周围的电流密度和工作压力分布发生变化,导致了蚀坑周围的塑性变形以及电极端面的脱落情况加快,进而电极端面的直径不断增大且焊点熔核直径减小,影响焊接质量。电阻点焊镀层钢板时,电极在焊接过程中端部表面的蚀坑会产生自愈合现象。自愈合现象指镀层钢板的表面金属物质在焊接过程中向电极端部表面转移,填满了由坑蚀产生的蚀坑。但是即使蚀坑由于自愈合现象的发生而被填满,电极端部表面的电流及压力分布依然发生了变化,使得点焊板材的焊接质量下降,焊点质量达不到要求而使电极失效。

2.2.5 再结晶

以运用较多的 CuCrZr 电极材料为例,其再结晶温度为 700～800 ℃。在焊接过程中,电极与板材之间的温度基本低于 CuCrZr 合金的再结晶温度,但随着焊接的进行,电极表面的电流及压力分布的改变,电极端部部分微区的温度也可能达到或超过此温度,这取决于电极与板材之间的接触电阻、焊接速度、冷却状况以及电极合金类型。一旦电极端面部分区域的温度高于电极材料的再结晶温度,电极合金就会发生再结晶现象,晶粒长大,电极端部强度降低,电阻率升高,这将加快塑性变形,最终使电极失效。当然,点焊电极材料的再结晶温度越高,其电极在点焊过程中发生再结晶现象的可能性越低。

2.2.6 热冲击和热疲劳

点焊电极在工作过程中不仅受到高温高压,同时还要承受加热和冷却的循环作用。点焊电极受到热和力的冲击，产生热疲劳而失效或端部表层脱落。

上述失效机理都具有两个特点：

其一，上述电极失效机理通常是交织在一起的，以一种或者几种同时存在为主。电阻点焊Zn-Ni镀层钢板时，电极的主要失效磨损是机械磨损。而电阻点焊有机硅酸盐复合镀层钢板时，由于电极端部温度超过了Cu-Zn合金层的熔点，因此失效磨损主要发生在冶金反应过程中。

其二，上述这些失效机理往往相互促进，相互作用，加快电极失效。例如：电极的塑性变形使得电极端面直径增大，增大了电极端面金属与钢板的接触面积。这不仅减小了焊接过程中电极端面的电流密度，还拓宽了镀层金属向电极端面的扩散通道，使得从镀层表面扩散到电极端面的镀层金属量增加，加快了电极材料的合金化速度。并且Cu-Zn合金的电阻率比铜要高，在相同条件下，后续焊接电极端面产热量加大，电极端面的温度就会升高，反过来又促进了电极的合金化进程以及塑性变形的产生。由此可见，避免或减缓电极中一种或几种电极失效，对于延长电极的寿命是非常有益的。

3 点焊电极材料及影响点焊电极寿命的原因

点焊是连接汽车部件最常用的工艺之一，由于电极点焊镀层钢板的寿命比点焊非镀层钢板的寿命短，在过去的十年中，随着镀层钢板在汽车构件中应用的日益增加，电极的耗量也在增加。电极材料不仅是影响电极寿命的主要因素之一，而且还直接影响点焊质量、生产率和成本，因而研究一种性能较好的电极材料具有较重要的意义。为了提高铜合金的力学性能，常常通过加入合金元素来强化固溶体或通过加入的合金元素之间的化学反应产生硬质点来达到析出强化的目的，常加入的元素有 Zr、Cr、Ti、W、Nb 等。理论上 Cu-B-Ti 三元合金应具有高的比强度、比刚度以及良好的热稳定性。然而采用常规铸造技术制备的 Cu-B-Ti 材料晶粒比较粗大，化学成分不均匀，而且弥散强化相 TiB_2 呈较大的块状或针状分布，损害了铜合金材料的力学性能。机械合金化技术制备 Cu-B-Ti 合金材料，可获得纳米晶过饱和固溶体等亚稳定相，再通过真空热压烧结的方式得到 TiB_2 增强铜基复合材料。由于所产生的 TiB_2 是在热压烧结过程中从过饱和固溶体中以颗粒的形态析出的，因而该材料的增强质点呈弥散、细小的球状，而且整个材料的化学成分均匀，晶粒细小，有利于提高材料的性能。

3.1 Cu-B-Ti 粉末机械合金化过程中结构与性能变化

3.1.1 Cu-B-Ti 粉末机械合金化过程中的形貌变化

图 3-1 是 Cu-2.0wt%(Ti+2B)混合粉末在球磨过程中颗粒形貌的变化。从图 3-1 可以看出，球磨 3 h 后，形貌发生了明显的变化，颗粒呈扁平状，粒子粗化到平均直径约为 200 μm，此后继续球磨，粉末的直径开始减小，球磨至 27 h 后，颗粒变成了等轴状，颗粒的尺寸减小至约 10 μm。

Cu-2.0wt% (Ti+2B)混合粉末在球磨过程中相结构的变化过程如图 3-2 所示，在未球磨之前 X 射线衍射谱上有 Cu 粉的谱线，也有 Ti 粉、B 粉的谱线。随着球磨时间的增加，金属的晶粒不断细化，形变不断增加，导致了 Cu 峰的连续宽化，在大约球磨 3 h 后，B 峰明显减弱，Cu 峰的位置向低角度方向移动，这表明部分 B 已固溶于 Cu 中，导致了晶格膨胀；至 6 h 后，B 的谱峰消失，说明 B 都固溶于 Cu 中；继续球磨，结果 Cu 峰又向低角度方向移动，而且 Cu 峰逐渐宽化，Ti 峰逐渐下降，说明 Ti 正固溶于 Cu 中，至 18 h 左右，有少量的 $TiCu_3$ 峰出现，说明在球磨过程中产生了 $TiCu_3$ 相，至 21 h，Ti 峰消失。由 X 射线衍射谱判定，混合粉末球磨过程中形成了单一的面心立方结构 α-Cu (B、Ti)过饱和固溶体和少量的 $TiCu_3$ 相。

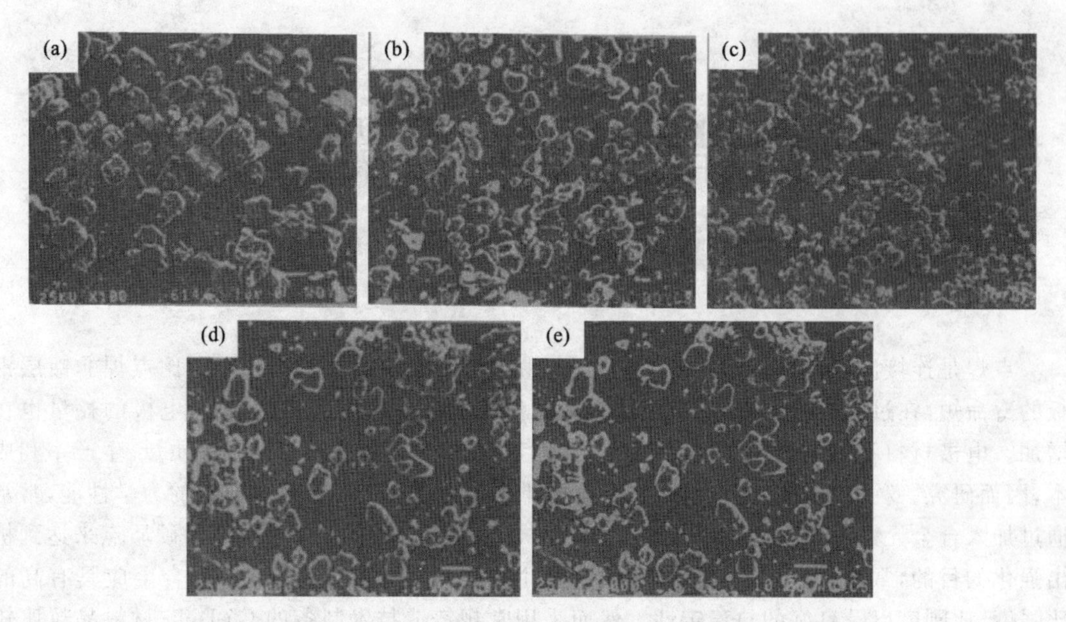

图 3-1 Cu-2.0wt%(Ti+2B)粉末在球磨过程中颗粒形貌的变化

(a)3 h;(b)9 h;(c)15 h;(d)21 h;(e)27 h

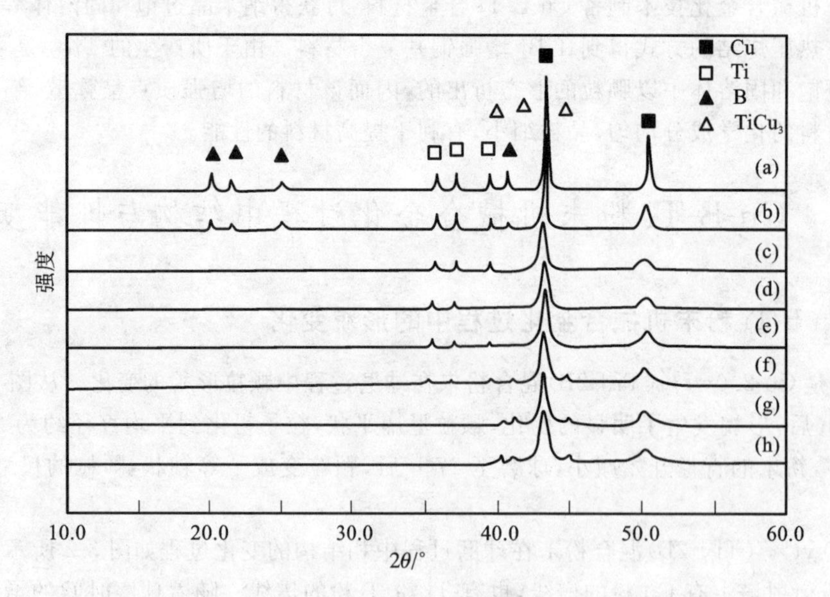

图 3-2 Cu-2.0wt%(Ti+2B) 混合粉末在球磨过程中相结构的演化

(a)0 h;(b)3 h;(c)6 h;(d)12 h;(e)15 h;(f)18 h;(g)21 h;(h)27 h

3.1.2 机械合金化粉末晶粒尺寸与应变

在高能球磨过程中,粉末不断受到磨球的挤压与冲击,发生了严重的塑性变形,积累了大量的位错,发生了加工硬化,导致了 α-Cu 的晶粒逐渐细化。经过 27 h 球磨后,Cu-2.0wt%(Ti+2B)的晶粒直径为 27 nm。在高能球磨中,由位错的密集网络形成切变带,它是塑性变形的主要机制[1]。随着球磨的进行,位错密度增大,晶粒分割成亚晶粒,这是纳米级晶粒形成的根本原因。球磨过程中的晶粒尺寸不能无限度地细化，存在一个极限晶粒尺寸。这个极限尺寸等于两个位错之间的平衡距离[2]：

$$d_c = \frac{3Gb}{(1-\nu)H} \tag{3-1}$$

式中，G 为切变模量，b 为柏氏模量，ν 为泊松比，H 为显微硬度。原则上，当晶粒直径 $d<d_c$ 时，晶粒内部不能容纳任何位错，因此可以认为 d_c 是晶粒可通过位错运动而细化的极限尺寸。对于 Cu 而言，$G=49$ GPa，$b=0.255$ nm，$\nu=0.34$，$H=2.36$ GPa[3]，由此可计算出 $d_c=24.0$ nm。实际试验中获得的纳米晶粒尺寸往往大于这个值，这是因为在球磨过程中最终晶粒尺寸不仅取决于晶粒分割的速度，而且取决于回复（或再结晶）的速度[3]。在球磨过程中，位错集中在切变带中，同时原子水平应变增加，只有当应变量与位错密度达到相当大的某一值后，位错才将晶粒分割成亚晶粒，同时位错被湮灭，位错密度减小，因此，保持大的初始位错密度是晶粒细化的前提。但是对低熔点金属而言，其位错密度因回复（或再结晶）而受到限制。相比而言，高熔点的耐热金属在球磨过程中甚至不会出现回复（或再结晶）。所以其最终晶粒尺寸主要取决于使位错运动的应力。金属的再结晶温度 $T_R \approx 0.4T_m$（T_m 为金属熔点的绝对温度）。将 B 和 Ti 加入 Cu 中，可以降低被球磨的铜粉的熔点，回复或再结晶现象增加，从而导致两种粉末的晶粒尺寸都大于计算尺寸 d_c。从另一个方面来讲，由于 B 先固溶于 Cu 中，Cu 粉产生了固溶强化，导致 Cu 粉的硬度升高，强度增大，d_c 也减小，而且由于 Cu 粉的硬度升高，因而在随后的碰撞、冲击作用下，产生塑性变形的可能性减小，产生断裂的可能性增加。

此外，从溶质原子与位错的交互作用来看，溶质原子与位错的弹性相互作用和化学交互作用均会阻碍位错的运动。由于 B 原子与 Cu 原子尺寸相差较大，因此 B 原子与位错的交互作用显著。为了降低交互作用能（畸变能），溶质原子倾向于聚集到位错周围，形成比较稳定的溶质原子气团。在这种情况下，位错运动一方面要挣脱气团的束缚，另一方面还要克服溶质原子对位错运动的摩擦阻力，因此，位错运动变得困难。

溶质原子在面心立方金属中的堆垛层错中富集时，会与位错发生交互作用。这样，扩展层错运动时，由于层错内外溶质原子的浓度不同，扩展位错运动的阻力增加了，而且当其他位错与扩展位错相交时，在交割前扩展位错必须先行束集成全位错，但是溶质原子在层错区的偏聚，增加了层错的宽度，使扩展层错难以束集，也不易发生滑移而绕过阻碍。由于上述原因，位错运动的阻力增加，位错在短时间内达到高密度，这是 B 的加入促进晶粒细化的另一个原因。

3.1.3　Cu-Ti-B 球磨过程中过饱和固溶体的形成

在热力学平衡条件下，室温下 Ti、B 在 α-Cu 中的固溶度可忽略不计，采用机械合金化技术，在室温下，使 2.0wt%(Ti+2B) 固溶于 α-Cu 中，形成 Cu(Ti,B) 过饱和固溶体，可见机械合金化技术增大了 Ti、B 在 Cu 中的固溶度，而且 Cu (Ti,B) 固溶体具有纳米晶结构。此外，B 在球磨初期固溶于 Cu 中促进了 Ti 在α-Cu中的固溶。

一般而言，在球磨过程中，延展性较好的金属组成的系统（称韧-韧系），如 Cu-Ti 会形成层状结构，这种层状结构在球磨过程中会逐渐细化，当 Ti 含量较少时，Ti 就会以小碎片的形式“镶嵌”在 Cu 基体中；而韧-脆系，如 Cu-B 系在球磨过程中，脆性组元 B 会逐渐被韧性组元 Cu 包围，尤其当脆性组元的量较少时，脆性组元会以小岛状“淹没”在韧性组元的基体中。由于 B

的初始粉末粒径远小于 Cu 的初始粉末粒径，又因本身很脆，所以易于断裂，粉末粒径减小的速度较快。因此，经过一段时间的球磨后，B 以小颗粒形式分布于 Cu 基体中。在这种情况下，B 颗粒与 Cu 颗粒（基体）必然存在着相间界面能，引起体系自由能的上升，形成“毛细管效应”[4]，从而使 B 在 Cu 中的固溶度增大。对此下面从热力学上进行分析：

设 Cu-B 形成面心立方（f. c. c.）的固溶体为规则溶液，那么固溶体的自由能 G^{S} 由下式给出：

$$G^{S} = X_{Cu}G_{Cu}^{S} + X_{B}G_{B}^{S} + \Omega X_{Cu}X_{B} + RT\ln(X_{Cu}\ln X_{Cu} + X_{B}\ln X_{B}) \tag{3-2}$$

式中，G_{cu}^{S}、G_{B}^{S} 分别为纯组元 Cu 在 f. c. c. 和 B 在正交结构状态下的自由能，Ω 为相互作用参数，X_{Cu}、X_{B} 分别为 Cu 与 B 的摩尔分数。则组元 Cu 与 B 的化学位 μ_{Cu}^{S}、μ_{B}^{S} 为：

$$\mu_{Cu}^{S} = G_{Cu}^{S} + \Omega(1 - X_{Cu})^{2} + RT\ln X_{Cu} \tag{3-3}$$

$$\mu_{B}^{S} = G_{B}^{S} + \Omega(1 - X_{B})^{2} + RT\ln X_{B} \tag{3-4}$$

用示意图图 3-3 表示两相平衡时的自由能成分关系。G^{S} 表示 Cu(B)固溶体自由能，G_{B}^{gr} 是在不考虑相间界面的平衡情况下 B 的自由能。为简单起见，设 B 溶于 Cu 中，而 Cu 不溶于 B 中，那么，在不考虑相间界面能时，B 在 Cu 中的平衡固溶度 X_{B}^{e} 由下面的关系式确定：

$$\mu_{B}^{S} = \mu_{B}^{gr} \approx G_{B}^{gr} \tag{3-5}$$

由图 3-3 可见，组元 B 在稳定态（gr）与亚稳的固溶态（S）的自由能之差 ΔG_{B} 为：

$$\Delta G_{B} = G_{B}^{S} - \mu_{B}^{S} \tag{3-6}$$

结合式(3-4)，可得：

$$\Delta G_{B} = -\Omega(1 - X_{B}^{e})^{2} - RT\ln X_{B}^{e} \tag{3-7}$$

由于在平衡条件下，B 在 Cu 中的固溶度小，即 $X_{B}^{e} \ll 1$，因此，由上式得：

$$X_{B}^{e} = \exp\left(-\frac{\Delta G_{B} + \Omega}{RT}\right) \tag{3-8}$$

若不考虑相间界面能，B 在 Cu 中的平衡固溶度为 X_{B}^{e}，从图 3-3 可见，它可由公切线规则确定。当 B 以细小的粒子分布于 Cu 基体中时，相间界面能对自由能的影响不可忽视。假定 B 粒子为球状，相间界面能对自由能的贡献 ΔG_{r} 由下式给出[4]：

$$\Delta G_{r} = \frac{2\gamma V_{m}}{r} \tag{3-9}$$

式中，γ 是相间界面能，V_{m} 是 B 的摩尔体积，r 是 B 粒子的半径。此时 B 的自由能从 G_{B}^{gr} 上升到 $G_{B,r}^{gr}$。从图 3-3 可见，由公切线规则可得 B 在 Cu 中的固溶度增大到 X_{B}^{r}。类似于式(3-8)，用$(\Delta G_{B} - \Delta G_{r})$代替 ΔG_{B}，则 X_{B}^{r} 由下式确定：

$$X_{B}^{r} = \exp\left(-\frac{\Delta G_{B} - \Delta G_{r} + \Omega}{RT}\right) = \exp\left(-\frac{\Delta G_{B} + \Omega - 2\gamma V_{m}/r}{RT}\right) \tag{3-10}$$

联立式(3-8)与式(3-10)，可得：

$$\frac{X_{B}^{r}}{X_{B}^{e}} = \exp\left(\frac{2\gamma V_{m}}{RTr}\right) \tag{3-11}$$

取 $\gamma = 0.5\ J/m^{2}$，$V_{m} = 2.52 \times 10^{-5}\ m^{3}$，$R = 8.314\ J/(mol \cdot K)$，$T = 500\ K$，$r = 10\ nm$ 时，由上式计算得，$X_{B}^{r}/X_{B}^{e} = 1.83$。即当 B 粒子减小到 10 nm 时，固溶度可以增大到原来的 1.83 倍。

组元 Ti 虽然不是以球状颗粒的形式，而是以小碎片分布于 Cu 中，但是，Ti 与 Cu 之间同样存在相间界面能。可以推断，相间界面能也是 Ti 在 Cu 中的固溶度能够增大的一个原因。

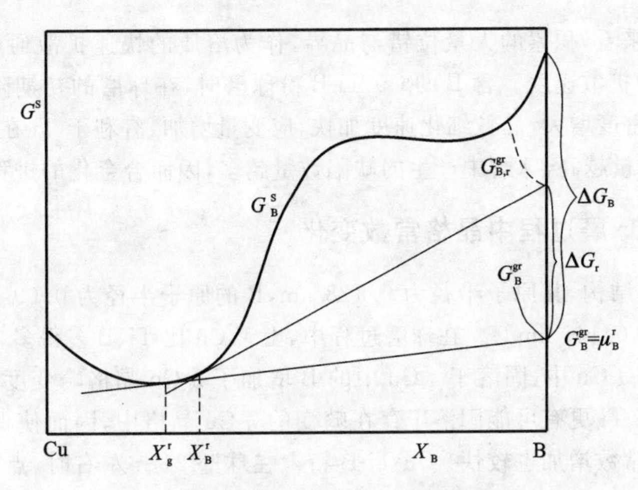

图 3-3 相间界面能对固溶度的影响

晶体中的位错应力场也导致了体系自由能的升高，这个因素也是合金化的驱动力之一。位错应力场作用于离位错中心 r 处的溶质原子的力 σ 为[5]：

$$\sigma = \frac{-Gb(1+\nu)\sin\theta}{3\pi(1-\nu)r} \tag{3-12}$$

式中 G——剪切模量(GPa)；

b——柏氏矢量(nm)；

ν——泊松比；

θ——滑移角(°)。

则溶质原子对基体化学位的改变量为：

$$\Delta\mu = -\sigma V_m \tag{3-13}$$

式中，σ 为位错与溶质原子的相互作用力，V_m 为溶质原子的摩尔体积。由此可导出固溶度增大量[4]：

$$\frac{X}{X_0} = \exp\left(-\frac{\Delta\mu}{RT}\right) = \exp\left(-\frac{\sigma V_m}{RT}\right) \tag{3-14}$$

式中，X 为增大后的固溶度，X_0 为平衡固溶度，R 为气体常数，T 为热力学温度。经严重塑性变形后，金属中位错密度的典型值为 $10^{12}\ m^{-2}$，对于晶粒为 10～15 nm 的固溶体，每个晶粒内平均有一条位错，取 $T=500$ K，$r=7.5$ nm，$G=49$ GPa，$b=0.255$ nm，$V_m=2.53\times10\ m^3$，$\theta=10°$[3]，那么溶质原子在 Cu 中的固溶度可扩展 1.45 倍。

Cu、Ti、B 的合金化与球磨中产生的纳米晶结构及微应变密切相关。在纳米晶体中，晶界的体积分数很高，储存了大量的过剩焓，使晶体的自由能升高，因而增大了溶质原子的固溶度，增大的固溶度可以近似地用下式表达：

$$\Delta X(T,d) = \frac{4V_g \cdot \gamma \cdot X_0}{kTd} \tag{3-15}$$

式中，V_g 为晶粒体积，γ 为晶界的界面能，X_0 是溶质原子的平衡固溶度，k 为玻尔兹曼常数，T 为热力学温度，d 为晶粒直径。由上式可知，当晶粒直径减小时，溶质原子的固溶度显著增加。这种现象已有报道，例如，氢在纳米晶 Pd 中的固溶度与它在单晶 Pd 中的固溶度相比，增大了

10～100 倍[6]。

从热力学角度来看，积累的大量位错与晶界，作为溶质的快速扩散通道，加快了 Ti、B 原子在 α-Cu 基体中的扩散速度。含 B 的 Cu-Ti-B 粉球磨时，在球磨的初期阶段，B 原子溶于 α-Cu 中，导致了位错密度增大，晶粒细化速度加快，应变量增加，有利于 Ti 在后续的球磨过程中固溶于 Cu 中。B 含量越高，球磨中产生的缺陷数量越多，因而合金化的进程越快。

3.1.4　Cu-Ti-B 球磨过程中晶格常数变化

Cu 为面心立方结构，其原子半径为 0.128 nm，B 的原子半径为 0.09 nm，Ti 为密排六方结构，其原子半径为 0.147 nm[7]。在球磨过程中，由于 Cu 比 Ti、B 多得多，并且由前面的分析可知，B 首先固溶于 α-Cu 中，固溶于 α-Cu 中的 B 增加了 α-Cu 晶格畸变度，导致 α-Cu 的点阵常数有所提高，使得 Ti 更有可能固溶于存在畸变的 α-Cu 晶格中，因而使得 Ti 的固溶速度加快，使 α-Cu 的晶格常数增加也较快。Cu-Ti-B 粉末在球磨 21 h 左右时，点阵常数有一定的下降，可能是 $TiCu_3$ 的析出所致。

3.2　原位生成 TiB_2/Cu 复合材料

3.2.1　机械合金化时间对差热分析曲线的影响

图 3-4 是 Cu 粉、B 粉、Ti 粉的差热分析曲线。B 粉的差热分析曲线上在 120～210℃之间有吸热峰，Ti 粉在 290～350℃之间有一个吸热峰。

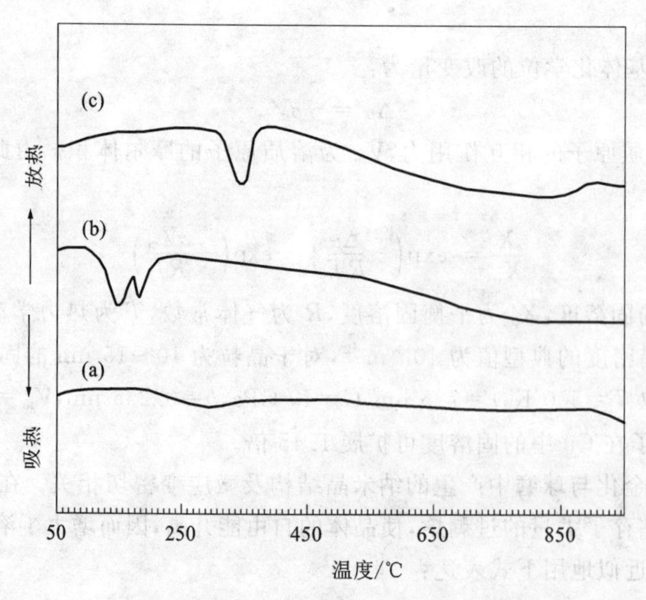

图 3-4　Cu 粉、B 粉、Ti 粉的差热分析曲线

(a)Cu 粉；(b)B 粉；(c)Ti 粉

图 3-5 是 Cu-2.0wt% (Ti+2B)粉末机械合金化 0 h、3 h、6 h、12 h、21 h、24 h、27 h 后的差热分析曲线，有些曲线的实线部分为机械合金化粉末的差热分析曲线，虚线部分为差热分析

后再一次进行差热分析的曲线，目的是分析重新加热对粉末性能的影响。图 3-5(a)曲线上的两个吸热峰分别对应的 B 粉和 Ti 粉在加热过程中的变化，再次加热时，与该粉末第一次加热的差热分析曲线相比，变化很小；图 3-5(b)差热分析曲线上 B 粉、Ti 粉变化的吸热峰仍然存在，但 B 粉所对应吸热峰的面积明显减小，说明在球磨过程中有部分 B 溶于 Cu 中，Ti 粉的变化较小，说明 Ti 粉还未开始溶于 Cu 中，再次加热，B 粉、Ti 粉的变化与该粉末第一次的变化基本相同。图 3-5(c)曲线上没有 B 粉变化的对应曲线，Ti 粉变化的对应曲线仍然存在，说明 B 粉完全固溶于 Cu 中，而 Ti 粉还未完全溶于 Cu 中。在图 3-5(d)曲线上，Ti 粉的变化曲线已减至很小，但在 250～650℃之间有一个放热峰存在，说明此时有放热反应发生。在随后的机械合金化中，曲线的放热峰向低温移动；放热区间增大，直至机械合金化 21 h 后才没有 Ti 粉的变化曲线，说明 Ti 粉也完全固溶于 Cu 中，继续球磨至 27 h，机械合金化的差热分析出现了两个放热峰，第一个在低温区间，第二个在 825～880 ℃之间，说明有两个放热反应发生，再次加热该粉末无放热峰出现。

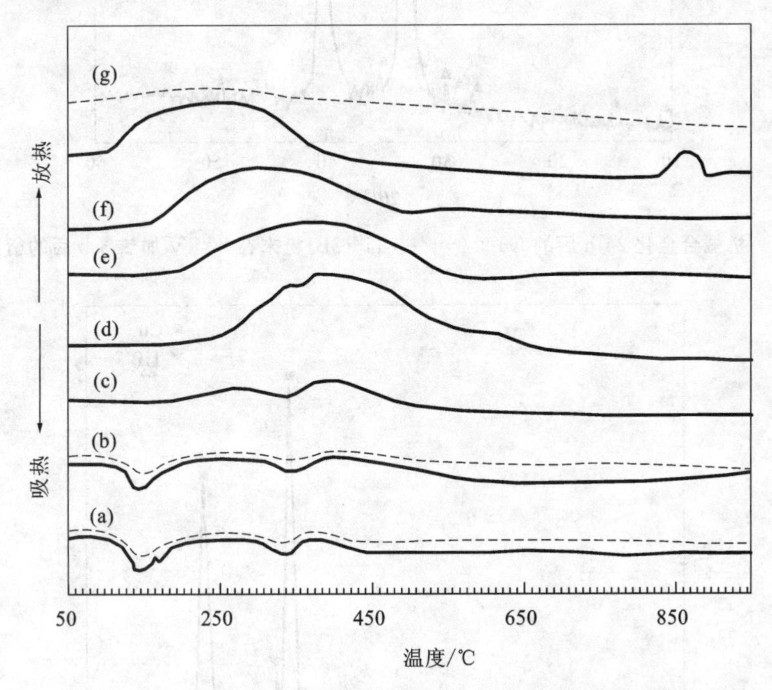

图 3-5　Cu-2.0wt%(Ti+2B)粉末机械合金化不同时间后的差热分析曲线

(a)0 h；(b)3 h；(c)6 h；(d)12 h；(e)21 h；(f)24 h；(g)27 h

3.2.2　机械合金化粉末加热烧结后的相分析

图 3-6 是机械合金化 24h 后的 Cu-2.0wt% (Ti+2B)粉末在 800℃加热 3h 后的衍射谱，从谱线上可以看出，烧结体中除了有 B 相、Cu 相外，还有 $TiCu_3$相，说明在差热分析时低温下的放热反应是由 $3Cu+Ti \longrightarrow TiCu_3$ 产生的，并析出少量的 B 相。图 3-7 是机械合金化 27h 后在 880 ℃加热 3 h 后的衍射谱，从谱线上可以看出，烧结体中只有 Cu 相和 TiB_2 相，这说明图 3-5(g)曲线的第二个放热峰为生成 TiB_2 的放热峰。

此外，由衍射谱的数据可以分析得出，机械合金化 24 h 和 27 h 后，Cu 的晶格常数分别为

$a=0.36274$ nm 和 $a=0.36296$ nm；在 800 ℃加热 3 h 后，Cu 的晶格常数 $a=0.36194$ nm；在 880 ℃加热 3 h 后，Cu 的晶格常数 $a=0.36160$ nm，说明加热时间一定，随加热温度提高，原来通过机械合金化固溶到 α-Cu 中的 Ti、B 逐渐析出，使得 α-Cu 基本恢复了原来的晶格常数。

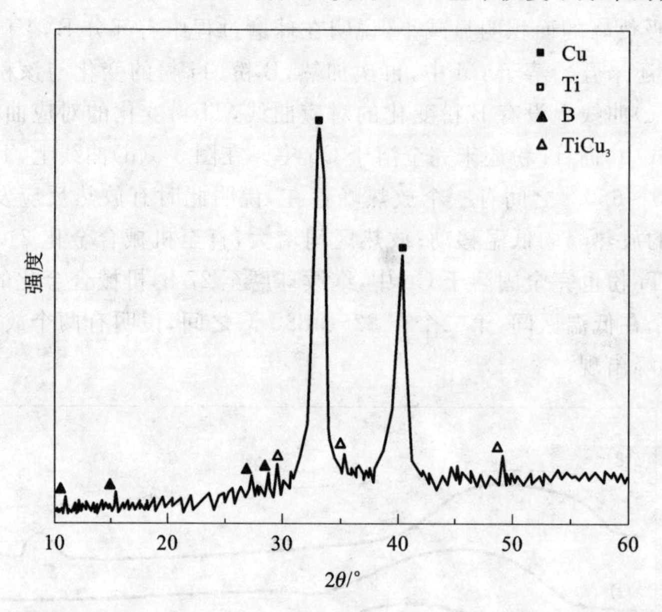

图 3-6　机械合金化 24 h **后的** Cu-2.0wt% (Ti+2B)**粉末在** 800 ℃**加热** 3 h **后的衍射谱**

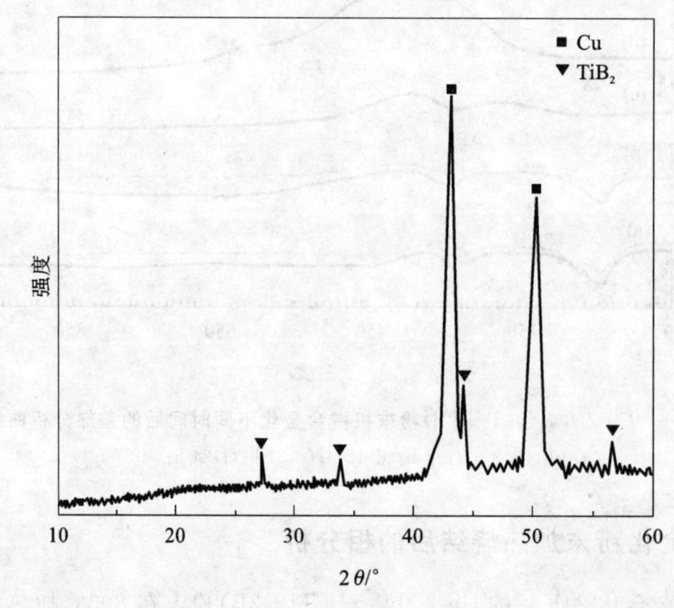

图 3-7　机械合金化 27 h **后的** Cu-2.0wt% (Ti+2 B)**粉末在** 880 ℃**加热** 3 h **后的衍射谱**

3.2.3　反应生成物的热力学分析

从 Cu-Ti、Cu-B、Ti-B 的相图(图 3-8 至图 3-10)可知，对于机械合金化后的 Cu (Ti、B)粉末，在随后的加热过程中，可能会发生以下几个化学反应：

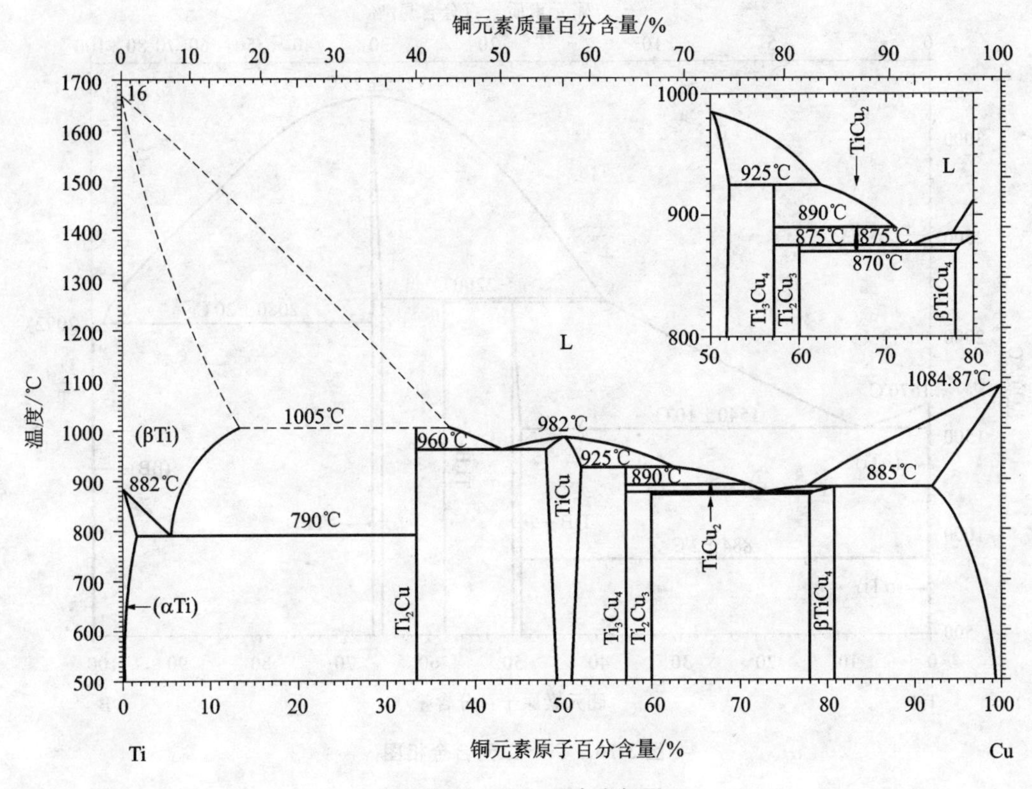

图 3-8　Cu-Ti 二元合金相图

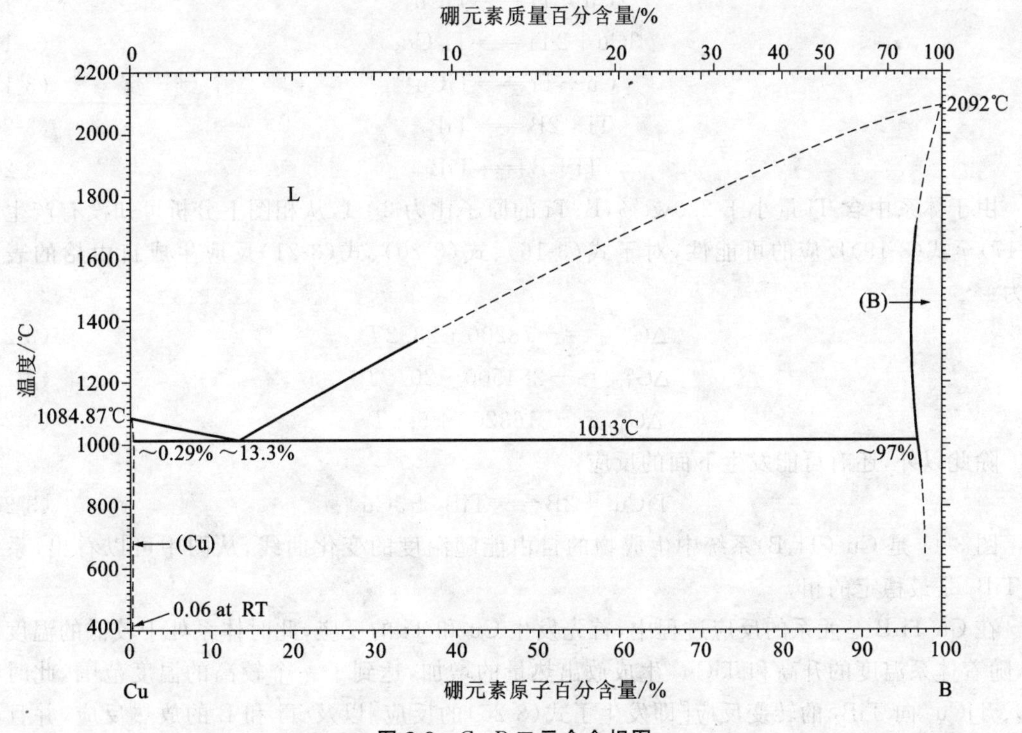

图 3-9　Cu-B 二元合金相图

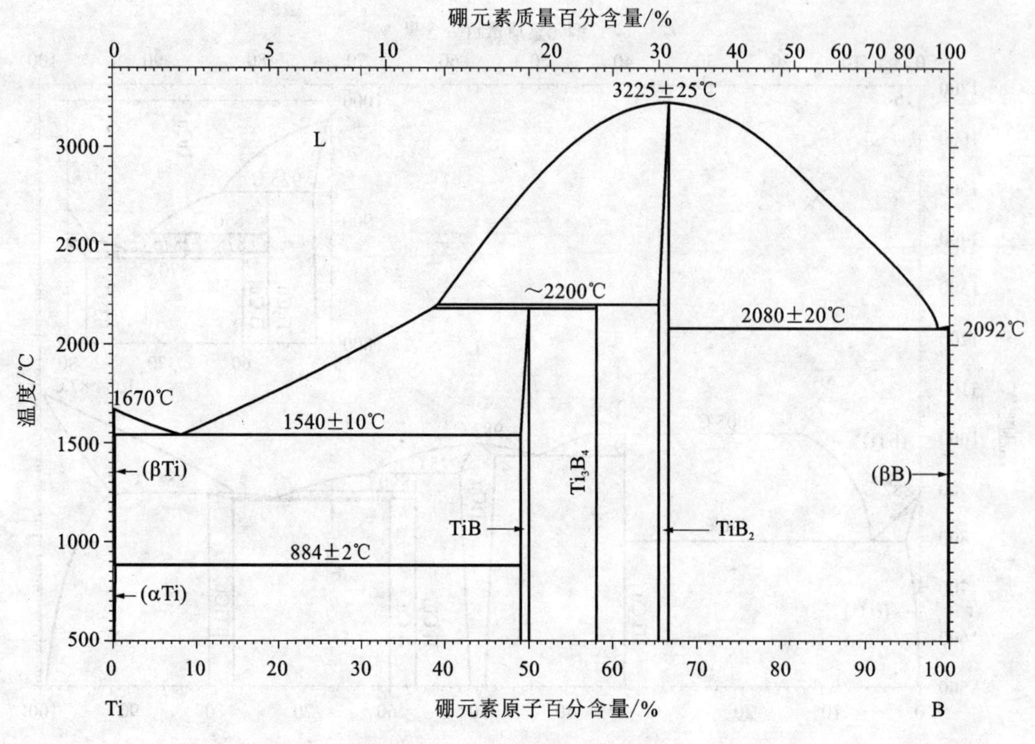

图 3-10 Ti-B二元合金相图

$$3Cu+Ti = TiCu_3 \tag{3-16}$$

$$2Cu+Ti = TiCu_2 \tag{3-17}$$

$$3Cu+2Ti = Ti_2Cu_3 \tag{3-18}$$

$$Cu+Ti = TiCu \tag{3-19}$$

$$Ti+2B = TiB_2 \tag{3-20}$$

$$Ti+B = TiB \tag{3-21}$$

由于体系中含 Ti 量小于 2.0wt%，B、Ti 的原子比为 2∶1，从相图上分析可知没有产生式(3-17)至式(3-19)反应的可能性，对于式(3-16)、式(3-20)、式(3-21)反应生成自由焓的表达式为：

$$\Delta G^{o}_{TiCu_3} = -78200+23.2T \tag{3-22}$$

$$\Delta G^{o}_{TiB_2} = -284500+20.5T \tag{3-23}$$

$$\Delta G^{o}_{TiB} = -163200+5.9T \tag{3-24}$$

除此以外，还有可能发生下面的反应：

$$TiCu_3+2B = TiB_2+3Cu \tag{3-25}$$

图 3-11 是 Cu (Ti、B)系统中生成物的自由能随温度的变化曲线，从图中可以看出，系统中 TiB_2 是最稳定的相。

在 Cu-Ti-B 三元系的反应过程中，首先发生 Cu 和 Ti 的反应，此时体系处于较低的温度阶段，随着体系温度的升高和 $TiCu_3$ 生成放出热量的增加，达到了一个较高的温度范围，此时将进入 $TiCu_3$ 向 TiB_2 的转变反应[即发生了式(3-25)的反应]以及 Ti 和 B 的放热反应，并且以前一个转变反应为主。

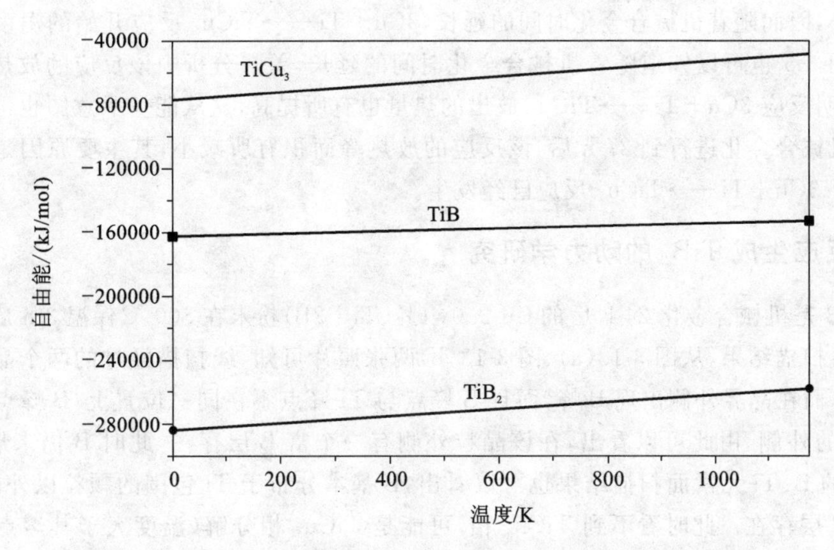

图 3-11　Cu-2.0wt%(Ti+2B)系统中生成物的自由能-温度曲线

3.2.4　机械合金化时间对 $TiCu_3$ 生成区间的影响

随着机械合金化时间的增加，$TiCu_3$ 放热反应的区间向低温移动，12h 时开始反应的温度为 250℃，至 27h 后，开始反应的温度为 110℃左右。出现这种情况的原因主要是：

①随着球磨时间的增加，晶粒变小，晶界体积分数增加，晶界储存了大量的热焓，这些热焓为后来的 $TiCu_3$ 反应提供了能量，球磨时间越长，提供的能量越多，因而使得开始反应的温度越低。

②随着球磨时间的增加，球磨粉末中的位错密度越来越大，形成的精细层状结构也越来越复杂，这同时也为 $TiCu_3$ 形成时原子的扩散提供了更有利的通道，使得在更低的温度下，Cu、Ti 原子就能扩散形成 $TiCu_3$。

③机械合金化改变了参加反应的反应物的能量状态，如图 3-12 所示，没有进行机械合金化时，Cu、Ti、B 粉末的能量位置最低，为 E_0，进行反应所需克服的势垒为 E_1，反应结束时放出的热量为 Q_1，随着机械合金化时间的延长，Cu(Ti、B)在图中的位置有所提高，即 $E_0'>E_0$，进行 $3Cu+Ti \longrightarrow TiCu_3$ 反应所要克服的势垒 E_1' 也较 E_1 要小，所以外界促使该反应进行所提供的

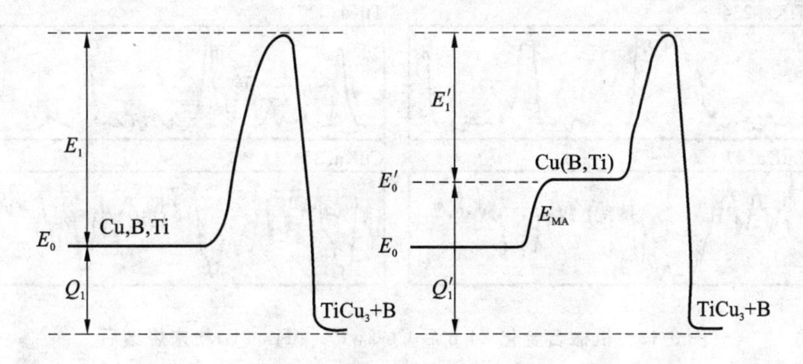

图 3-12　$TiCu_3$ 生成时反应物的能量示意图

能量也较小，因而随着机械合金化时间的延长，$3Cu+Ti \longrightarrow TiCu_3$ 反应开始的温度也向低温移动。从图 3-5 也可以知道随着机械合金化时间的延长，差热分析中该反应的放热面积也有所增大，说明反应 $3Cu+Ti \longrightarrow TiCu_3$ 放出的热量也有所提高，这从能量示意图也可以得到说明。但当机械合金化进行到 27 h 后，该反应的放热峰面积有所减小，其主要原因是在球磨过程中有部分 $3Cu+Ti \longrightarrow TiCu_3$ 反应已经发生。

3.2.5 反应生成 TiB_2 的动力学研究

图 3-13 是机械合金化 24 h 后的 Cu-2.0wt%(Ti+2B)粉末在 800 ℃保温 3 h 后的电子探针照片及线扫描结果，从图 3-13(a)、图 3-13(b)两张照片可知，线扫描经过的两个晶粒的晶界出现 Ti 峰，而在晶界外侧出现 B 峰，而且 B 峰点与 Ti 峰点不在同一位置上，B 峰点基本上是在 Ti 峰点的外侧，由此可以看出，在该晶粒外侧有一个富 B 层存在，此时 B 仍未形成 TiB_2。从图 3-14 的 B、Ti 元素面扫描结果也可以看出，B 基本分布于 Ti 包围的颗粒以外的基体中，有一个富 B 层存在。此时看不到 $TiCu_3$ 相，可能是 $TiCu_3$ 相分解(温度大于其熔点)了，由于 Ti 和 B 有吸附性，Ti 偏聚于分解的 $TiCu_3$ 颗粒的外侧，即在富 B 层内侧偏聚形成了富 Ti 层，但未形成 TiB_2。师冈利政等人在研究 TiB_2/Cu 复合材料原位生成时，也发现了 Ti 与 Cu 先生成了 $TiCu_3$，然后 $TiCu_3$ 溶解再形成 TiB_2，与我们的试验类似。

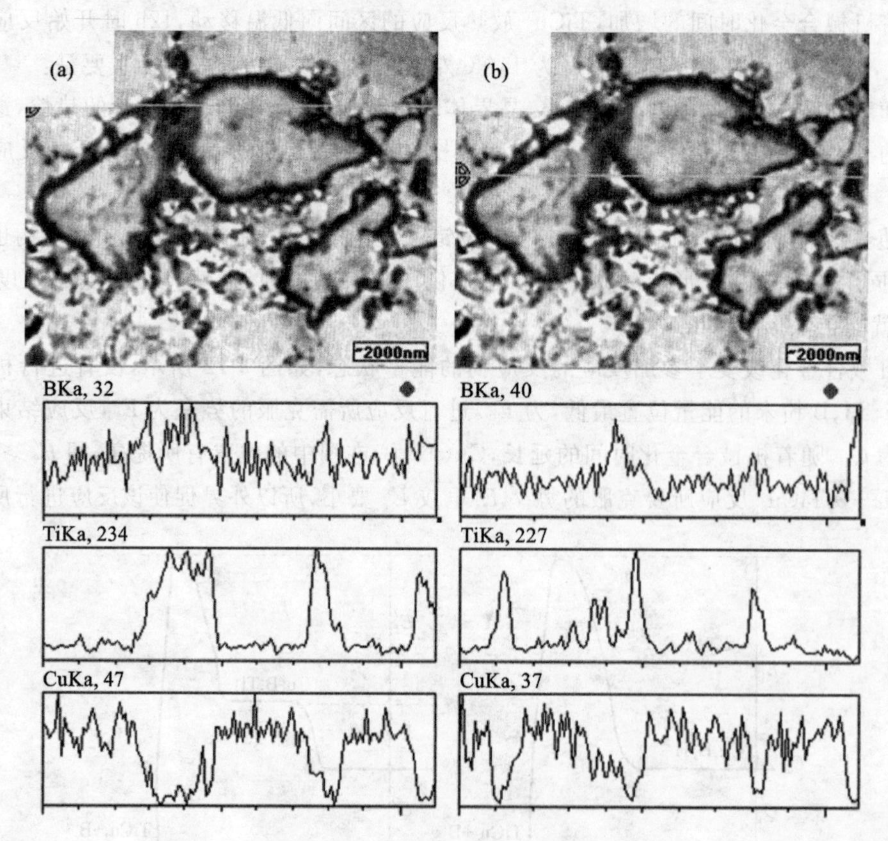

图 3-13 机械合金化 24 h 后 Cu-2wt% (Ti+2B)粉末烧结后的电子探针照片及线扫描结果

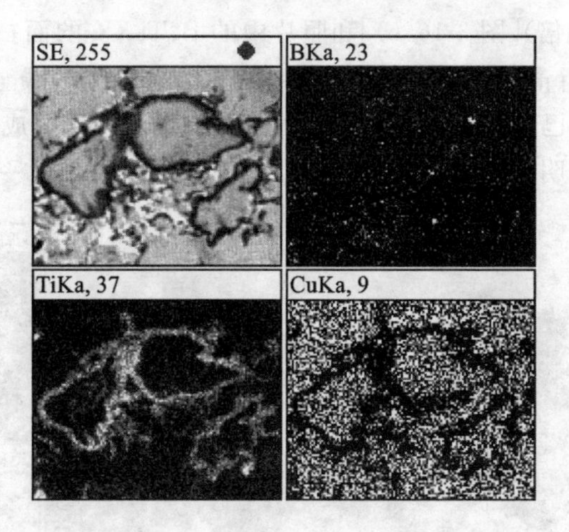

图 3-14 机械合金化 24 h 后 Cu-2.0wt%（Ti+2B）粉末烧结后元素的面扫描结果

图 3-15 是机械合金化 27 h 后的 Cu-2.0wt%（Ti+2B）粉末在 880 ℃保温 3 h 后的电子探针照片及线扫描结果，从图 3-15（a）、图 3-15（b）两张照片可知，线扫描经过两个晶粒的晶界处，Ti 峰和 B 峰几乎在同一位置上同时出现峰值，由此可以看出，在该晶界处已形成 TiB_2。图 3-16 是机械合金化 27 h 后的 Cu-2.0wt%（TiB_2）在 880 ℃保温 3 h 后单颗粒周围元素的扫描（高

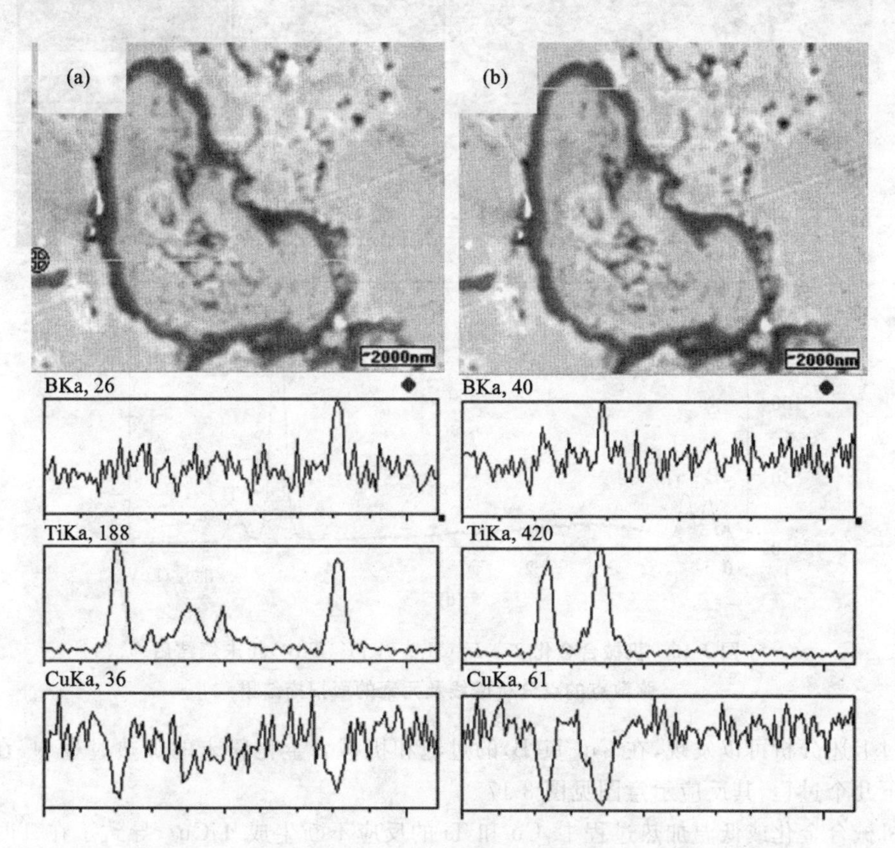

图 3-15 机械合金化 27 h 后 Cu-2.0wt%（Ti+2B）粉末烧结后的电子探针照片及线扫描结果

倍)[图 3-16(a)]、照片(低倍)[图 3-16(b)]和照片中的 B、Ti、Cu 的面扫描分析结果[图 3-16(c)]及照片中弥散点的点分析谱线[图 3-16(d)],弥散点的点分析谱线显示其 B、Ti 的原子比为 2∶1,由此可以证明此时已经生成了 TiB_2,尺寸约为 2 μm,并且形成的 TiB_2 均匀分布在基体上,电子探针分析结果表明已经没有 $TiCu_3$,这与前面的 XRD 分析一致。

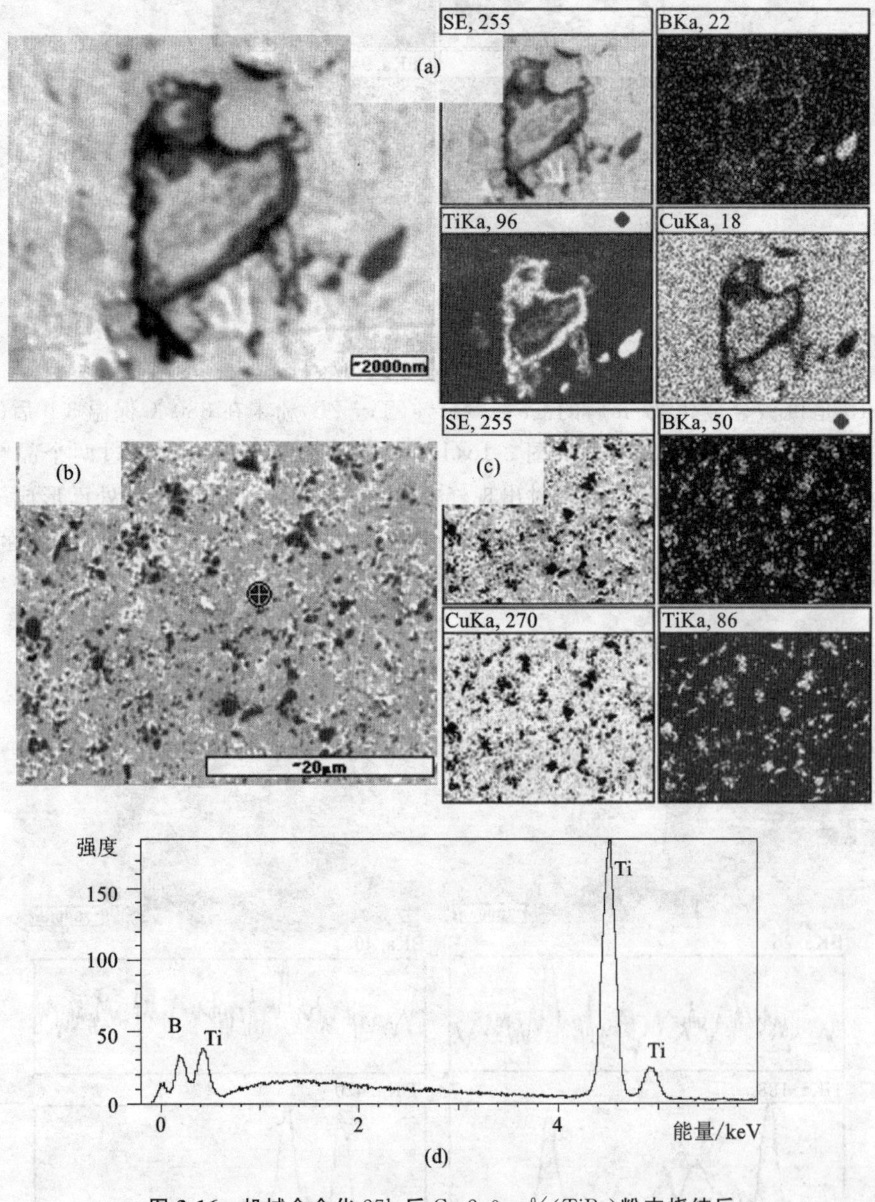

图 3-16 机械合金化 27h 后 Cu-2.0wt%(TiB_2)粉末烧结后弥散点的点分析谱线及元素的面扫描结果

通过上述分析可以发现,在 Cu(Ti、B)的过饱和机械合金化粉末的加热过程中,在微观上存在以下几个过程,其反应示意图见图 3-17。

在机械合金化或低温加热过程中,Cu 和 Ti 的反应不断生成 $TiCu_3$,导致了在 $TiCu_3$ 周围有一个富 B 层,见图 3-17(a);随着温度的升高或 $TiCu_3$ 的生成,体系的温度升高,使 $TiCu_3$ 所

在位置的温度大于 $TiCu_3$ 的熔点 896 ℃时，$TiCu_3$ 发生了 $TiCu_3 \longrightarrow 3Cu+Ti$，而分解的 Ti 富集在 $TiCu_3$ 和富 B 层之间，见图 3-17(b)，此后 B 和 Ti 将发生 $2B+Ti \longrightarrow TiB_2$ 的放热反应，由于这个放热反应放出的热量达到约 323.8 kJ/mol，这个反应一方面导致了 $TiCu_3$ 的加速熔化，另一方面也可能诱发 Cu(Ti、B)中的 Ti 和 B 发生 $2B+Ti \longrightarrow TiB_2$ 的原位反应，这样导致了最后体系中只有 TiB_2 和 α-Cu 相，见图 3-17(c)。

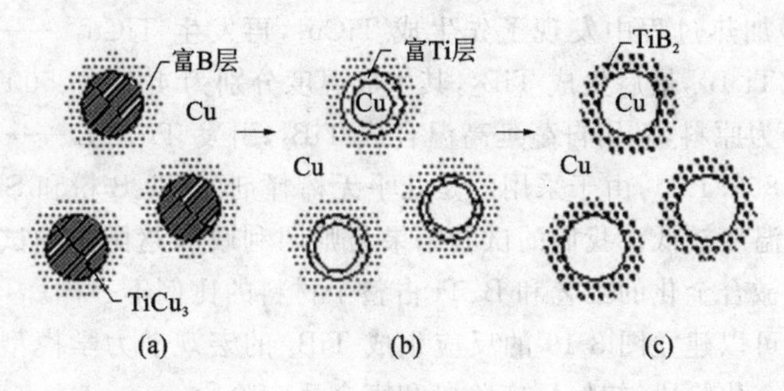

图 3-17 反应生成 TiB_2 的微观机制

从前面的分析可知，亚稳定相 $TiCu_3$ 在稳定相 TiB_2 之前优先形成，主要原因是 $TiCu_3$ 与基体 Cu 之间的界面能比 TiB_2 与基体 Cu 之间的界面能低，导致了形成 $TiCu_3$ 的激活能比形成 TiB_2 的激活能要低，其示意图见图 3-18。

由 $3Cu+Ti \longrightarrow TiCu_3$ 相变反应的热激活分析，相变的动力学条件是机械合金化提供的活化能 E_{MA} 和机械合金化的 Cu(Ti、B)粉末加热时外界提供的热能 Q_{T1}，二者积累的能量等于或大于反应所需要的激活能 E_{u1}，即 $E_{MA}+Q_{T1}>E_{u1}$，这里的 Q_{T1} 为机械合金化粉末加热时外界所提供的生成 $TiCu_3$ 所需的激活能，所以反应 $3Cu+Ti \longrightarrow TiCu_3$ 能发生。由于 $E_{u1}<E_{u2}$，因此先发生了 $3Cu+Ti \longrightarrow TiCu_3$，这就是 Cu(Ti、B)粉末在加热过程中 $TiCu_3$ 先析出的原因。

同样，由于生成稳定相 TiB_2 的激活能高达 540.12 kJ/mol，远大于生成 $TiCu_3$ 的激活能，即 $Q_{T2}>Q_{T1}$，因此只有在更高的温度下才能满足 TiB_2 生成的条件。

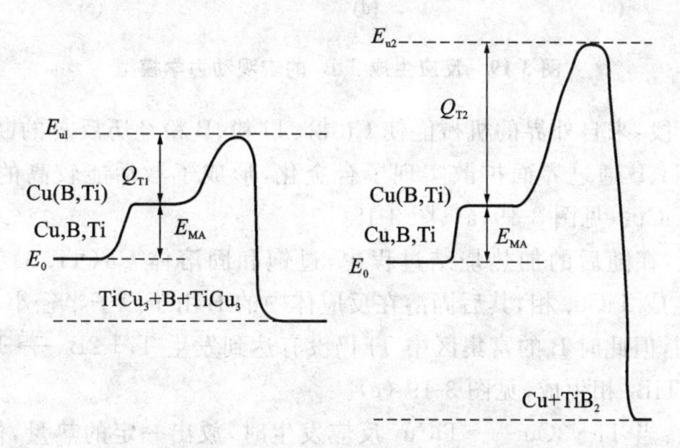

图 3-18 $TiCu_3$、TiB_2 反应生成的途径

在机械合金化 Cu(Ti、B)粉末的加热过程中，只有通过提高温度才能使得体系克服生成 TiB_2 的势能而生成 TiB_2，因而在加热到 890 ℃时，在机械合金化的时间达到 24 h 之前不能生成 TiB_2，只能生成 $TiCu_3$。主要原因是外界提供的能量 Q_T 和机械合金化提供的活化能之和

不能克服生成 TiB_2 的势能。在机械合金化的时间大于 27 h 时，不仅 B 在体系加热过程中有了充分扩散的激活能，而且能量和也满足了生成 TiB_2 所需的势能。从差热分析上可知，此时，生成 TiB_2 的起始温度为 825 ℃，到 880 ℃结束。由于最后烧结体中 Cu 的晶格常数已恢复正常，这说明 Cu(Ti、B)中的 Ti、B 已全部反应生成 TiB_2。

这比师冈利政等人利用 Cu(Ti、B)合金粉末合成 TiB_2 的温度 900 ℃有所降低，但师冈利政等人在 Cu(Ti、B)加热过程中发现了先生成 $TiCu_3$，再发生 $TiCu_3 \longrightarrow Ti+3Cu$ 的分解反应，而后生成 Ti_2B_5、Ti_3B_4，最后生成 TiB_2，其生成温度分别为 400 ℃、500 ℃和 900 ℃。赵昆渝等人采用 Ti、B 粉为原料，采用自蔓延高温合成 TiB_2，引发 $Ti+2B \longrightarrow TiB_2$ 反应的温度为 457 ℃，反应持续到 856.1 ℃，由于采用的是几乎无稀释剂的 Ti、B 粉和 SHS 技术，因而 $Ti+2B \longrightarrow TiB_2$ 反应的温度较低。我们的试验结果与师冈利政和赵昆渝的试验结果存在一定的差异，主要原因是机械合金化的工艺和 B、Ti 占整个材料的比例不一样。

通过以上分析，可以建立图 3-19 的反应生成 TiB_2 的宏观动力学模型。整个反应可以分为三个阶段：机械合金化阶段、初始反应阶段和完全反应阶段。

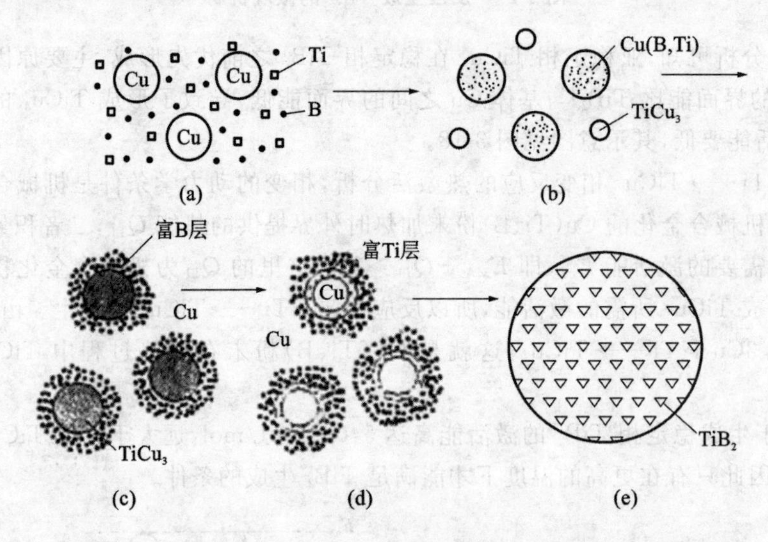

图 3-19 反应生成 TiB_2 的宏观动力学模型

机械合金化阶段：来自外界的机械能使 Cu 粉、Ti 粉、B 粉经历反复的断裂和冷焊过程，形成层状精细结构，Ti、B 通过界面扩散实现了合金化，形成了激活能较高的过饱和固溶体 Cu(Ti、B)和少量的 $TiCu_3$，见图 3-19(a)、图 3-19(b)。

初始反应阶段：在随后的加热烧结过程中，过饱和固溶体 Cu(Ti、B)就会发生 $3Cu+Ti \longrightarrow TiCu_3$ 反应，生成 $TiCu_3$ 相，其后固溶在反应体中的 B 由于原子半径小，激活能较高，被排斥在 $TiCu_3$ 相周围，但此时 B 的富集区中 Ti 仍没有达到发生 $Ti+2B \longrightarrow TiB_2$ 反应的浓度要求和能量条件，无 TiB_2 相生成，见图 3-19 (c)。

完全反应阶段：当 $Ti+3Cu \longrightarrow TiCu_3$ 反应发生时，放出一定的热量，使得反应区域的温度升高。当 $T>896$℃(即 $TiCu_3$ 的熔点)时，发生了 $TiCu_3 \longrightarrow Ti+3Cu$ 的分解反应，由于 B 对 Ti 的吸附力强，使得 Ti 富集于溶解的 $TiCu_3$ 相和富 B 层中间，此时成分条件和能量条件都达到了发生 $Ti+2B \longrightarrow TiB_2$ 反应的要求，即产生了 TiB_2。产生 TiB_2 时又放出了大量的热量，促使体系的温度进一步升高。从热力学上讲，此时 TiB_2 的生成自由焓较 $TiCu_3$ 的低，生成 TiB_2

的趋势较明显，于是体系中存在 $Ti+2B \longrightarrow TiB_2$ 反应。TiB_2 的生成放出的热量促使 $TiCu_3$ 分解，$TiCu_3$ 分解后的 Ti 又被附近的 B 吸附或者促使周围的 B 向 Ti 扩散，促进 TiB_2 的产生，如此反应的结果使得体系中所有的 Ti 都与 B 反应生成 TiB_2，见图 3-19(d)、图 3-19(e)。

3.2.6 工艺参数对 TiB_2 增强铜基材料物理性能的影响

图 3-20、图 3-21 分别是在烧结温度为 890 ℃，压力为 40 MPa 的烧结工艺下，含 TiB_2 为 1.0wt%的铜基复合材料的相对密度、电导率、硬度随烧结时间的变化曲线，由图 3-20、图 3-21 可见，对于 Cu-1.0wt%TiB_2 来讲，随烧结时间的增加，TiB_2 增强铜基复合材料的相对密度、硬度、电导率都随之增加，但在烧结时间超过 2.5 h 后，增加的趋势明显减弱，基本不再有大的增加，因此最佳的保温时间为 2.5 h。

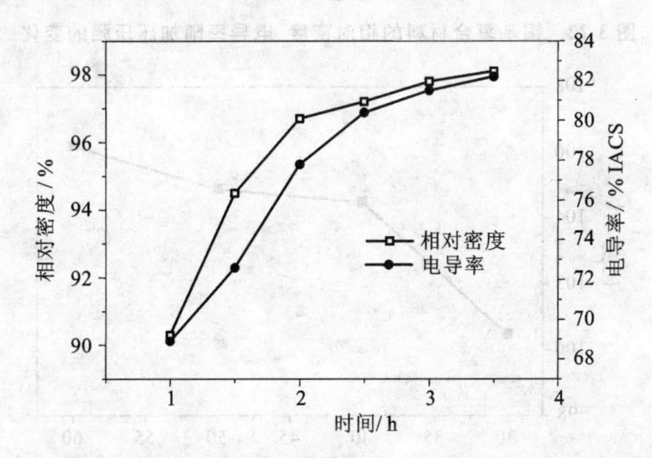

图 3-20 铜基复合材料的相对密度、电导率随烧结时间的变化

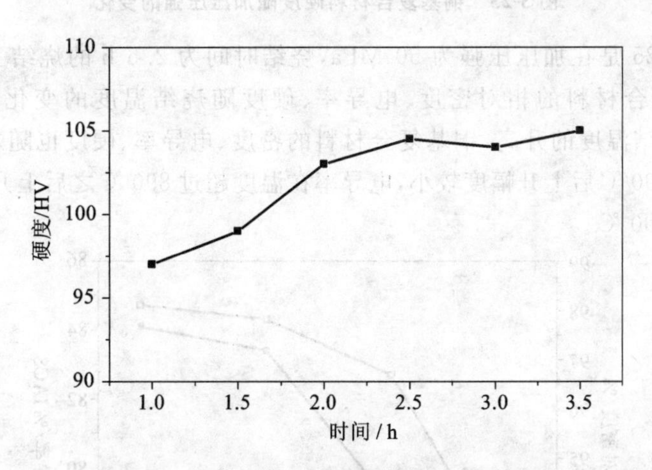

图 3-21 铜基复合材料硬度随烧结时间的变化

图 3-22、图 3-23 分别是在烧结温度为 890℃，保温时间为 2.5 h 的烧结工艺下，含 TiB_2 为 1.0wt%的铜基复合材料的相对密度、电导率、硬度随烧结压强的变化曲线。由图 3-22、图 3-23可知，随烧结加压压强的增加，铜基复合材料的相对密度、电导率、硬度也随之增加，但当压强超过 50 MPa 后，其增加的速度明显减慢，可见最佳的加压压强为 50 MPa。

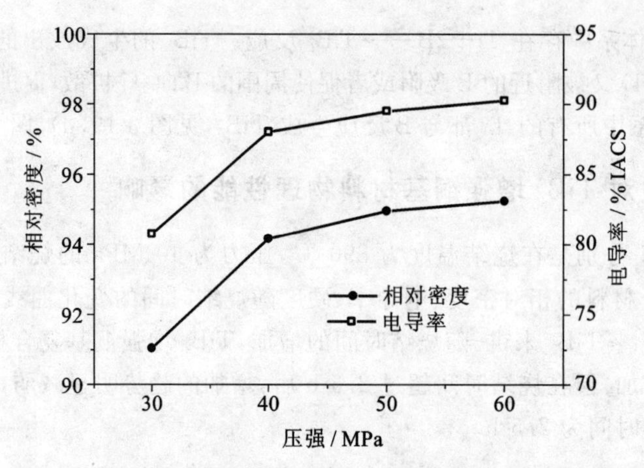

图 3-22 铜基复合材料的相对密度、电导率随加压压强的变化

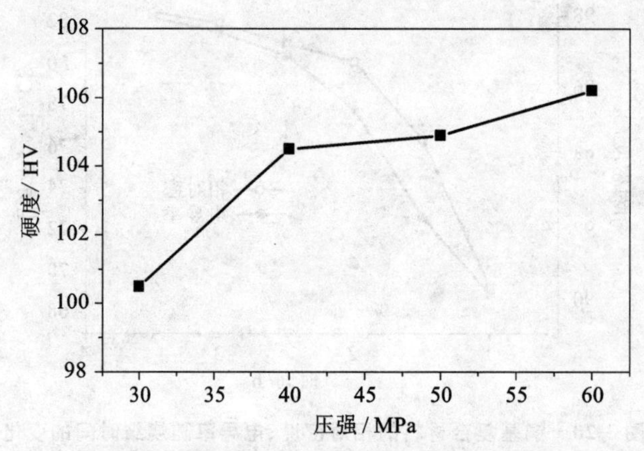

图 3-23 铜基复合材料硬度随加压压强的变化

图 3-24、图 3-25 是在加压压强为 50 MPa，烧结时间为 2.5 h 的烧结工艺下，含 TiB_2 为 1.0wt%的铜基复合材料的相对密度、电导率、硬度随烧结温度的变化曲线。由图 3-24、图 3-25可见，随烧结温度的升高，铜基复合材料的密度、电导率、硬度也随之增大，相对密度、硬度在温度超过 890 ℃后上升幅度较小，电导率在温度超过 890 ℃之后上升幅度更小，可见最佳的烧结温度为 890 ℃。

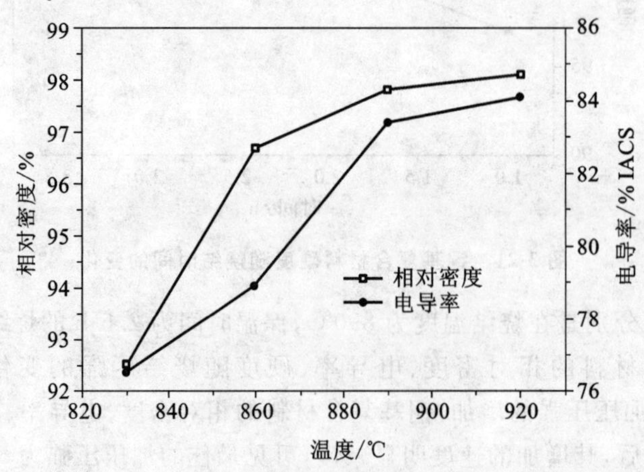

图 3-24 铜基复合材料的相对密度、电导率随烧结温度的变化

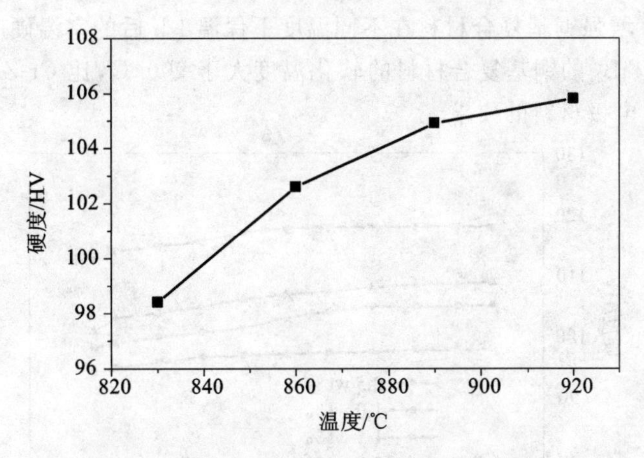

图 3-25　铜基复合材料硬度随烧结温度的变化

图 3-26、图 3-27 分别是在最佳烧结工艺下铜基复合材料的相对密度、电导率以及硬度、抗拉强度随 TiB_2 含量变化的曲线，可以看出，随铜基复合材料中 TiB_2 含量的增加，密度和电导率随 TiB_2 的增加有所减小，硬度逐渐增大，抗拉强度是先增后减，在 2.0wt% TiB_2 处出现峰值。

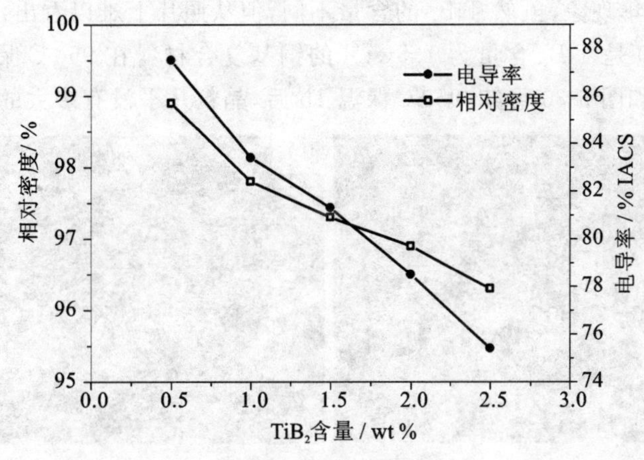

图 3-26　铜基复合材料的相对密度、电导率随 TiB_2 含量的变化

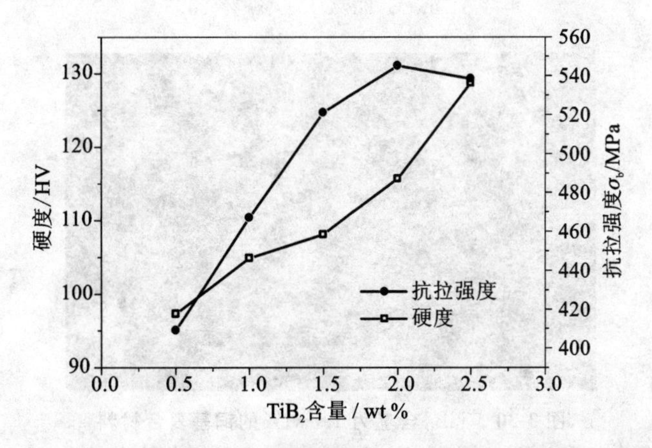

图 3-27　铜基复合材料的硬度、抗拉强度随 TiB_2 含量的变化

图 3-28 是 TiB_2 增强铜基复合材料在不同温度下保温 1 h 后的室温硬度，按照软化温度的定义，由图可见，含 TiB_2 的铜基复合材料的软化温度大于 900 ℃，比 Cr-Zr-Cu 电极材料高出近 350 ℃，基本满足电极材料的要求。

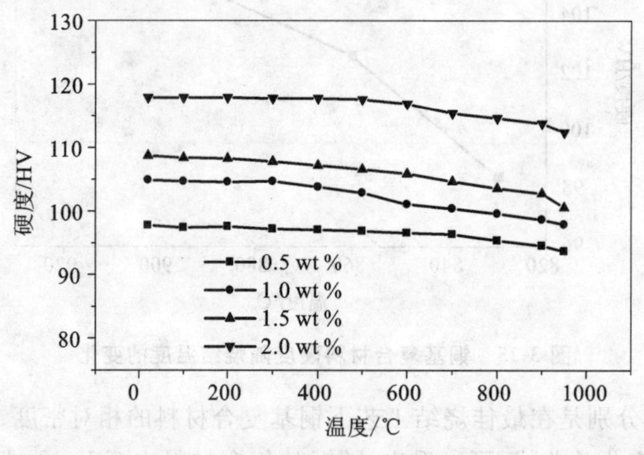

图 3-28 TiB_2 增强铜基复合材料室温硬度随保温温度的变化

图 3-29 是 TiB_2 增强铜基复合材料的金相照片，从照片可以看出，晶粒尺寸细小并且均匀，TiB_2 增强相无偏集现象，虽然 TiB_2 的含量不同，但从照片上难以看出，其主要原因是 TiB_2 颗粒太细小。图 3-30 是 TiB_2 含量为 1.5wt%的铜基复合材料在 950℃保温 1 h 后的金相照片，对比图 3-29 (b)和图 3-30 可知，950℃保温 1h 后，晶粒几乎没有多大的改变。

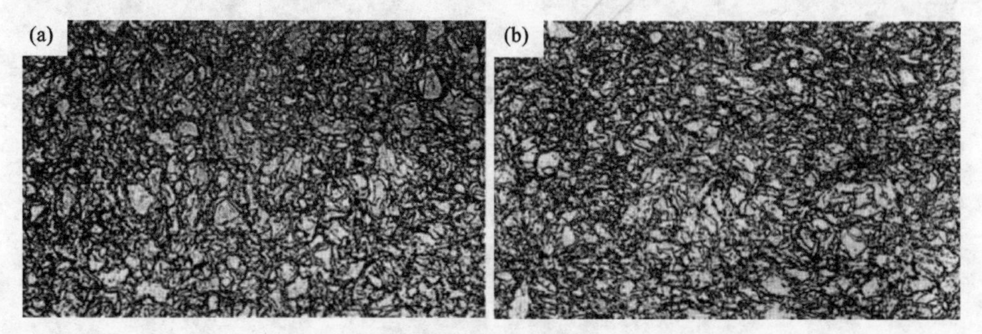

图 3-29 TiB_2 增强铜基复合材料的金相照片(×400)

(a)1.0wt% TiB_2；(b)1.5wt% TiB_2

图 3-30 TiB_2 含量为 1.5wt%的铜基复合材料

在 950℃保温 1 h 后的金相照片(×400)

3.2.7 加压烧结工艺参数对铜基复合材料密度的影响

TiB_2 增强铜基复合材料的烧结体是微米级材料，因而材料松装时，密度本身较大，加压烧结时材料中的孔隙本身就较小。假设由几个球磨后颗粒堆积围成一个孔隙，由于颗粒半径 r 本身很小，可以将几个颗粒连成一个整体，其模型见图 3-31。有一个半径为 r_1 的孔隙和包围闭孔的不可压缩球壳，孔隙的表面应力（$-2\gamma/r_1$）使孔隙周围的材料产生压应力而变形，迫使孔隙缩小。塑性体的流动方程为：

$$\tau = \eta s + \tau_c \tag{3-26}$$

当剪应力 τ 超过材料的屈服极限 τ_c 时，变形速率 s 与应力 τ 成正比，η 为材料的黏性系数。由于塑性流动，孔隙缩小。由于孔隙表面能的减小等于变形功，可以导出致密化的速度方程式[8]：

$$\frac{d\rho}{dt} = \frac{3}{2\left(\frac{4\pi}{3}\right)^{\frac{1}{3}}} \cdot \frac{\gamma n^{1/3}}{\eta} \cdot (1-\rho)^{2/3}\rho^{1/3}\left[1-\alpha\left(\frac{1}{\rho}-1\right)^{1/3}\ln\frac{1}{1-\rho}\right] \tag{3-27}$$

其中
$$\alpha = 2^{1/2}\left(\frac{3}{4\pi}\right)^{1/3}\tau_c/2\gamma n^{1/3}$$

式中 n——对应于致密材料球壳的单位体积内的孔隙数；

ρ——相对密度，即孔隙加致密材料球壳的平均密度与材料理论密度之比；

γ——材料的表面张力。

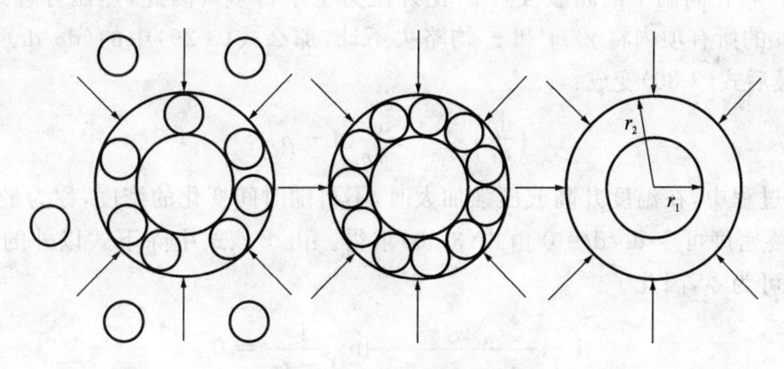

图 3-31 塑性流动模型

由图 3-31 可见：

$$\rho = 1 - \frac{r_1^3}{r_2^3}$$

移项并且用 $4\pi/3$ 同时乘以分子分母后得到：

$$\frac{\frac{4}{3}\pi r_1^3}{\frac{4}{3}\pi r_2^3} = 1-\rho$$

因为致密材料球壳内只有一个孔隙，故上式左边实际上代表单位体积内的孔隙数，即：

$$\frac{1}{\text{球壳体积}} = \frac{1-\rho}{\rho} \cdot \frac{3}{4\pi r_1^3}$$

$$n=\frac{1-\rho}{\rho}\cdot\frac{3}{4\pi r_1^3} \tag{3-28}$$

将式(3-28)代入式(3-27),化简后得到:

$$\left(\frac{\mathrm{d}\rho}{\mathrm{d}t}\right)_{p=0}=\frac{3\gamma}{2\eta r_1}(1-\rho)\left(1-\frac{\sqrt{2}\tau_c r_1}{2\gamma}\ln\frac{1}{1-\rho}\right) \tag{3-29}$$

上式表示无外力作用($p=0$)时的烧结致密化速度方程式,描述了烧结后期表面张力使闭孔收缩的致密化过程。

在加压烧结过程中,所不同的是除孔隙表面应力($2\gamma/r_1$)作用外,还有外加压强 p,因此,只要在式(3-29)中,以($2\gamma/r_1+p$)代替($2\gamma/r_1$)就可直接导出:

$$\left(\frac{\mathrm{d}\rho}{\mathrm{d}t}\right)_{p>0}=\frac{3\gamma}{2\eta r_1}\left(1+p\frac{r_1}{2\gamma}\right)(1-\rho)\left[1-\frac{\sqrt{2}\tau_c r_1}{2\gamma\left(1+p\frac{r_1}{2\gamma}\right)}\ln\frac{1}{1-\rho}\right] \tag{3-30}$$

将上式整理后再与式(3-29)比较,可知:

$$\left(\frac{\mathrm{d}\rho}{\mathrm{d}t}\right)_{p>0}=\left(\frac{\mathrm{d}\rho}{\mathrm{d}t}\right)_{p=0}+\frac{3p}{4\eta}(1-\rho) \tag{3-31}$$

式(3-31)说明:热压致密化的速度$(\mathrm{d}\rho/\mathrm{d}t)_{p>0}$比普通烧结致密化的速度$(\mathrm{d}\rho/\mathrm{d}t)_{p=0}$多一项$(3p/4\eta)(1-\rho)$,而且随着外加压强 p 的增大和黏性系数 η 的减小,热压的致密化过程加速。

通常情况下,加压的外压力比表面应力大得多,例如当孔隙半径 $r_1=1\ \mu\mathrm{m}$ 时,表面能 $\gamma=10^{-4}\ \mathrm{J/cm^2}$,计算表面应力 $2\gamma/r_1=2$ MPa,而我们所进行的试验,外加压强 p 一般为 30～60 MPa,而且材料在高温下的屈服极限 τ_c 比外压力也小得多。因此,热压方程式(3-29)可简化,即在包括 p 的所有项内将 γ/r_1 和 τ_c 均略去不计,那么式(3-29)中的$(\mathrm{d}\rho/\mathrm{d}t)_{p=0}$项实际上也可以略去,最后式(3-30)变成:

$$\left(\frac{\mathrm{d}\rho}{\mathrm{d}t}\right)_{p>0}=\frac{3p}{4\eta}(1-\rho) \tag{3-32}$$

加压烧结过程中,在温度升高或压强加大时,不再随时间变化的密度,称为最终密度,此时$\mathrm{d}\rho/\mathrm{d}t=0$。最终密度可令$\mathrm{d}\rho/\mathrm{d}t=0$由式(3-30)求得。由于该式中除下式以外的部分不为零,只有下式的值可为零,因此

$$1-\frac{\sqrt{2}\tau_c r_1}{2\gamma\left(1+p\frac{r_1}{2\gamma}\right)}\ln\frac{1}{1-\rho_E}=0 \tag{3-33}$$

式中 ρ_E——最终密度。

上式整理后可得:

$$\ln\frac{1}{1-\rho_E}=\frac{\sqrt{2}\gamma}{\tau_c r_1}+\frac{p}{\sqrt{2}\tau_c} \tag{3-34}$$

由于在任一确定温度下,γ 和 τ_c 均为常数(它们只与温度和材料有关),故在指定的压强 p 下,上式中的可变量仅有 ρ_E 和 r_1,但由式(3-28),r_1 也应由 ρ_E 决定,即:

$$n^{1/3}=\left(\frac{1-\rho_E}{\rho_E}\right)^{1/3}\left(\frac{3}{4\pi}\right)^{1/3}\frac{1}{r_1} \tag{3-35}$$

故将上式代入式(3-34),可得到:

$$\ln\frac{1}{1-\rho_E}=\frac{\sqrt{2}\gamma n^{1/3}}{\tau_c}\left(\frac{\rho_E}{1-\rho_E}\right)^{1/3}\cdot\left(\frac{4\pi}{3}\right)^{1/3}+\frac{p}{\sqrt{2}\tau_c} \tag{3-36}$$

由式(3-36)可知，当烧结温度不变时(即 τ_c 一定)，增大烧结时加压的压强，ρ_E 可以提高，因而出现了图 3-22 中相对密度随加压压强上升的试验结果。由式(3-36)还可知，当加压压强不变时，温度升高(表现为 τ_c 下降)，密度也增大，因而在图 3-24 中出现了在烧结压强为 50 MPa，保温时间为 2.5 h 时，随烧结温度由 830 ℃上升到 920 ℃时，TiB_2 增强铜基复合材料的密度由 92.5%上升到 98.5%。

在加热加压的烧结过程中，加压保温时间越长，烧结体产生的塑性变形可能性越大，因而孔隙消失的可能性越大，所以密度随保温加压时间的延长而增大。

3.2.8　工艺参数对铜基复合材料电导率的影响

导电性是衡量铜基复合材料能否作为电极材料的重要指标之一，从前面的试验结果可知，不同工艺参数、不同 TiB_2 含量对铜基复合材料的电导率有较大的影响。一般来讲，材料的电导率与材料显微组织的类型、显微组织构成及宏观密度有关。TiB_2 增强铜基复合材料的电阻率由基体铜合金的电阻率和析出体 TiB_2 的电阻率组成。铜基固溶体电阻率 ρ_s 的大小可用 Mathjosen 公式来计算

$$\rho_s = \rho_{(T)}\mathrm{Cu} + \sum C_i \Delta\rho_i$$

式中，$\rho_{(T)}\mathrm{Cu}$ 是纯铜的电阻率，C_i 和 $\Delta\rho_i$ 分别为金属元素 i 的浓度和单位浓度的电阻率增量。

按照 Linde 法则，$\Delta\rho_i$ 与溶剂(Cu)和溶质元素(Ti 和 B)在周期表中的族数差 Δz 的平方成正比，Cu 是ⅡB 族元素，Ti 是ⅨB 族元素，B 是ⅢA 族元素，因而它们溶入 Cu 中都会提高 Cu(Ti、B)的电阻率，随着对 Cu (Ti、B)合金粉的烧结和从 Cu(Ti、B)中析出 TiB_2，Cu (Ti、B)中的溶质原子的含量减少，烧结体的电阻率降低，即 TiB_2 铜基复合材料的基体电导率提高了。

此外，由于机械合金化粉末 Cu (Ti、B)属准纳米晶材料，烧结时，变形复合材料的晶界较多，晶粒畸变较大，增加了电子的散射，随着烧结时间的增加和烧结温度的提高，晶粒尺寸有所增大，Cu 合金的畸变得到了恢复，所以基体电导率也有所提高。

TiB_2 增强铜基复合材料的电导率除了与基体 Cu 有关外，还与 TiB_2 含量的多少及 TiB_2 与基体之间的结合有关。多相体系组成的材料，可以分为基体型和统计型，其示意图见图3-32。由于 TiB_2 含量较少，则 TiB_2 增强铜基复合材料属于基体型，其电导率为：

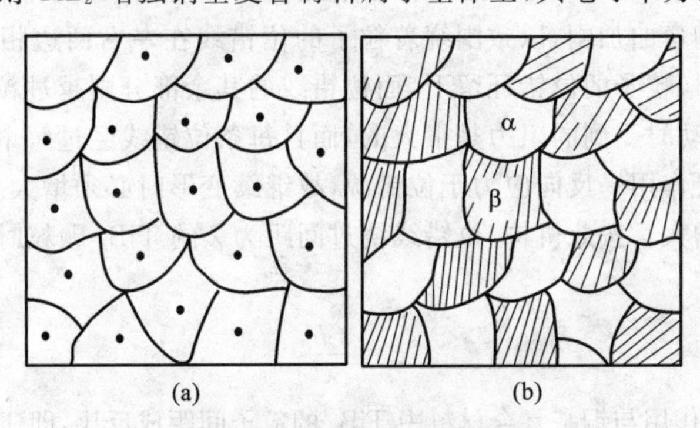

图 3-32　多相体系组成的材料

(a)基体型；(b)统计型

$$\sigma = \sigma_0 \left[1 + \frac{c}{\frac{1-c}{3} + \frac{\sigma_0}{\sigma_1 - \sigma_0}}\right] \tag{3-37}$$

式中，σ 为铜基复合材料的电导率；σ_0 和 σ_1 分别为基体 Cu 和析出相 TiB_2 的电导率，$\sigma_0 = 5.9\times10^4\ \Omega^{-1}mm^{-1}$，$\sigma_1 = 1\times10^4\ \Omega^{-1}mm^{-1}$；$c$ 和 $(1-c)$ 分别为铜基复合材料中 TiB_2 和基体相的体积含量，将式(3-37)变换一下得：

$$\sigma = \sigma_0\left[1-\frac{c}{1+\frac{1}{c}\left(\frac{\sigma_0}{\sigma_0-\sigma_1}-\frac{1}{3}\right)}\right] \tag{3-38}$$

由于 $\sigma_0 = 5.9\sigma_1$，则：

$$\sigma = \sigma_0\left[1-\frac{1}{1+0.87\frac{1}{c}}\right] \tag{3-39}$$

因而随着铜基复合材料中 TiB_2 的含量增加，TiB_2 的体积百分数 c 增加，铜基复合材料的电导率 σ 下降。

在烧结过程中，增加压力，减少了铜基复合材料中的孔隙数，增加了电子的传递途径，所以随着压力的增加，电导率也有所增加，当压力超过 50 MPa 后，电导率增加较慢，主要原因是此时复合材料的密度也增大到了极点。

至于图 3-24 中，电导率在 890 ℃以上温度烧结时，上升的速度明显减慢的原因可能是烧结温度较高，使基体与析出相之间的联系变弱，电导率的下降部分抵消了由固溶体中析出 Ti、B 和烧结体的晶界面积下降造成的电导率的增加。

3.2.9 工艺参数对 TiB_2 增强铜基复合材料力学性能的影响

材料的硬度实际上是表征材料的弹性、塑性、形变强化强度和韧性等一系列不同物理量组合的一种综合性能指标[8]，因而从铜基复合材料的硬度曲线可以看出工艺参数及 TiB_2 的含量对材料力学性能的影响。

TiB_2 增强铜基复合材料是通过对过饱和固溶体 Cu (Ti、B)进行加压烧结来制备的。由于 TiB_2 颗粒的弹性模量较高，因而属于“不可变形”微粒，可以按照奥罗万机理对此类复合材料的强度进行解释，其 TiB_2 微粒对位错运动具有阻碍作用，当移动的位错线与不可变形的 TiB_2 微粒相遇时，将受到 TiB_2 颗粒的阻挡，位错线绕着 TiB_2 颗粒发生弯曲。随着外力的增加，位错线受阻部分的弯曲加剧，以致围绕着粒子的位错线在左右两边相遇，于是正负号位错彼此抵消，包围着 TiB_2 粒子的位错环留下，而位错线的其余部分则越过粒子继续移动。显然，位错线按这种方式移动时受到的阻力是很大的，而且每条位错线经过每个 TiB_2 颗粒时都要留下一个位错环，此环要作用一反向应力于位错源，故继续变形时必须增大应力以克服此反向应力，使流变应力迅速增大。按此机构，位错线绕过间距为 λ 的 TiB_2 颗粒时，所需的切应力 τ 可以下式确定[8]：

$$\tau = \frac{Gb}{\lambda}$$

可见 TiB_2 颗粒的强化作用与铜基复合材料中 TiB_2 的粒子间距成反比，即 TiB_2 颗粒间距越小，强化作用越大，减小颗粒尺寸或提高 TiB_2 粒子的体积分数，都能使铜基复合材料得到强化。

由于从 Cu (Ti、B)过饱和固溶体中析出 TiB_2 与原子扩散有关，因而随着烧结时间的延长或烧结温度的提高，生成的 TiB_2 颗粒数都增加，所以硬度提高。但当时间超过一定值后，由于 TiB_2 的颗粒已全部从 Cu (Ti、B)中析出，即 TiB_2 的颗粒数不再增加，则硬度提高不明显；当温度超过某一值后，硬度上升速度下降的原因可能与铜基体的晶粒长大和 TiB_2 与基体的结合变弱有关。抗拉强度在 TiB_2 的含量超过 2.0wt%后有所下降，其原因可能是 TiB_2 含量的进一步增加断开了它与基体的联系。

随着加压压力的增加，材料的孔隙率减小，因而硬度上升。当压力超过 50 MPa 时，由于材料已经基本达到最终密度，所以硬度也不再增加。

铜基复合材料软化温度的高低主要取决于复合材料基体在高温下的变形恢复程度及增强相 TiB_2 热稳定性的好坏。TiB_2 作为铜基复合材料的增强相，硬度高、熔点高、弹性模量高、化学性质稳定，具有良好的热稳定性，因此在高温退火时，TiB_2 不可能长大，即没有改变 TiB_2 弥散强化的效果，基体金属变形恢复后极限晶粒的平均直径 $\overline{D_{\text{lim}}}$ 取决于分散相粒子的尺寸及其所占的体积分数。晶粒的平均直径为：

$$\overline{D_{\text{lim}}} = \frac{4r}{3f}$$

由于在高温退火前后，铜基复合材料中 TiB_2 粒子的尺寸和体积没有多大的变化，阻止了铜基体在退火时的晶粒恢复和长大，则基体的平均直径 D 一直没有长大，这从图 3-29(b)与图 3-30 的比较也可看出。因此含 TiB_2 的铜基复合材料具有图 3-28 所描绘的高软化温度。

3.2.10　断口分析

图 3-33(a)、图 3-33(b)、图 3-33(c)是铜基复合材料含 TiB_2 分别为 1.0wt%、1.5wt%、2.0wt%的断口形貌，三种断口在宏观上基本呈 45°剪切断口，在微观上存在许多的撕裂棱和微小的韧窝，并且韧窝由于撕裂发生变形，表明材料有较好的塑性。图 3-33 (d)是含 1.5wt% TiB_2 的铜基复合材料断口的高倍形貌，可以清晰地看到韧窝的底部有一些细小的颗粒，对无颗粒的韧窝进行成分分析，结果表明没有 Ti 元素存在，说明断口处的断裂为“拔出”型断裂，另外在整个断口上没有发现具有小方向特征的断裂区域，说明在整个断口上不存在 TiB_2 的断裂现象，也说明了断裂发生在颗粒与基体的界面之间。由于在韧窝内的断口上有撕裂棱，因此颗粒与基体分离之前在交界处产生了一定的塑性变形，说明颗粒与基体之间结合良好。

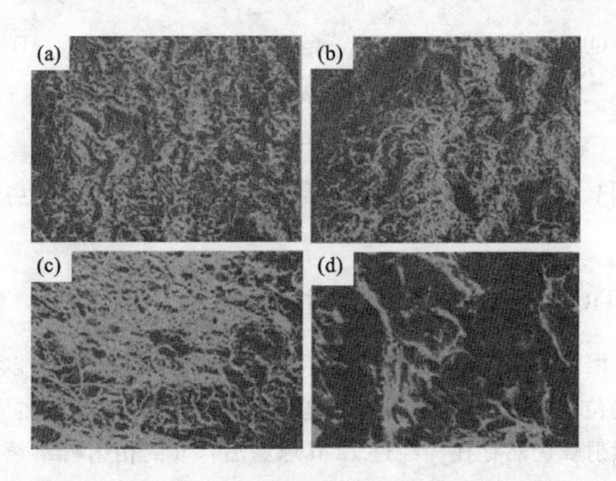

图 3-33　铜基复合材料拉伸的断口形貌

(a)1.0wt% TiB_2；(b)1.5wt% TiB_2；(c)2.0wt% TiB_2；(d)1.5wt% TiB_2(高倍)

基于以上的观察结果，可以建立如下的复合材料断裂模型，如图 3-34 所示，材料在应力的作用下产生位错运动，当位错运动遇到增强相 TiB_2 颗粒时往往按绕过机制在颗粒周围形成位错环，见图 3-34 (a)，这些位错环在应力的作用下在 TiB_2 颗粒处堆积起来，见图 3-34(b)，当位错环移向 TiB_2 颗粒与基体界面时，界面立即沿滑移面分离而形成微孔，在形成微孔过程中产生了一定的塑性变形，见图 3-34 (c)。由于微孔成核，后面的位错所受排斥力大大减小而被迅速推向微孔，并使位错源重新被激活，不断放出新位错。新的位错进入微孔，遂使微孔长大，见图 3-34 (d)。如果考虑到位错可以在不同滑移面上运动和堆积，则微孔可因一个或几个滑移面上位错运动而形成，并借其他滑移面上的位错向该微孔运动而使其长大，见图 3-34(e)、图 3-34(f)。微孔长大的同时，几个相邻微孔之间的基体横截面面积不断缩小。因此基体被微孔分割成无数个小单元，它们在外力作用下可能借塑性流变方式产生颈缩而断裂，使微孔连接(聚合)形成微裂纹。随后，因在裂纹尖端附近存在三向拉应力区和集中塑性变形区，在该区又形成新的微孔。新的微孔借内颈缩与裂纹连通，使裂纹向前推进一定长度，如此不断进行下去直到最终断裂。

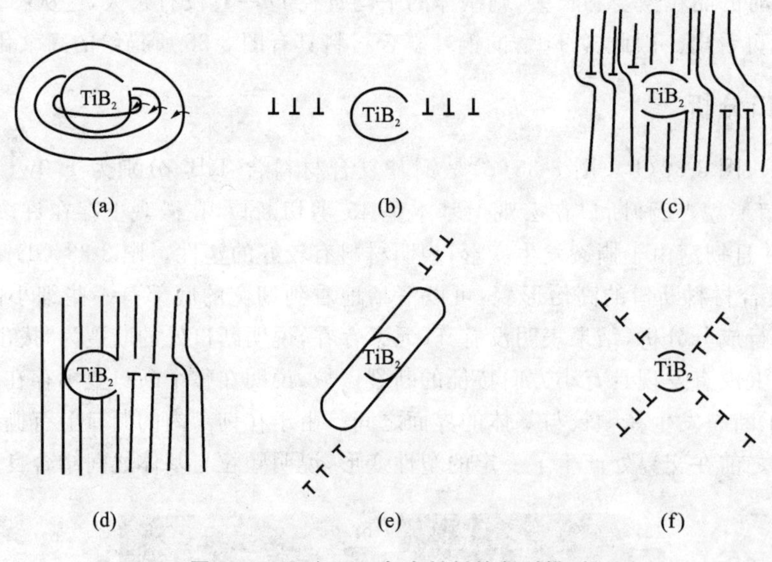

图 3-34 Cu/ TiB_2 复合材料的断裂模型

3.3 $(TiB_2+Al_2O_3)$/Cu 复合材料的制备与合成机制

3.3.1 Cu-Al-B-TiO_2 粉末机械合金化过程中 XRD 分析

图 3-35 是 Cu-Al-B-TiO_2 粉末经过不同时间机械合金化后的 X 射线衍射谱。经过 6 h 的球磨，Cu 的衍射峰的位置向左偏移，而且有所宽化，B 的衍射峰有较大的下降，Al 的衍射峰也有所降低，TiO_2 的衍射峰仍然存在。经过 12 h 球磨后，Cu 的衍射峰继续宽化，Al、TiO_2 的衍射峰基本消失，有 Al_2O_3 的衍射峰存在，说明发生了 $4Al+3TiO_2 = 3Ti+2Al_2O_3$ 反应。继续球磨至 18 h，有 $TiCu_3$ 的衍射峰出现，球磨至 24 h，只有 Cu、$TiCu_3$、Al_2O_3 的衍射峰，没有其他的衍射峰出现。

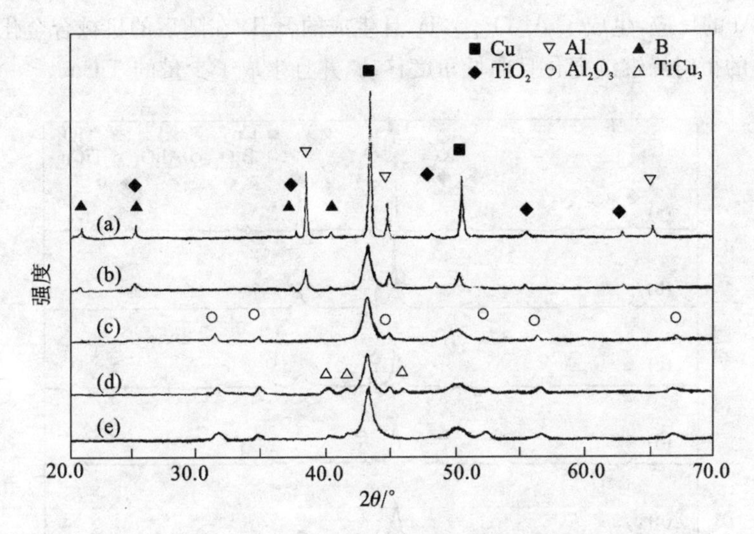

图 3-35 Cu-Al-B-TiO_2 球磨过程中的 X 射线衍射谱

(a)0 h;(b)6 h;(c)12 h;(d)18 h;(e)24 h

图 3-36 是 Cu-Al-Ti-B_2O_3 粉末经过不同时间机械合金化后的 X 射线衍射谱。经过 6 h 的球磨，Cu 的衍射峰宽化较小，Cu 的衍射峰稍向左偏移，Ti 的衍射峰基本不变，而 Al 的衍射峰逐渐下降，B_2O_3 的衍射峰有所宽化。球磨至 18 h 时，Al 和 B_2O_3 的衍射峰基本消失，有 Al_2O_3 的衍射峰出现，说明发生了 $2Al+B_2O_3 = 2B+Al_2O_3$反应。球磨至 24 h，Cu、Al_2O_3 的衍射峰有所宽化，而 Cu 峰又稍向左边偏移，说明 B 也固溶于 Cu 中，并生成了少量的 $TiCu_3$。

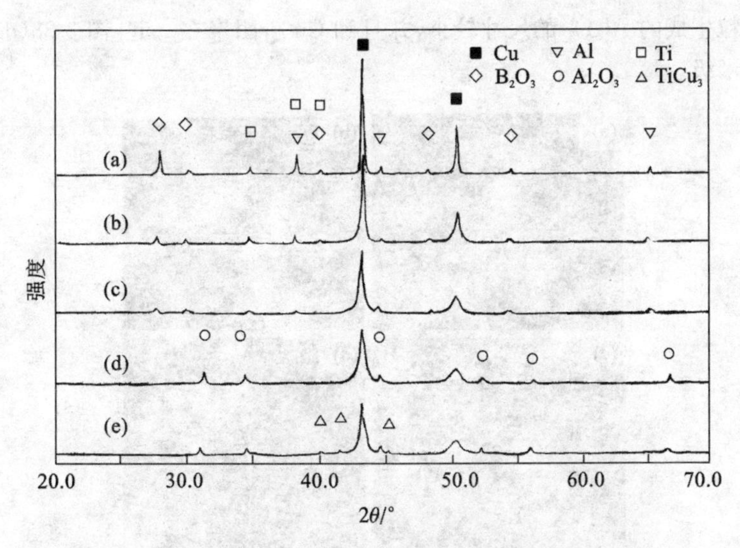

图 3-36 Cu-Al-Ti-B_2O_3 粉末球磨过程中的 X 射线衍射谱

(a)0 h;(b)6 h;(C)12 h;(d)18 h;(e)24 h

图 3-37 是 Cu-Al-TiO_3-B_2O_3 粉末在机械合金化过程中的 X 射线衍射谱。从图 3-37 可知，随着球磨的进行，Cu 的衍射峰有所宽化，Al 的衍射峰有所下降。至 12 h 后，Al、TiO_2、B_2O_3 的衍射峰基本消失，只有 Al_2O_3、Cu 峰存在，且 Cu 的衍射峰继续宽化，说明球磨至12 h发生了

B_2O_3、TiO_2 与 Al 的反应，生成了 Al_2O_3、B、Ti，且生成的 B、Ti 在随后的机械合金化作用下固溶于 Cu 中，导致 Cu 的衍射峰继续宽化且向低角度移动，并且生成了少量的 $TiCu_3$。

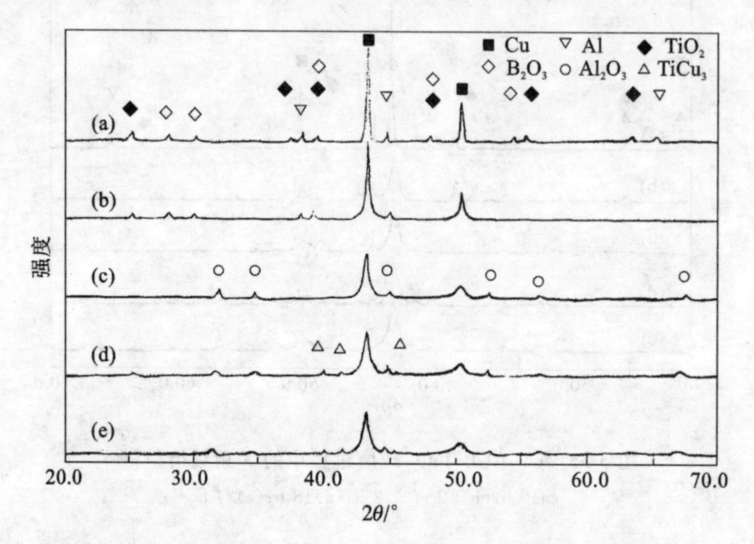

图 3-37 Cu-Al-TiO_3-B_2O_3 粉末球磨过程中的 X 射线衍射谱

(a) 0 h;(b)6 h;(c)12 h;(c)18 h;(d)24 h

3.3.2 机械合金化过程中粉末的电镜观察

图 3-38 是 Cu-Al-B_2O_3-TiO_2 粉末在球磨过程中颗粒的形貌变化情况，在球磨刚开始时，球磨的颗粒为复合颗粒[图 3-38(a)]，随着球磨的进行，颗粒呈减小的趋势[图 3-38(b)、图 3-38(c)]，反应中和 Al 颗粒生成的 Al_2O_3 的尺寸较小，并且和 Cu 粉团聚在一起[图 3-38(d)]，颗粒的尺寸大约为 10 个微米级。

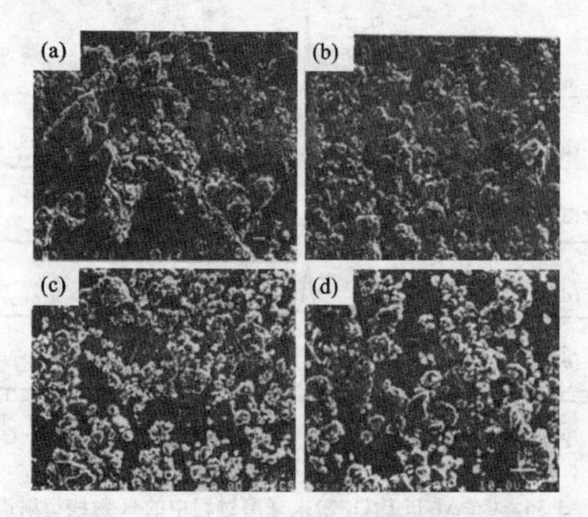

图 3-38 Cu-Al-B_2O_3-TiO_2 粉末在球磨过程中颗粒的形貌

(a)6 h;(b)12 h;(c)18 h;(d)24 h

3.3.3 差热分析

图 3-39 是 TiO_2 粉、B_2O_3 粉、Al 粉的差热分析曲线，图 3-40 是 Cu-Al-B-TiO_2 粉末在球磨

过程中的差热分析曲线，未机械合金化前，只有 Al 粉、B 粉在差热分析中的变化特征曲线，在 Al 粉熔化后有一个放热反应，此放热反应为 $4Al+3TiO_2 = 2Al_2O_3+3Ti$[9]。机械合金化 6 h 后的差热分析曲线，同未球磨前差热分析曲线基本一样，在 700～790 ℃之间有一个放热反应，此放热反应为 $4Al+3TiO_2 = 2Al_2O_3+3Ti$；球磨至 12h，在 210～480 ℃之间有一个放热反应，X 射线检测结果表明，放热反应的产物为 Al_2O_3，说明在此温度区间内发生了 $4Al+3TiO_2 = 2Al_2O_3+3Ti$ 的反应；球磨至 18 h，在 100～480 ℃之间有一个放热反应，X 射线检测的结果表明，放热反应的产物为 $TiCu_3$，并且此时在 850～890 ℃之间还有一个放热反应（可能是 $2B+Ti = TiB_2$）。

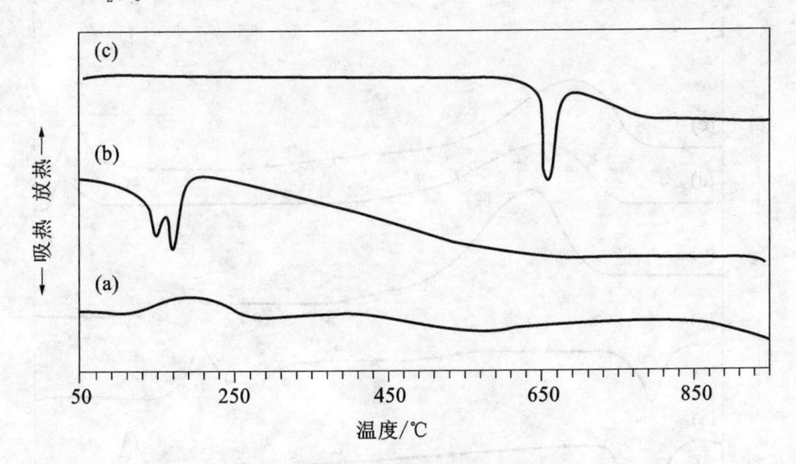

图 3-39　原始粉末的差热分析曲线

(a) TiO_2 粉；(b) B_2O_3 粉；(c) Al 粉

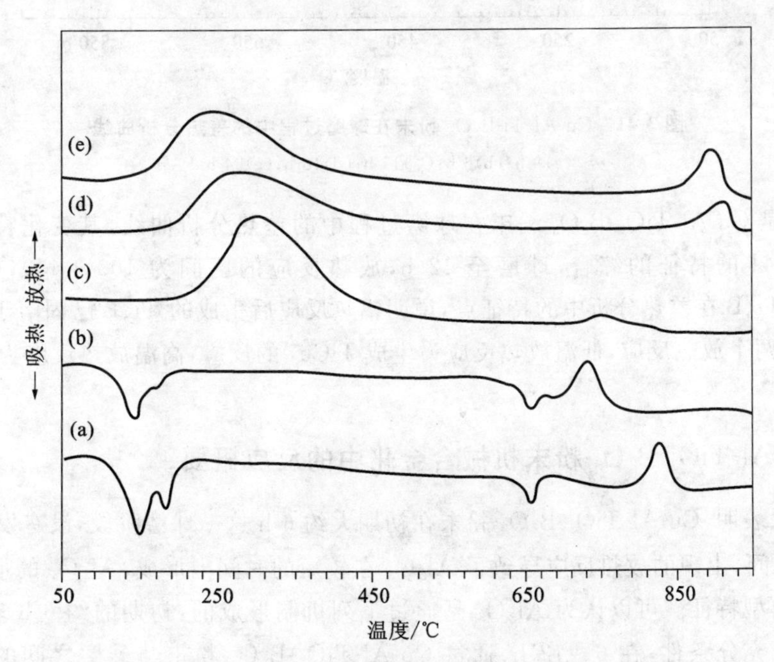

图 3-40　Cu-Al-B-TiO_2 粉末在球磨过程中的差热分析曲线

(a) 0 h；(b) 6 h；(c) 12 h；(d) 18 h；(e) 24 h

图 3-41 是 Cu-Al-Ti-B_2O_3 粉末在球磨过程中的差热分析曲线，未机械合金化前，有 B_2O_3、Ti 粉、Al 粉在加热过程中变化的特征曲线，随机械合金化的进行，至 6 h，Al 粉、Ti 粉的曲线特征变化很小，而 B_2O_3 的特征点基本存在，在 750～820 ℃有一个放热反应，此反应为 $2Al+B_2O_3 = Al_2O_3+2B$；至 18 h，在中温区有一个放热反应，并且在 650℃左右无 Al 的熔化吸热峰产生，说明在低温区反应中 Al 已被消耗，X 射线检测的结果表明，其产物为 Al_2O_3；至 24 h，在低温区有一个放热反应，在高温区 790～890 ℃还有一个放热反应发生，经过 X 射线衍射分析，低温放热反应为生成 $TiCu_3$ 的反应，高温放热反应为 $2B+Ti = TiB_2$。

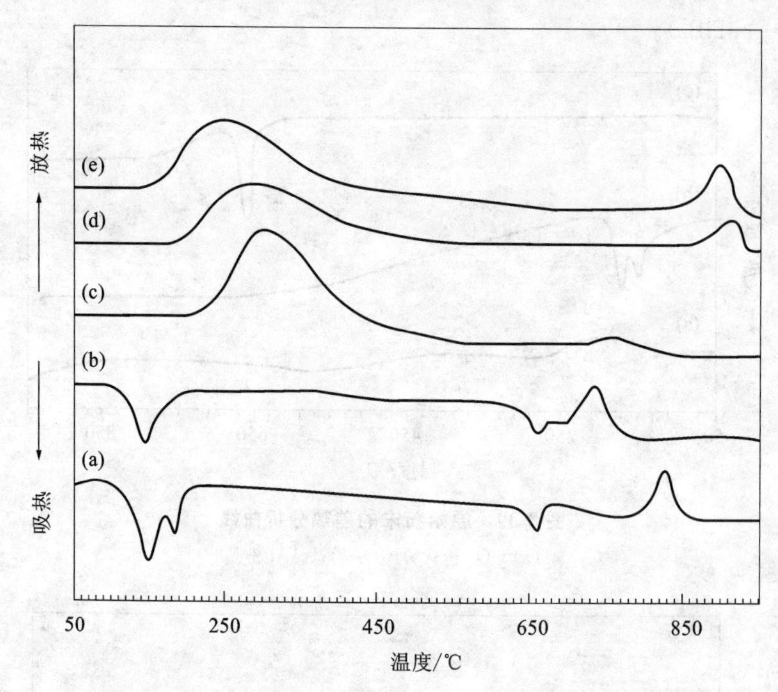

图 3-41 Cu-Al-Ti-B_2O_3 **粉末在球磨过程中的差热分析曲线**

(a)0 h；(b)6 h；(C)12 h；(d)18 h；(e)24 h

图 3-42 是 Cu-Al-TiO_3-B_2O_3 粉末在球磨过程中的差热分析曲线，其变化特征基本上是图 3-40、图 3-41 的特征的综合，球磨至 12 h，放热反应的区间为 100～450 ℃，其产物为 Al_2O_3，但无 Ti、B 在差热分析中的特征点，说明铝热反应后生成的 Ti、B 已固溶于 Cu 中，继续球磨，出现了两个放热反应，低温放热反应为生成 $TiCu_3$ 的反应，高温放热反应为生成 TiB_2 的反应。

3.3.4 Cu-Al-TiO_3-B_2O_3 粉末机械合金化中的反应概要

试验结果表明，Cu-Al-TiO_3-B_2O_3 粉末在初期大约 6 h 这一球磨阶段，没有发现 Al_2O_3，而在 6～12 h 之间，出现的放热反应导致了 Al_2O_3 在较短的时间内形成，Al_2O_3 的形成表现出自维持反应的典型特征。可以认为 Al_2O_3 是通过下列机制形成的：初期的约 6 h 球磨为 Al_2O_3 的形成创造了充分条件，在 6～12 h，通过 Cu-Al-TiO_3-B_2O_3 粉末与球磨之间的碰撞点燃了 Al_2O_3 的合成反应，反应一旦开始，即产生大量的热量，由于生成热量的速度大大超过热量向周围环境扩散的速度，因此，局部粉末的温度急剧上升，甚至达到了 Al_2O_3 的熔点。在这样高

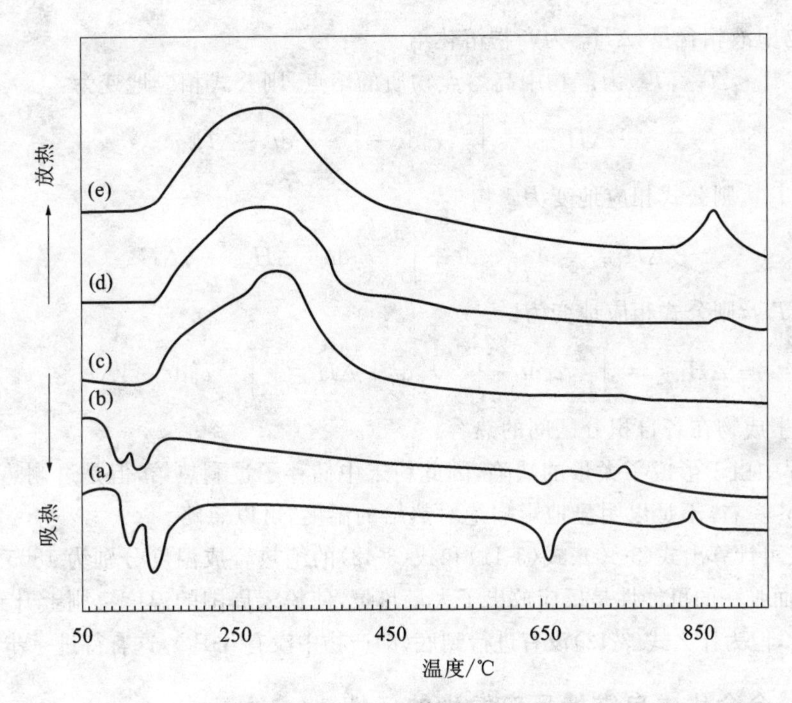

图 3-42 Cu-Al-TiO_2-B_2O_3 粉末在球磨过程中的差热分析曲线

(a)0 h;(b)6 h;(c)12 h;(d)18 h;(e)24 h

的温度下,燃烧波迅速向反应区的周围推进,但推进的范围很小,直至局部 Al_2O_3 完全生成,这一过程与一般的自蔓延反应极为相似。

一般而言,球磨的碰撞导致粉末温度上升,球磨罐中的平均温升只有 450～573K[10,11],在这样的温度下,在短时间内完成 Al_2O_3 的合成是不可能的。因此,反应时的温度一定相当高,这一点通过下面的计算进一步得到证实。

对于

$$4Al + 3TiO_2 = 2Al_2O_3 + 3Ti \tag{3-40}$$

$$2Al + B_2O_3 = Al_2O_3 + 2B \tag{3-41}$$

$$10Al + 3TiO_2 + 3B_2O_3 = 5Al_2O_3 + 3TiB_2 \tag{3-42}$$

反应体系的生成热效应可由下式表示[9]:

$$\Delta H^0 = \Delta H^0_{f,T_0} + \int_{T_0}^{T_{ad}} c_p \mathrm{d}t \tag{3-43}$$

式中 $\Delta H^0_{f,T_0}$ 是室温下的反应生成热焓,T_{ad} 是理论绝热合成温度,T_0 为初始温度,c_p 为产物的热容,考虑到合成反应是高放热反应,并且反应在极短的时间内达到非常高的温度,热量向周围传播的时间很短,可将系统视作绝热系统,对于绝热系统 $\Delta H^0=0$,则式(3-43)可变为:

$$-\Delta H^0_{f,T_0} = \int_{T_0}^{T_{ad}} c_p \mathrm{d}t \tag{3-44}$$

当系统的绝热合成温度低于产物中低熔点物质的熔点时($T_{ad} < T_{m1}$),绝热合成温度 T_{ad} 可由式(3-44)算出,而当绝热合成温度等于产物的熔点时($T_{ad}=T_{m1}$),则有:

$$-\Delta H^0_{f,T_0} = \int_{T_0}^{T_{ad}} c_p \mathrm{d}t + \gamma \Delta H_{m1} \tag{3-45}$$

式中 γ 是产物中液相含量，ΔH_m 为产物熔化焓。

若 $T_{m1}<T_{ad}<T_{m2}$，T_{m2} 为产物中高熔点物质的熔点，则公式相应地变为：

$$-\Delta H^0_{f,T_0}=\int_{T_0}^{T_{m1}}c_p\mathrm{d}t+\int_{T_{m1}}^{T_{ad}}c'_p\mathrm{d}t+\Delta H_{m1} \tag{3-46}$$

若 $T_{ad}=T_{m2}$，则公式相应地变为：

$$-\Delta H^0_{f,T_0}=\int_{T_0}^{T_{m1}}c_p\mathrm{d}t+\int_{T_{m1}}^{T_{m2}}c'_p\mathrm{d}t+\Delta H_{m1}+\gamma\Delta H_{m2} \tag{3-47}$$

若 $T_{ad}>T_{m2}$，则公式相应地变为：

$$-\Delta H^0_{f,T_0}=\int_{T_0}^{T_{m1}}c_p\mathrm{d}t+\int_{T_{m1}}^{T_{m2}}c'_p\mathrm{d}t+\Delta H_{m1}+\int_{T_{m2}}^{T_{ad}}c''_p\mathrm{d}t+\gamma\Delta H_{m2} \tag{3-48}$$

式中 c'_p、c''_p为生成物在各自积分区间的热容。

球磨过程中由于形成了大量的缺陷，因此粉末中储存了过剩热焓，但是过剩热焓的绝对值只有 2 kJ/mol 左右，不足以明显地影响绝对热焓的温度，可以忽略。

通过上式可计算出式(3-40)、式(3-41)和式(3-42)的绝热合成温度分别为 1805.5K、2303K、2531.5K。因而唯一的可能性是反应放出了大量热量，使粉末周围的温度急剧上升到高温，导致了反应的进行，但为什么式(3-42)没有进行到底(即产物中没有 TiB_2)，这有待进一步分析。

3.3.5 机械合金化中自维持反应发生的条件

表 3-1 是近年来报道的机械合金化合物的合成反应，可见球磨过程中存在两种反应模式，即形核逐渐长大模式与自维持模式，化合物以哪一种模式合成，首先取决于体系本身。只有生成热大的体系才能在球磨过程中发生自维持反应，即反应热是维持反应发生的驱动力。

表 3-1 机械合金化过程中的合成反应[12,13]

反应	化合物生成热 ΔH_f /(kJ/mol)	绝热合成温度 T_{ad} /K	反应类型
$Ni+Al\longrightarrow NiAl$	−58.73	1911	自维持
$Mo+2Si\longrightarrow MoSi_2$	−43.76	1900	自维持
$Ti+2B\longrightarrow TiB_2$	−93.21	3190	自维持
$Nb+C\longrightarrow NbC$	−69.05	2800	自维持
$Ti+C\longrightarrow TiC$	−92.17	3210	自维持
$4Al+3C\longrightarrow Al_4C_3$	−30.83	1200	逐渐生成
$W+C\longrightarrow WC$	−18.85	1000	逐渐生成
$W+2Si\longrightarrow WSi_2$	—	1500	逐渐生成
$Si+C\longrightarrow SiC$	−33.50	1800	逐渐生成
$3Fe+C\longrightarrow Fe_3C$	+6.27		逐渐生成

在一般的自蔓延合成反应中，其反应控制的要素是理论绝热合成温度，它是理论极限值，体现了反应过程放热的多少，它的高低是反应能否蔓延下去的关键。如果理论绝热合成温度

T_{ad}<1800K，那么燃烧反应将不能自我维持[10]。还有人通过研究发现，$\Delta H^0_{f,298}/c_p$（化合物的生成焓与热容之比）与绝热合成温度基本呈线性关系[14,15]，由此提出了另一依据，如 $\Delta H^0_{f,298}/c_p \leqslant 2000$ K，那么反应无法自我维持，反之则可。我们选择球磨过程中发生的典型反应，将 $\Delta H^0_{f,298}/c_p$ 对理论绝热合成温度 T_{ad} 作图，见图 3-43，对于反应式(3-40)和式(3-41)分别有：

$$4Al+3TiO_2 = 2Al_2O_3+3Ti \quad \Delta H^0_{f,298}/c_p=5274\ K$$

$$2Al+B_2O_3 = Al_2O_3+2B \quad \Delta H^0_{f,298}/c_p=7025\ K$$

上述两个反应都满足自维持反应发生的条件，对照表 3-1 和图 3-43，作者认为这两个判据都可用来判定机械合金化过程中的自维持反应能否发生，根据这一准则不难理解，为什么 $TiCu_3$ 是在球磨过程中逐渐生成，没有发生自维持反应，而是通过成核逐渐长大形成的，而 Al_2O_3 在球磨过程中通过自维持反应合成（这里指的自维持反应是指局部的自维持反应），由于稀释剂 Cu 较多，反应放出的热量还要被稀释剂吸收，不是全部用来维持反应，所以整个系统内自维持反应不是一下子发生的，而是逐渐局部发生而导致整个体系都完全反应，发生自维持反应的局部是指反应放出的热量 ΔH 与局部的物质 c_p 之比 $\Delta H^0_{f,298}/c_p \geqslant 2000$ K 的地方。

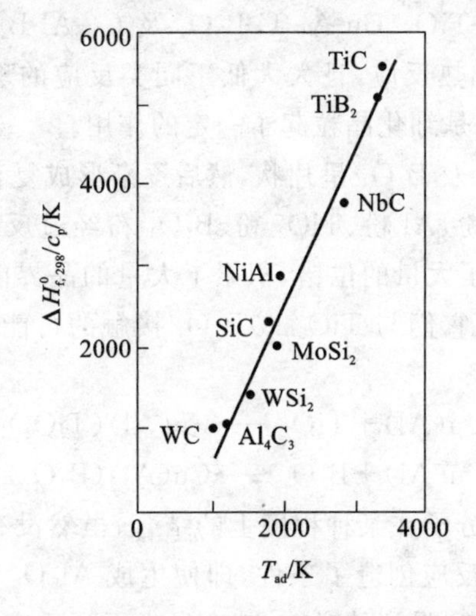

图 3-43 化合物的 $\Delta H^0_{f,298}/c_p$ 与 T_{ad} 的关系

3.3.6 热力学与动力学分析

(1) 热力学分析

在 Cu-Al-TiO_2(Ti)-B_2O_3(B)粉末的球磨过程中，各物质之间能发生的反应有式(3-40)、式(3-41)和式(3-42)。由于金属氧化物的标准生成自由能分别为[16,17]：

$$Al_2O_3: \quad \Delta G^0=-1175454+209.2T \quad J/mol$$

$$B_2O_3: \quad \Delta G^0=-838892+167.7T \quad J/mol$$

$$TiO_2: \quad \Delta G^0=-941000+179.8T \quad J/mol$$

$$Cu_2O: \quad \Delta G^0=-334720+144.77T \quad J/mol$$

从自由能的表达式可以看出，Al_2O_3 的标准生成自由能最低，TiO_2 的标准生成自由能次低，B_2O_3 的标准生成自由能次高，Cu_2O 的标准生成自由能最高。因而在有氩气保护的情况下，B_2O_3、TiO_2 不可能被 Cu 还原，只有 B_2O_3、TiO_2 被 Al 还原，Al 被氧化为 Al_2O_3。此外，由前几章分析还可知，系统中还有可能生成 $TiCu_3$ 和 TiB_2。

(2) 动力学分析

式(3-40)、式(3-41)和式(3-42)正是由于反应放出大量的热，才有可能发生自维持反应。也就是说，化合物的生成焓是自维持反应发生的必要条件，只有将反应点燃后，反应才能自发地蔓延下去，普通的自蔓延高温合成反应有很多种点燃方式，如：电阻加热点燃、电弧点燃、激光点燃，等等。点燃自蔓延反应方法的特点是必须产生高温。

机械合金化中的自维持反应的点燃与普通的自蔓延反应的点燃有很大的差别，Ma 等人[18]提出反应组元的颗粒尺寸是控制反应的关键因素，因为颗粒尺寸越小，它们的接触越紧密，反应速度也越快。一旦颗粒的尺寸细化到某一尺寸(称这一尺寸为机械合金化中自维持反应的临界尺寸)，反应就会进行。类似地，确实在普通的自蔓延高温合成反应中发现，反应的推动力与颗粒之间的有效接触面积有关，颗粒直径减小，接触面积增大，燃烧温度提高，燃烧波蔓延速度加快，反之，颗粒尺寸增大到一定的程度，会使燃烧方式由稳定的燃烧方式变成非稳定的螺旋燃烧方式。Schaffer 等人[19]通过研究 CuO 与 Al 在球磨中的自维持反应后指出，由于晶粒细化增大了反应的界面面积，晶粒细化是导致反应的点燃温度下降的原因。在我们的试验中，在球磨开始后，Cu-Al-B-TiO_2、Cu-Al-Ti-B_2O_3 及 Cu-Al-B_2O_3-TiO_2 系列粉都在不同时间内发生了 Al 还原 Ti、B 的铝热反应，且大大低于同类反应的理论绝热温度，从一方面证实了自维持反应点燃温度的降低是细化晶粒起了一定的作用。

球磨初期，Cu、Al 和 TiO_2 及 B_2O_3 呈片状，然后逐渐形成复合颗粒，且精细结构保持层片状，随着球磨过程的进行，Cu 粉、Al 粉、TiO_2 粉、B_2O_3 粉经过反复变形、断裂，它们之间的混合越来越均匀，粉末之间产生了大量的位错，积累了大量的晶界能，为原子的扩散创造了有利的条件。这样一来就更加大了它们与 TiO_2 或 B_2O_3 接触的可能，在继续球磨过程中，会发生以下重要变化，即：

$$Cu(Al)+TiO_2 \longrightarrow Cu(Al)(TiO_2) \tag{3-49}$$

$$Cu(Al)+B_2O_3 \longrightarrow Cu(Al)(B_2O_3) \tag{3-50}$$

Al 原子与 TiO_2 或 B_2O_3 分子在某种程度上的结合，虽然没有真正发生铝热反应，但为发生式(3-40)和式(3-41)的铝热反应创造了条件，即使生成 Al_2O_3 和 Ti 或 B 的反应激活能(反应势能)大大降低，若此时再受到强烈的碰撞，就会发生下列反应：

$$Cu(Al)(TiO_2) \longrightarrow Cu(Ti)(Al_2O_3) \tag{3-51}$$

$$Cu(Al)(B_2O_3) \longrightarrow Cu(B)(Al_2O_3) \tag{3-52}$$

即式(3-40)或式(3-41)反应的进行，形成了 Al_2O_3 颗粒，这一过程放出了大量的热量，点燃了局部自维持反应，与普通自蔓延高温反应不同的是，点燃的区域较多，球与球碰撞时撞击粉的地方以及晶界处都有成为点燃区域的可能，而且粉末成为微米级产物及大量的位错存在，为 Al 原子的扩散提供了有利条件，保证了足够快的加热速度，因此反应在较短的时间内完成。

胡文彬[9]在研究 TiO_2/Al 自蔓延高温反应机理时发现，TiO_2/Al 的自蔓延高温反应模式使铝处于熔融状态，并包覆在 TiO_2 周围，由于氧的扩散移动，在液态铝和 TiO_2 之间形成一层 Al_2O_3，氧通过 Al_2O_3 层扩散移动和铝反应使 Al_2O_3 层增厚，Al_2O_3 达到一定的厚度后发生“崩离”效应，即 Al_2O_3 自动裂解并溶解于液相铝中。结合我们的试验，认为 Al/TiO_2 或 Al/B_2O_3 在机械合金化中的反应模式为：球磨进行期间，在发生了式(3-49)和式(3-50)的变化后，在 TiO_2 或 B_2O_3 的外侧包覆了一层 Cu(Al)或 Al(Cu)，由于原子的激活能较高，在 Cu(Al)或

Al(Cu)中有 Al 向 TiO_2 或 B_2O_3 颗粒扩散，在 TiO_2 或 B_2O_3 颗粒中有氧原子向包覆层扩散，在颗粒与包覆层的分界面上形成了一层 Al_2O_3，氧原子通过 Al_2O_3 层扩散移动与包覆层中的铝反应使 Al_2O_3 层增厚，当厚度达到一定程度后，在外界机械碰撞作用下，Al_2O_3 自动裂开并分散于铜粉中，Cu(Al)或 Al(Cu)再次包覆未反应的 TiO_2 或 B_2O_3，反应重新进行，直到反应完毕，致使 TiO_2 或 B_2O_3 还原成单质 Ti 和 B。其反应模型见图 3-44。

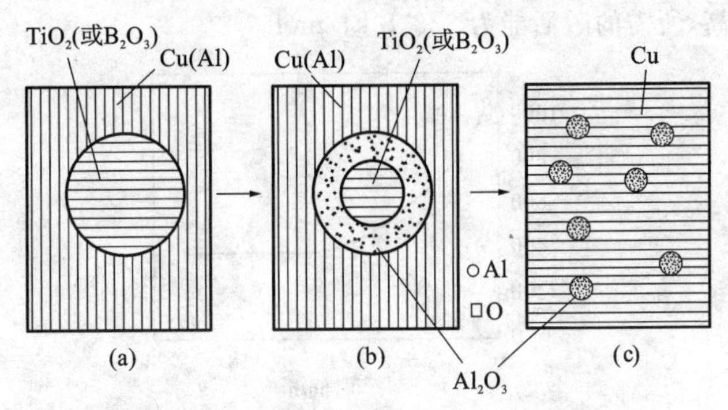

图 3-44　反应生成 Al_2O_3 的动力学模型

为什么在 Cu-Al-TiO_2-B_2O_3 系统中的铝热反应需要一个孕育期？为什么 Cu-Al-B-TiO_2 系统中的铝热反应的孕育期较短？为什么 Cu-Al-TiO_2(Ti)-B_2O_3(B)在铝热反应后没有发生 TiB_2 的自维持反应呢？这都可以从能量的角度来解释。

以 Cu-Al-TiO_2-B 为例，由于初始的、未球磨的 Cu-Al-TiO_2-B 系统中铝热反应的激活能很高，其值为 E_1(图 3-45)，球磨中的碰撞与温升无法越过这一势垒，反应不能进行，经过一段时间球磨，合金粉与 TiO_2 颗粒交界处发生了 $Cu(Al)+TiO_2 \longrightarrow Cu(Al)(TiO_2)$ 的反应，形成过渡态 Cu(Al)(TiO_2)，此后 Cu(Al)(TiO_2)转变成 Cu(Ti)(Al_2O_3)的激活能仅为E_2($E_2<E_1$)[图 3-45(b)]。由于 E_2 较低，在球的撞击下式(3-51)反应较容易发生。反应式(3-51)是由球磨过程中的局部温升激发的，而且随着球磨时间的延长，体积储存的能量增加，体系中原子、分子的激活能增加，反应激活能 E_2 下降，因而导致了点燃温度下降。这一过程示意见图 3-46，曲线(a)代表反应式(3-51)的点燃温度，随球磨时间的延长，有下降的趋势，曲线(b)代表球碰撞导致的局部峰值温度，当两条曲线发生交汇时，即式(3-51)的反应被点燃，该反应放出的大量热量引发球磨局部的自维持反应。

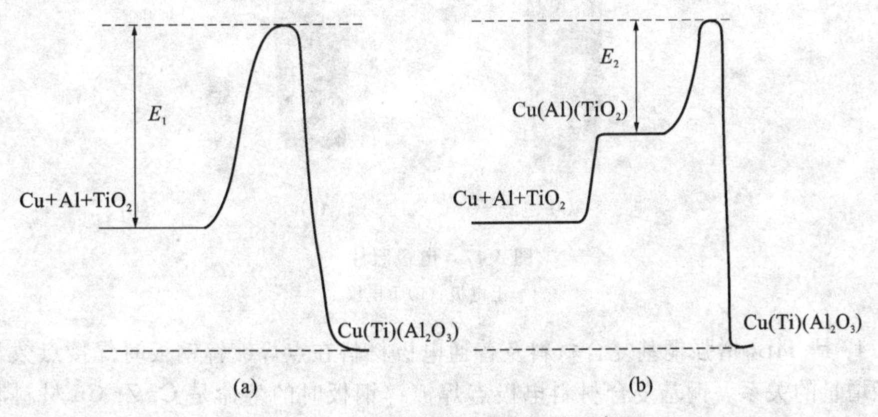

图 3-45　Al_2O_3 形成反应的能量示意图

(a)球磨前；(b)球磨后

$2Al+3/2TiO_2 \longrightarrow 3/2Ti+Al_2O_3$ 的反应激活能为 56.94 kJ/mol，$Al+B_2O_3 \longrightarrow B+Al_2O_3$ 的反应激活能约为 98.8 kJ/mol[9]，即式(3-40)的反应所需的激活能低，因而 Cu-Al-Ti-B_2O_3 体系在球磨 18 h 左右才产生 Al_2O_3，而 Cu-Al-B-TiO_2 体系在 12 h 左右就生成了 Al_2O_3，而 Cu-Al-TiO_2-B_2O_3 在大约球磨 12 h 产生了 Al_2O_3。可见，在 Cu-Al-TiO_2-B_2O_3 体系中是由 Al/TiO_2 的反应诱发了 Al/B_2O_3 的反应，但未能诱发 TiB_2 的反应，其主要原因可能是生成 TiB_2 需要的能量较高，所需的激活能为 323.8 kJ/mol。

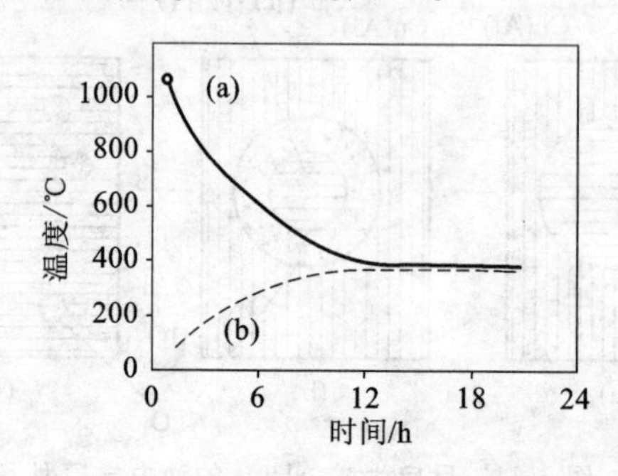

图 3-46　孕育期点燃温度的变化示意图

(a)点燃温度；(b)球磨碰撞的峰值温度

3.4　铜基复合材料点焊电极的寿命及失效

3.4.1　电极寿命测试

所用复合材料电极照片见图 3-47，为了便于比较，用 Cr-Zr-Cu 材料制造的电极与含 TiB_2 为 1.5wt%铜基复合材料制造的电极在相同参数及工况下进行比较。

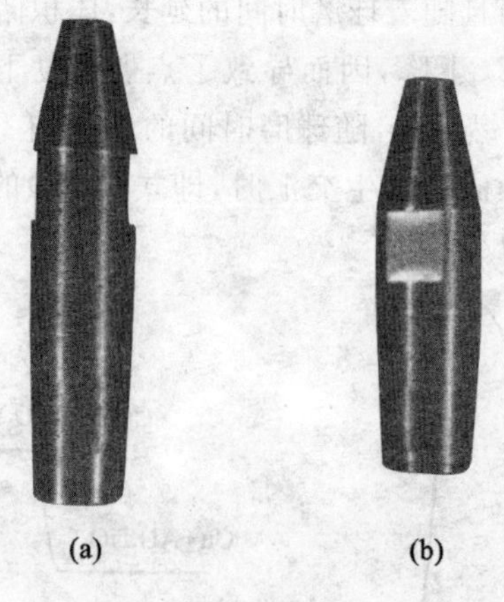

图 3-47　电极照片

(a)上电极；(b)下电极

图 3-48 是 TiB_2 增强铜基复合材料及普通电极材料在点焊镀锌钢板时焊接点数与下电极端面直径增量的关系。铜基复合材料电极点焊镀锌钢板时的寿命是 Cr-Zr-Cu 材料制造的电极的寿命的 4～8 倍，平均焊点达到了 7700 点。

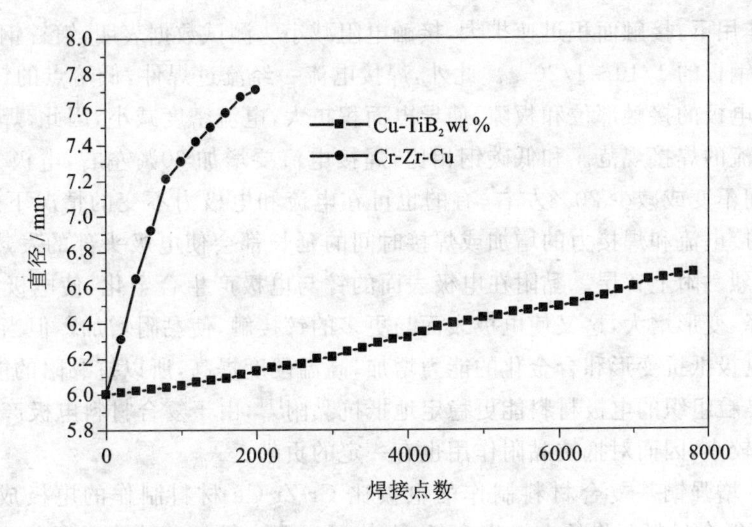

图 3-48　下电极直径增量与焊接点数的关系

3.4.2　复合材料电极点焊时的失效分析

TiB_2 增强铜基复合材料制作的电极材料在焊接过程中，失效的形式都是表面的合金化和少量的细碎翻边，其寿命是 Cr-Zr-Cu 电极寿命的 4～8 倍，寿命高的主要原因是：

a. 复合材料的硬度虽然比 Cr-Zr-Cu 电极材料的稍低，但由于 TiB_2 陶瓷颗粒强化，其软化温度达到了约 900 ℃，比 Cr-Zr-Cu 电极材料的软化温度高近 350 ℃，因而提高了在高温下抵抗塑性变形的能力，同时抵抗磨损的能力也有所提高。

b. 由于含 TiB_2 复合材料制作的电极软化温度高，因而在相同温度下其硬度、强度较高，产生坑蚀的可能性较小，在整个焊接过程中产生坑蚀的可能性也较小。

c. 复合材料制作的电极点焊时的合金化程度及范围比普通材料电极点焊时的要小。首先 Cr-Zr-Cu 电极点焊镀锌钢板时，钢板表面的锌向电极表面扩散时产生了铜合金，使电极表面的导电性变差、硬度降低、变形增大，这些都加快了合金化。此外，由于表面合金层的强度低，不仅会形成蘑菇状使直径增加，而且产生的合金层会发生翻边而磨损，因而表现为合金层较小。虽然上述扩散同样发生在复合材料电极中，但复合材料电极表面形成的是颗粒强化铜合金层，其硬度仍然较高，电极变形没有多大的增大，不会形成蘑菇状使直径增加，而且产生的合金层不会发生翻边而磨损，更不会造成恶性循环。所以表现为复合材料电极表面的合金层比 Cr-Zr-Cu 电极的要厚，合金层中的合金含量也较高。其次，Cu-Cr-Zr 电极材料中的 Cu、Zr 都会与锌形成化合物，而复合材料电极中的 TiB_2 与锌不作用，从而使得点焊相同焊点时，镀锌钢板中的锌向复合材料电极端面的合金化范围要小，程度要低。

d. 由于含 TiB_2 的复合材料较 Cr-Zr-Cu 电极材料的再结晶温度高，因而此类电极材料在点焊过程中产生再结晶晶粒长大的现象比 Cr-Zr-Cu 电极材料要小得多，产生软化现象也要小得多，所以变形也小。

3.4.3　电极的黏附现象

焊接镀锌钢板时电极出现黏附，首先是因为电极接触到熔点低、硬度低、电导率高的镀锌层，在电极的作用下，接触面积迅速扩大，接触电阻减小。测试数据表明，镀锌钢板的接触电阻只有普通低碳钢板的1/10～1/20[1]。此外，焊接电流一经流过焊件，低熔点的锌层最先熔化，并立即填满了电极的接触部位和板隙，使导电面积扩大，电流密度减小，因此，焊接镀锌钢板一般都要用大电流的焊接规范。和低碳钢相比，焊接电流要增加30%左右，电极力增加10%～30%，焊接时间不变或减少20%左右，有的也可在电流和电极力不变的情况下适当延长焊接时间。由于焊接电流和焊接力的增加或焊接时间的延长都会使电极头部的发热和变形加重，电极工作面强烈黏附上锌层。黏附在电极表面的锌与电极产生合金化，使电极端部的电导率下降、硬度下降、变形增大，这又使电极表面与更多的锌接触，使黏附增加。但当采用复合材料电极后，由于电极抵抗变形和合金化的能力增加，高温硬度提高，所以抗黏附的能力有所提高。

此外，细晶粒组织的电极材料能更稳定地抵抗黏附[1]，由于复合材料电极产生再结晶和晶粒长大的倾向较小，因而对抵抗黏附作用也有一定的贡献。

虽然 TiB_2 增强铜基复合材料制作的电极比Cr-Zr-Cu材料制作的电极成本高，但由于 TiB_2 增强铜基复合材料制作的电极寿命长，在使用过程中缩短了修磨及更换电极的时间，提高了综合经济效益。

含 TiB_2 1.5wt%的铜基复合材料制作的电极，焊接镀锌钢板的平均使用寿命约为7700点，是普通电极材料Cr-Zr-Cu的4～8倍。TiB_2 增强铜基复合材料制作的电极的失效方式主要是表面合金化和少量的细碎翻边。用含 TiB_2 1.5wt%的铜基复合材料制作的电极点焊镀锌钢板时，黏附、坑蚀较少，不出现蘑菇状，是一种较好的点焊电极材料。

参考文献

[1] FECHT H J, HELLSTERN E, FU Z, et al. Nanocrystalline metals prepared by high-energy ball milling[J]. Metallurgical Transactions A, 1990, 21 (9): 2333.

[2] 吴年强. Al-C-Ti系机械合金化过程中的固态反应与相变[M]. 杭州：浙江大学，1996.

[3] ECKERT J, HOLZER J C, KRILL C E, et al. Structural and thermodynamic properties of nanocrystalline fcc metals prepared by mechanical attrition[J]. Journal of Materials Research, 1992, 7 (7): 1751-1761.

[4] EASTERLING SHERIF PORTER. Phase transformations in metals and alloys[M]. 3rd ed. London: Chapman & Hall, 1992.

[5] JOSHUA PELLEG. Introduction to dislocations[J]. Materials Today, 2011, 14 (10): 91-92.

[6] MÜTSCHELE T, KIRCHHEIM R. Segregation and diffusion of hydrogen in grain boundaries of palladium[J]. Scripta Metallurgica, 1987, 21 (2): 135-140.

[7] 戴永年. 二元合金相图集[M]. 北京：科学出版社，2009.

[8] 黄培云. 粉末冶金原理[M]. 北京：冶金工业出版社，2011.

[9] 胡文彬. Al/TiO_2(+C)自蔓延高温合成反应的研究[D]. 中南工业大学，1994.

[10] ECKERT J, SCHULTZ L, HELLSTERN E, et al. Glass-forming range in mechanically alloyed Ni-Zr and the influence of the milling intensity[J]. Journal of Applied Physics, 1988, 64 (6): 3224-3228.

[11] SCHULZ R, TRUDEAU M, HUOT J Y, et al. Interdiffusion during the formation of a-

morphous alloys by mechanical alloying. Physical Review Letters,1989,62 (24):2849.

[12] SMITHOUS C J, SMITH C S. Metals Reference Book [M]. London: Butterworths,1976.

[13] OLSON G L,ROTH J A. Kinetics of solid phase crystallization in amorphous silicon [J]. Materials Science Reports,1988,3 (1):1-77.

[14] KENNETH S VECCHIO,JERRY C LASALVIA,MARC A MEYERS,et al. Microstructural characterization of self-propagating high-temperature synthesis/dynamically compacted and hot-pressed titanium carbides[J]. Metallurgical Transactions A,1992,23 (1):87-97.

[15] ZUHAIR A MUNIR,UMBERTO ANSELMI-TAMBURINI. Self-propagating exothermic reactions: The synthesis of high-temperature materials by combustion[J]. Materials Science Reports,1989,3 (7):277-365.

[16] 商宝禄,等.冶金过程原理[M].西安:西北工业大学出版社,1986.

[17] 廖为鑫,解子章.粉末冶金过程热力学分析[M].北京:冶金工业出版社,1984.

[18] E MA,J PAGÁN,G CRANFORD,et al. Evidence for self-sustained $MoSi_2$ formation during room-temperature high-energy ball milling of elemental powders[J]. Journal of Materials Research,1993,8 (8):1836-1844.

[19] SCHAFFER G B,MCCORMICK P G. Anomalous combustion effects during mechanical alloying[J]. Metallurgical Transactions A,1991,22 (12):3019-3024.

4 点焊电极表面电火花熔敷单相 TiC 涂层延寿方法

延长点焊电极寿命的方法有基体强化(如 Al_2O_3、TiC、TiB_2、Zr_2O_3 等陶瓷增强铜基复合材料)和表面强化(离子注入钨[1]、渗金属 Ti[2]、电刷镀 Co[3]等)等。其中获得高硬度和高导电性能的 TiC 涂层是最有发展潜力的技术方法之一。

电火花表面强化是近二十年才引起广泛关注的表面强化新技术,由于它能获得 5000～20000 K 的高温,几乎可以熔化任何陶瓷材料;同时它可以在低能量输入的情况下,在基体材料上形成冶金结合,而不改变基体的结构和性能,因此该方法应用于点焊电极表面强化处理,具有显著的优点。

4.1 TiC 涂层制备

点焊电极表面电火花熔敷设备主要由电源、电容、电极夹具旋转装置和熔敷棒振动装置等四部分构成,基本原理图如图 4-1 所示。影响电火花熔敷功能层性能的工艺参数非常多,包括基体与涂层材料、沉积工艺、沉积环境、沉积过程中的自动控制等。充放电电容是影响电火花放电能量的主要参数之一,是电火花沉积规范调节中最常用的参数。

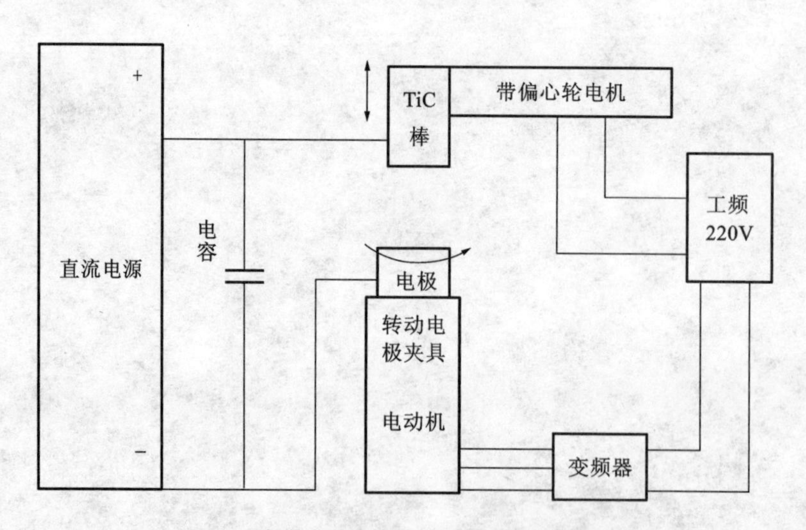

图 4-1 点焊电极表面电火花振动熔敷原理图

4.2 TiC 涂层性能影响因素

4.2.1 电容对 TiC 涂层硬度的影响

图 4-2 反映了 TiC 涂层硬度随电容变化曲线。从图中可以看出，电容为 2000 μF 时，涂层硬度较高。随着电容的增加，TiC 涂层硬度逐渐减小。

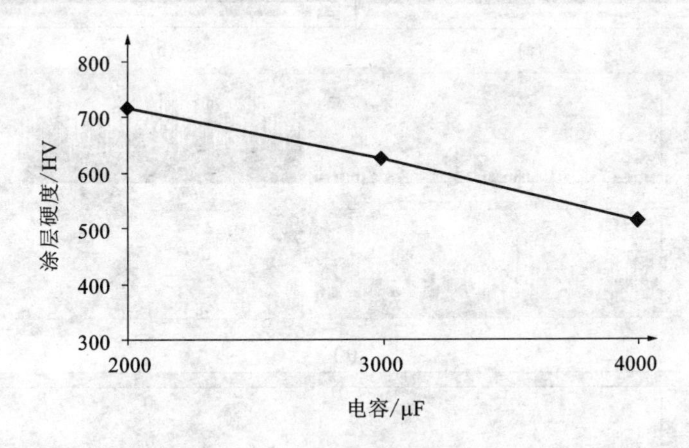

图 4-2 TiC 涂层硬度随电容变化曲线

电容储存的能量 $Q=CU^2/2$[4]，其中 C 是储能电容容量，U 是放电电压。随着电容增加，电容能量增大，电火花放电温度随之升高。根据扩散定律，温度显著影响元素的扩散系数[5]，因此高电容下沉积时，电火花放电温度高，元素的扩散加剧，从而影响涂层成分和硬度。

图 4-3 反映了 TiC 涂层的微观形貌及其元素线扫描结果。从图中可以看出，Ti 元素的扩散不明显，因为 Ti 与 C 之间是结合强度很高的共价键和离子键，Ti 难以挣脱 C 原子的束缚进行扩散，而纯金属的 Cu 则容易发生扩散。3000 μF 沉积时，Cu 元素从基体向涂层发生了一定的扩散，但这种扩散不明显[图 4-3(c)]；而 4000 μF 下 Cu 元素的扩散明显加强[图 4-3(d)]。Cu 已经明显从界面往涂层方向发生了一定的扩散。Cu 的硬度远远低于 TiC 的硬度，低硬度的 Cu 含量提高，必然会降低涂层的硬度。

随着电容增加，电火花放电产生的热冲击作用加强，循环热应力增大，使 TiC 涂层的脆性增大，沉积过程中的涂层内部出现孔洞和裂纹，使其连续性变差。由于脆性涂层与塑性体之间热膨胀系数的差异，在热应力作用下，涂层与基体在界面上出现横向裂纹或分层[图 4-3(b)][6-8]。

电容或输出电压增大，电火花放电能量增加，沉积温度升高，在无气氛条件下沉积 TiC 涂层时，基体表面的 TiC 涂层发生氧化，产生了 TiO_2。且随着电容或输出电压的增加，TiC 涂层氧化加剧，氧化产物 TiO_2 增多，从而导致 TiC 涂层硬度下降。

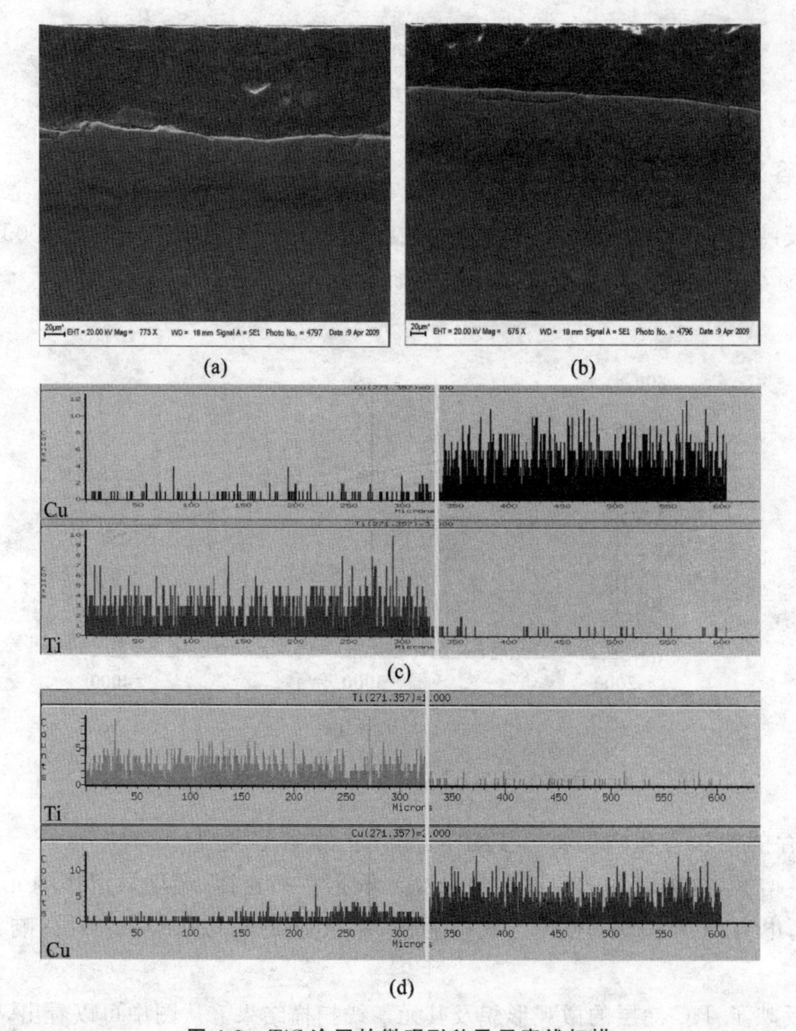

图 4-3　TiC 涂层的微观形貌及元素线扫描

(a)3000 μF；(b)4000 μF；(c)图(a)的线扫描结果；(d)图(b)的线扫描结果

4.2.2　其他因素对 TiC 涂层硬度的影响

图 4-4 反映了沉积时间对 TiC 涂层硬度的影响。沉积时间对涂层硬度有一定的影响。随着沉积时间的延长，涂层硬度降低。主要原因是在电火花放电过程中，基体表面的涂层不断受到热冲击的作用。由于 TiC 涂层硬度很高，脆性很大，热应力逐渐积累，最终通过在涂层内产生裂纹的方式释放(塑性好的材料可以通过应变来释放热应力)。

图 4-5 反映了输入电压对 TiC 涂层硬度的影响。从图 4-5 可见，输入电压对 TiC 涂层硬度的影响不明显。电火花充放电电容 C 和输入电压 U 都是决定充放电能量 $Q(Q=CU^2/2)$ 的电参数，输入电压对涂层硬度应该与电容有类似的影响。电容增大导致涂层硬度降低，那么随着输入电压的增大涂层硬度也应该降低。但在试验条件下，电容是倍增的，其影响比较显著；而输入电压则是以大约 20％递增，因此其影响远不如电容显著。另一方面，设备的输入电压与电火花放电电压之间是有区别的。尽管输入电压较高，设备的实际输出电压远低于此值，实际测量值只有二十多伏。因此，输入电压对涂层硬度影响不明显，在实际生活中制备 TiC 涂

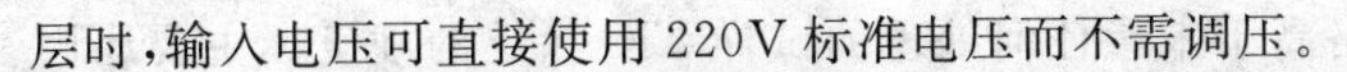

层时，输入电压可直接使用 220V 标准电压而不需调压。

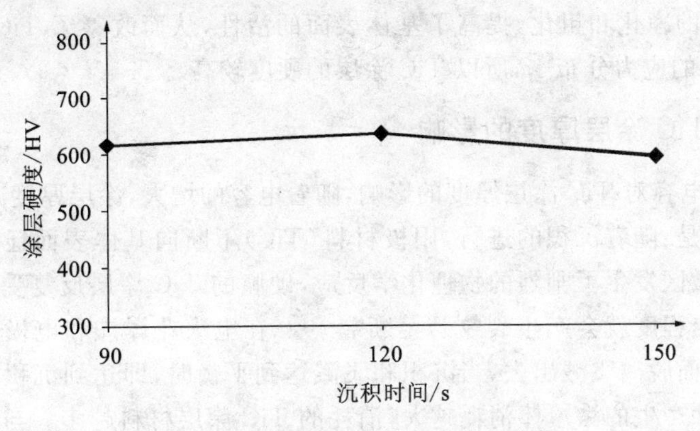

图 4-4　沉积时间与涂层硬度的关系

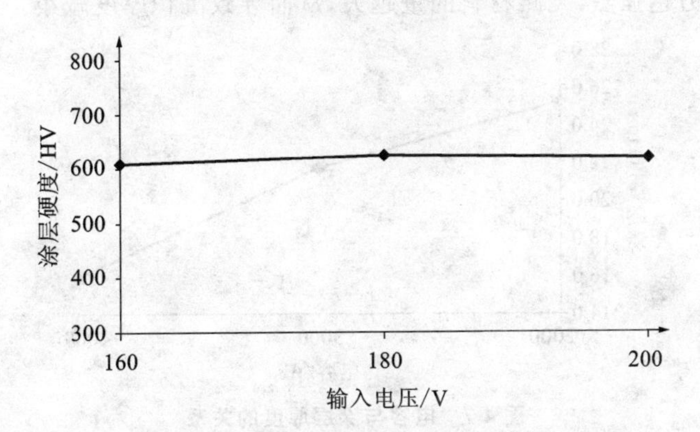

图 4-5　输入电压与涂层硬度的关系

4.2.3　前处理或后处理对涂层硬度的影响

前处理条件为：试样经超声波清洗 45 min，恒温箱烘干，细砂纸打磨后进行沉积。后处理条件为：试样经电火花沉积后，以木炭粉包埋保护，置于电炉中在 700 ℃下保温 30 min。

图 4-6 是经过前、后处理的 TiC 涂层与未处理涂层硬度的对比。从图中可以看出，经后处理的 TiC 涂层硬度低于未处理涂层的。因为在扩散后处理过程中，基体中的 Cu 元素向 TiC 涂层内部扩散，使涂层中高硬度的 TiC 减少而低硬度的 Cu 增加，导致其硬度降低。

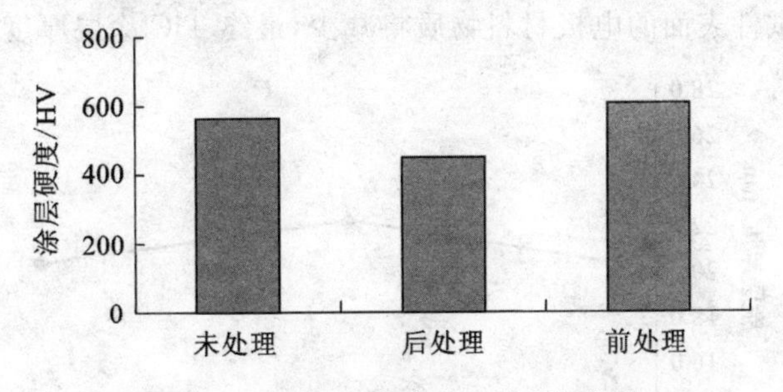

图 4-6　不同处理状态 TiC 涂层的硬度

电火花涂覆后，在涂层表面产生明显的残余拉应力[4,9]。扩散后处理的高温能够完全消除涂层在沉积过程中产生的内应力，大大减小位错密度，因此也降低了涂层的硬度。

经前处理试样的 TiC 涂层硬度略高于未经任何处理的试样 TiC 涂层的硬度。主要原因是通过对基体表面的净化和粗化，提高了基体表面的活性，从而改善了 TiC 涂层与基体的结合以及 TiC 涂层内的应力分布[3]，所以 TiC 涂层的硬度较高。

4.2.4 电容对 TiC 涂层厚度的影响

图 4-7 反映了电容对 TiC 涂层厚度的影响，随着电容的增大，涂层厚度减小。TiC 涂层厚度减小的主要原因是：随着沉积的进行，阳极材料（TiC）不断向基体表面迁移，同时基体表面也发生电蚀，放电微区发生了剧烈的物理化学反应，硬脆的 TiC 涂层反复受到热冲击，产生了内应力，积累到一定程度就会产生裂纹乃至断裂[10]。在电火花爆炸和电极的机械作用下，破裂的碎片从涂层表面脱离飞溅出去，当沉积和飞溅达到平衡时，即达到沉积厚度的峰值[11,12]。电容越大，阳极腐蚀产生的涂覆棒消耗越大，消耗的 TiC 涂层材料越多。与此同时，电火花放电产生的循环热应力越强烈，飞溅材料的量越大，从而导致沉积厚度减小。

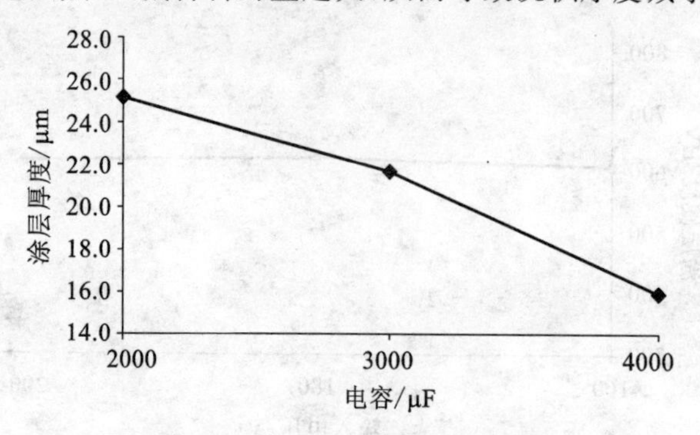

图 4-7　电容与涂层厚度的关系

4.2.5 其他工艺对 TiC 涂层厚度的影响

图 4-8 反映了沉积时间对 TiC 涂层厚度的影响。TiC 涂层厚度并不随时间的延长而无限增厚，达到一定厚度后延长沉积时间反而会使 TiC 涂层的厚度减小。主要原因是随着沉积过程的进行，TiC 涂层内被反复加热和冷却，热循环造成很大的热应力和组织应力，最终在 TiC 涂层内产生热疲劳裂纹，造成 TiC 涂层微块剥落，使 TiC 涂层质量和厚度减小。另外，TiC 涂层化学成分的变化也是限制 TiC 涂层厚度增加的一个重要因素。在用单一电极沉积时，随着沉积时间的增加，电极材料的物质迁移量增加，被沉积试件表面的合金成分逐渐接近电极材料的成分，此时迁移到试件表面的电极材料物质将减少，最终 TiC 涂层厚度停止增加[13]。

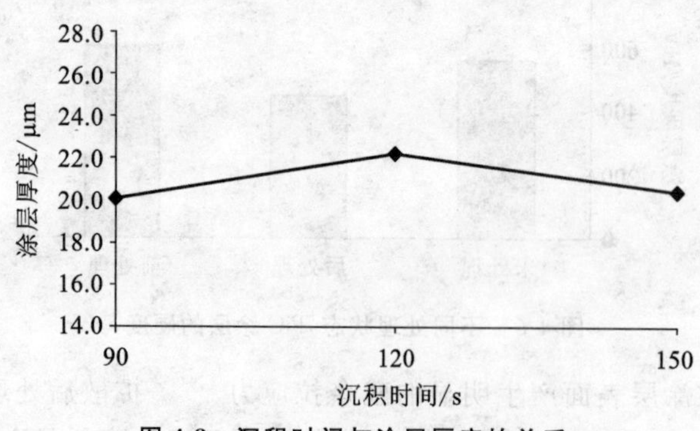

图 4-8　沉积时间与涂层厚度的关系

4.2.6 前处理或后处理对涂层厚度的影响

图 4-9 是强清洗前处理、扩散后处理以及未经前后处理所制备涂层的平均厚度。从图 4-9 可以看出，经前处理涂层的厚度和未处理涂层的厚度相差不大，这说明超声波清洗虽然能改善界面结合，但对涂层厚度影响不大。经后处理涂层的厚度比未处理涂层的厚度小，这是因为在后处理过程中，基体与涂层中元素相互扩散，空位、位错等缺陷大量开动并减少，使涂层结构趋于致密，故厚度略有减小。

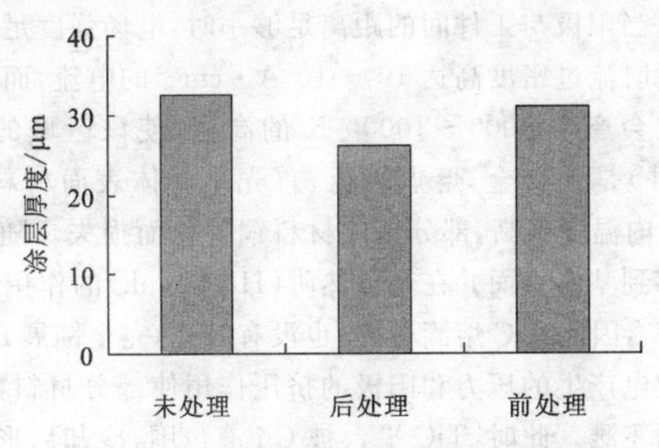

图 4-9 未经处理与经前、后处理涂层的厚度

4.3 TiC 涂层电极的显微形貌特征

4.3.1 首脉冲单点沉积涂层的显微形貌

图 4-10 反映了首脉冲单点沉积 TiC 涂层的显微形貌，可见其类似于一个小岛，并呈现明显的溅射状：中间部分是一个连续、致密的小岛状凸台，而边缘则厚度减薄且连续性变差，具有飞溅特征[图 4-10(a)]。整个沉积点近似于圆形，经测量其直径约为 1.2 mm，中间部分形状并不完全规则。电火花放电的瞬时高能量脉冲产生的“气爆”使合金的熔滴飞溅。电火花放电

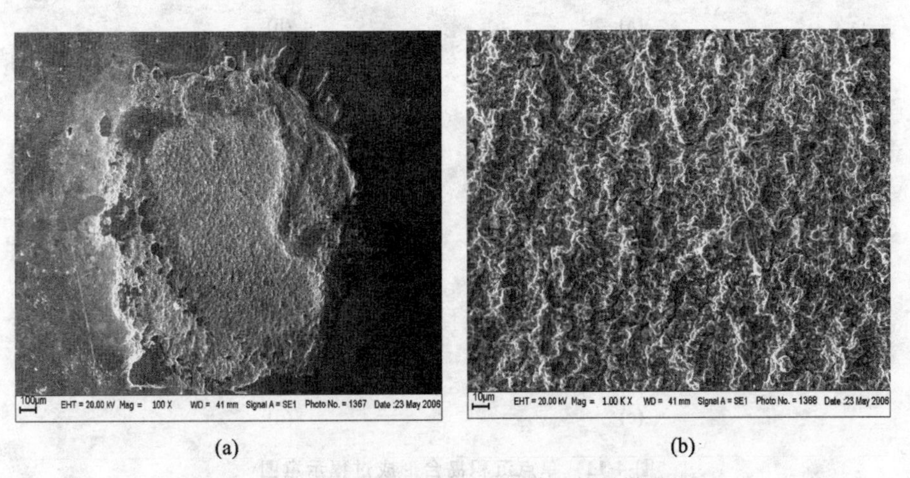

图 4-10 首脉冲单点沉积 TiC 涂层的显微形貌

(a)低倍；(b)高倍

在瞬间产生很高的热能，熔化了 TiC 电极，同时在基体表面产生了具有一定熔深的熔池。TiC 熔化后降落在熔池表面，凝固后形成涂层。由于产生了熔池，因此涂层凸凹不平。连续的电火花沉积涂层正是由无数单次沉积点重叠而形成的。

图 4-10(b)是图 4-10(a)中间岛状平台放大后的形貌。从图中可以看出，TiC 涂层宏观上是一个平整的小岛状的平台，而其微观形貌则是粗糙不平的。

小岛状平台的形成过程可以用图 4-11 的模型来解释。电火花沉积的过程可以分为四个阶段，分别对应图 4-11 中的(a)～(d)四个图。工作时，TiC 熔覆棒(阳极)开始向工件(阴极)表面靠近[图 4-11(a)]。当阳极与工件间的距离足够小时，电场强度足以使空气电离击穿而产生电火花，在放电微区瞬时流过密度高达 10^5～10^6 A·cm^{-2} 的电流，而放电时间只有几微秒至几毫秒。放电微小区域会产生 5000～10000 K 的高温，使该区域的局部材料熔化甚至气化[14,15]。由于基体(工件)是铜合金，熔点较低，首先是基体表面材料熔化，产生熔池，如图 4-11(b)所示。由于微区内温度很高，部分基体材料铜气化而损失。随后，高熔点的 TiC 熔敷棒材料发生电蚀，并转移到基体表面并在基体热阱(Heat Sink)的作用下急速冷却。由于 TiC 与 Cu 的润湿性并不好[16]，因此 TiC 熔滴不能(也没有时间)完全铺展开来，从而形成了岛状平台结构[图 4-11(c)]。放电产生的压力和阳极的挤压作用使部分材料抛离基体表面向周围介质中溅射，形成了边缘的飞溅。此时，TiC 平台被 Cu 液包围，冷却后形成一个沉积点。最后，阳极向上运动而离开基体[图 4-11(d)]，完成一次放电沉积过程。

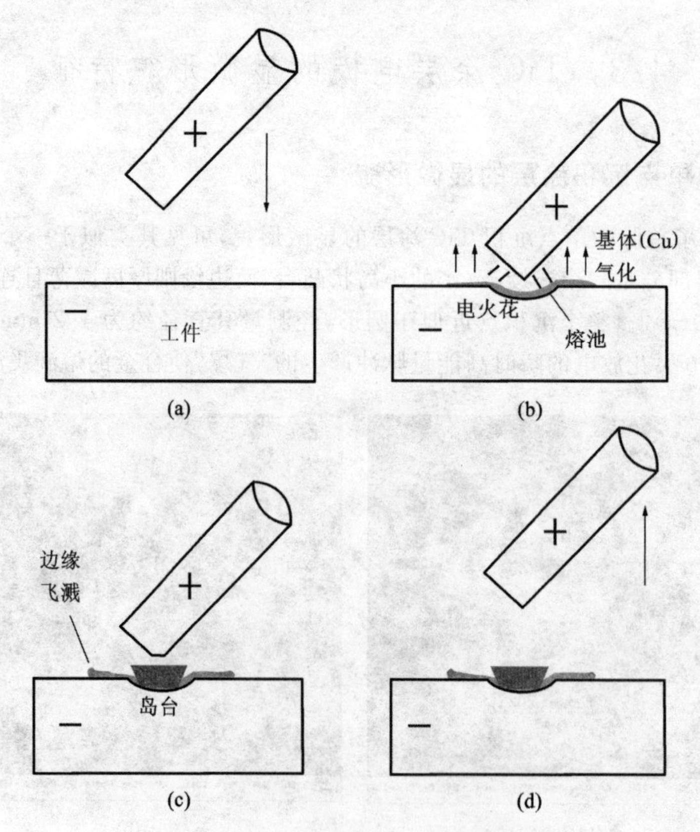

图 4-11 单点沉积岛台形成过程示意图

(a)熔敷棒接近工件；(b)火花放电，表面形成熔池；(c)熔敷棒腐蚀，材料转移；(d)熔敷棒离开工件

4.3.2 TiC 涂层的微观结构及性能

电火花沉积 TiC 后试样横截面光学显微形貌均呈现如图 4-12 所示的结构特征，即熔敷 TiC 后基体材料由四个区域组成，由表及里依次为涂层、过渡层、热影响区（Heat Affected Zone，HAZ）和基体，图中分别用 A、B、C、D 标识。电火花涂层试样的这种多层结构与电火花工艺的物理本质密切相关。

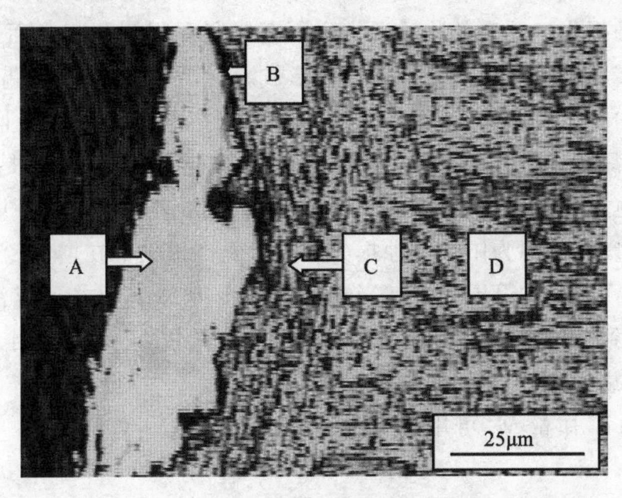

图 4-12 TiC 涂层电极的光学显微形貌

表面亮色致密的区域是一层结构比较致密，由电火花熔敷棒材料 TiC 组成的表面涂层，是图 4-11 所示的单点连续沉积的结果。涂层微观上结构比较致密，但厚度不均匀。涂层材料在熔池中形成，因此发生了明显的元素扩散，如图 4-13 所示。基体中的 Cu 扩散到了整个涂层中，而涂层材料中的 Ni 也扩散到了基体中。这两种元素的线扫描曲线都从基体向涂层（或从涂层向基体）平滑过渡。而 Ti 元素的线扫描则集中在涂层部分，基体中基本没有 Ti 元素。这是因为 TiC 中 Ti 与 C 的结合键强度很高，因此 Ti 原子难以挣脱 C 原子的束缚而扩散，或者说，C 原子对 Ti 原子的扩散起了钉扎作用。

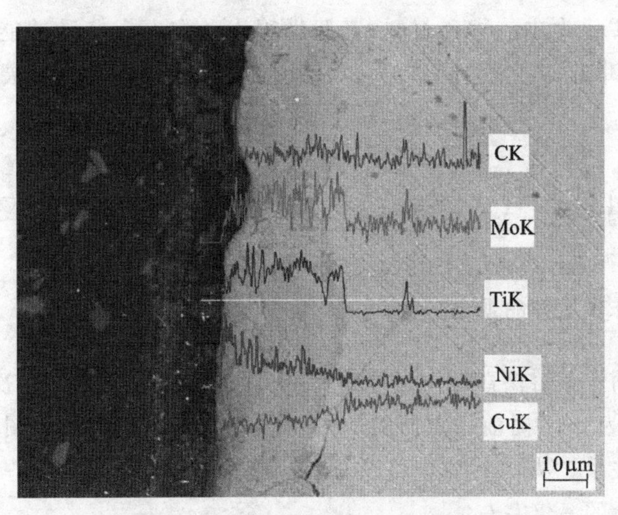

图 4-13 TiC 涂层的 SEM 形貌及能谱

4.4 电火花沉积过程中 TiC 涂层的质量过渡

电火花沉积过程是一个比较复杂的物理化学过程。在电火花的作用下，阴极（基体或工件）以及阳极（熔敷棒）上发生一系列复杂变化。电火花产生电极腐蚀，腐蚀的材料呈现三种明显的相态：固态、液态和气态。气态的物质有部分重新凝固在电极表面，但大部分蒸发到环境气氛中导致材料腐蚀损失。固态的物质通常也不会紧紧黏附于固相表面，导致腐蚀损失。而液态的材料一部分转移到对偶表面并键合从而形成涂层，另一部分从对偶表面弹回，或者在到达对偶表面的过程中凝固。另外，还有部分液相会保留在电极表面。以上是沉积过程中阳极上发生的主要变化，只有以液相转移到对偶表面并形成键合的材料，才是形成涂层的主要部分。阴极（基体）上也存在相同的腐蚀过程，因此可能造成基体的质量减少。增加阳极腐蚀并不一定导致基体质量增加，因为阳极腐蚀损失和阴极腐蚀损失都在增大。

由此可知，熔敷棒减少的 TiC 只有部分转移到 Cu 基体表面并形成涂层，使基体质量增加，另一部分则飞散到介质中。而基体 Cu 也发生同样的电蚀，存在固相、液相和气相三种方式，造成试样的质量减少，而气化是 Cu 的主要流失方式。

从阳极抛出的 TiC 质量 M_a 可用下式表示：

$$M_a = M_{a1} + M_{a2} \tag{4-1}$$

式中 M_{a1}——转移到阴极上的阳极材料质量；

M_{a2}——飞散到介质中的阳极材料质量。

由于电火花可以产生 5000～25000 K 的高温，大气中沉积 TiC 时不可避免会发生氧化。当输入电压及电容不大时，电火花能量不高，氧化比较轻微；但随着电容和电压的增大，涂层表面会发生明显的氧化，生成 TiO_2。表面上看，TiO_2 的摩尔质量比 TiC 高，涂层质量应该增加，但氧化物与碳化物和基体在物理性能和晶体学特性上差异明显，尤其是二者的晶格类型和点阵常数不一样使二者在界面上失配产生内应力，甚至造成涂层的局部分层和脱落，导致质量损失。

涂层材料是以 TiC 为主的陶瓷材料，其脆性很大。在电火花脉冲能量和基体热阱作用下，涂层不断承受热冲击，产生循环热应力，涂层内部产生裂纹并逐渐扩展，最后部分涂层会发生脆性剥落。

4.5 TiC 涂层电极寿命测试与失效

4.5.1 TiC 涂层电极寿命测试

电极的寿命选用焊点熔核直径作为评判标准，即当熔核的直径第一次出现小于 $4\sqrt{t}$（t 为所焊钢板厚度，单位为 mm）时前一点所对应的焊点数就是电极寿命。图 4-14 反映了焊点数与熔核直径之间的关系。从图 4-14 中可以发现 TiC 涂层能有效延长点焊电极寿命，延长量大致为无涂层电极寿命的一倍左右。

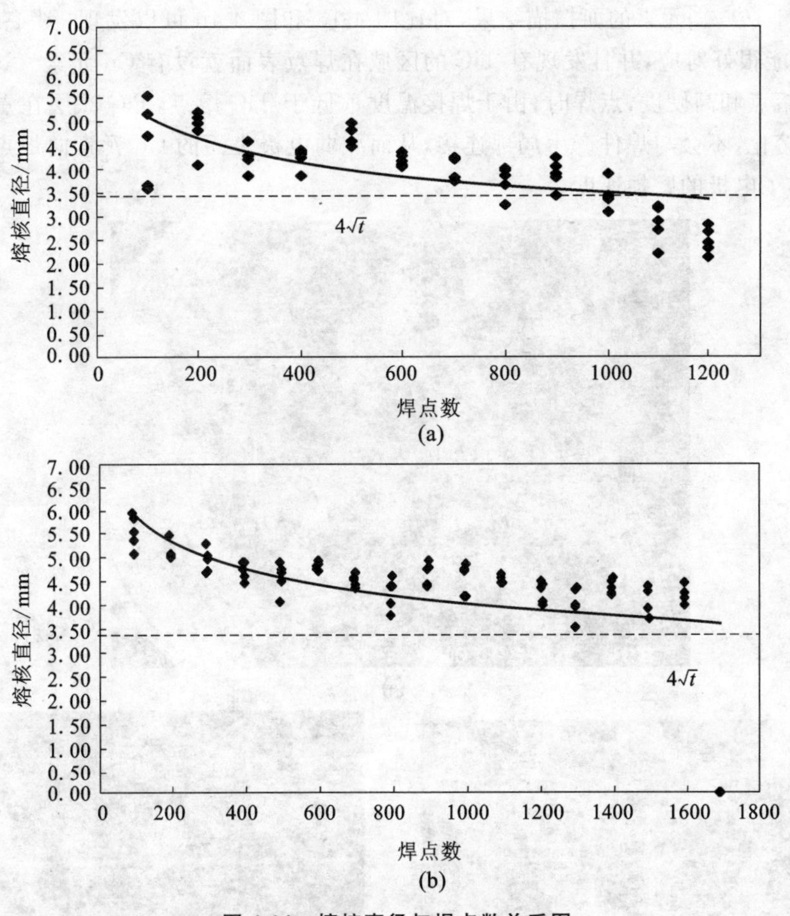

图 4-14　熔核直径与焊点数关系图

(a)无涂层点焊电极；(b)TiC 涂层点焊电极

4.5.2　TiC 涂层电极失效分析

在点焊镀锌钢板时，焊点熔核直径随焊点数增加而减小的主要原因是电极头部直径随焊点数增加而增加，电极端面直径的增加使得点焊时电极端面的电流密度减小，从而无法产生满足工艺要求的点焊熔核，致使电极失效[17]。普通点焊时，焊件与焊件之间之所以能形成点焊熔核是因为在焊件与焊件之间存在较大的接触电阻并且有电流通过，同样在电极与焊件之间也存在接触电阻且有电流通过，因而电极与焊件之间也存在焊接的可能，只不过电极与焊件的接触电阻小于焊件与焊件间的接触电阻，又由于电极的导热快(电极的热导率高)并且有冷却水通过，故电极与焊件之间的焊接没有焊件与焊件之间的焊接容易。但在点焊镀锌钢板时，由于点焊的电流(或点焊的时间)较普通点焊要大(或长)，因而导致电极与焊件之间产生焊接的可能性大于普通的点焊。当电极抬起时，局部焊接的断裂可能发生在电极的次表面上，这就导致有局部的电极材料黏附到钢板上，见图 4-15、图 4-16。

图 4-15(a)是熔敷 TiC 涂层 Cr-Zr-Cu 电极点焊第 400 个焊点后电极表面形貌，及 A 区局部放大图[图 4-15(b)]和 A 区域的 Ti 元素面扫描结果[图 4-15(c)]，A 区域的面扫描显示 A 区域存在 TiC，图 4-16 是与图 4-15 相对应焊点表面的 SEM[图 4-16(a)]和相应 Cu[图 4-16

(b)]、Zn[图 4-16(c)]元素的面扫描结果，对比图 4-15 和图 4-16 可以发现，图 4-15 中的 A 区域和图 4-16 能很好对应，并且发现有 TiC 的区域在焊点表面就没有 Cu 元素。这是由于 TiC 具有较高的熔点和高硬度，点焊时，由于焊接温度远低于 TiC 熔点，TiC 涂层在点焊过程中不会发生局部熔化，不会与焊件产生局部连接，从而减弱电极表面的 Cu 元素向焊点表面转移倾向，最终减小了电极的磨损速度。

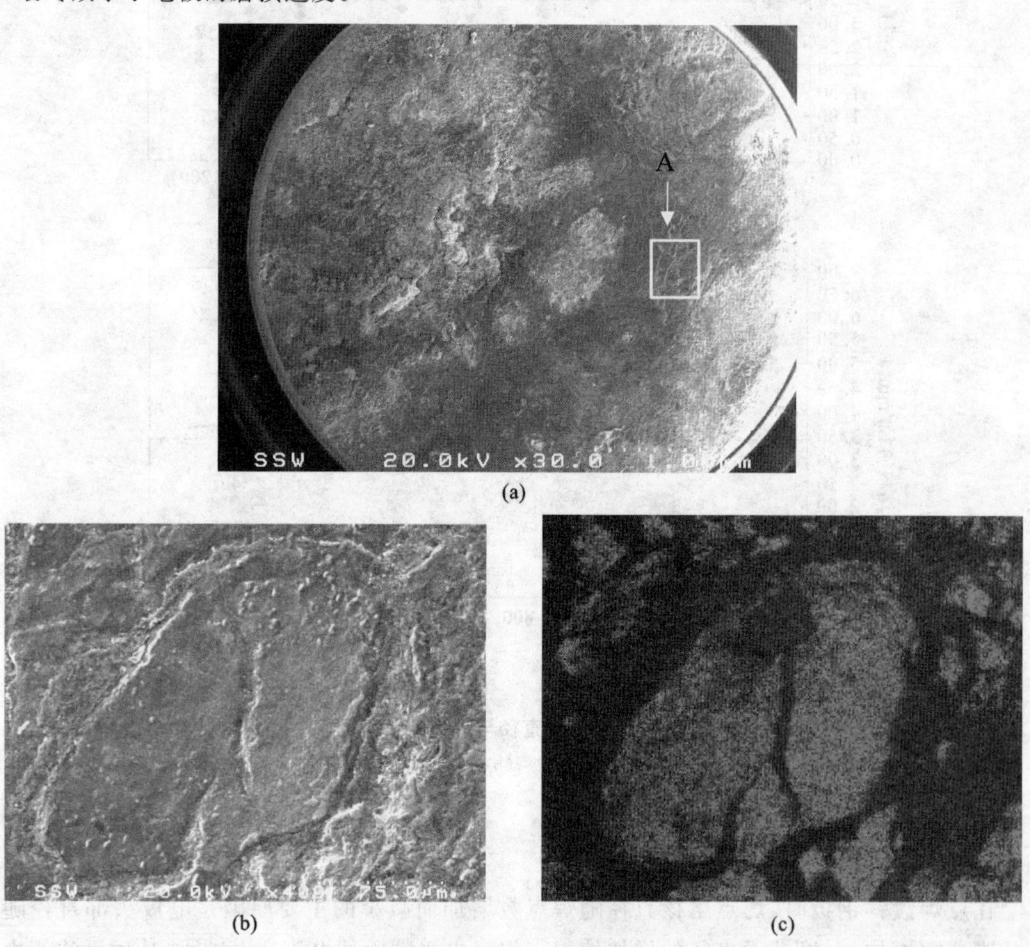

图 4-15　第 400 个焊点后电极表面 SEM 照片

(a)宏观形貌；(b)A 区域的 SEM 照片；(c)A 区域 Ti 元素面扫描结果

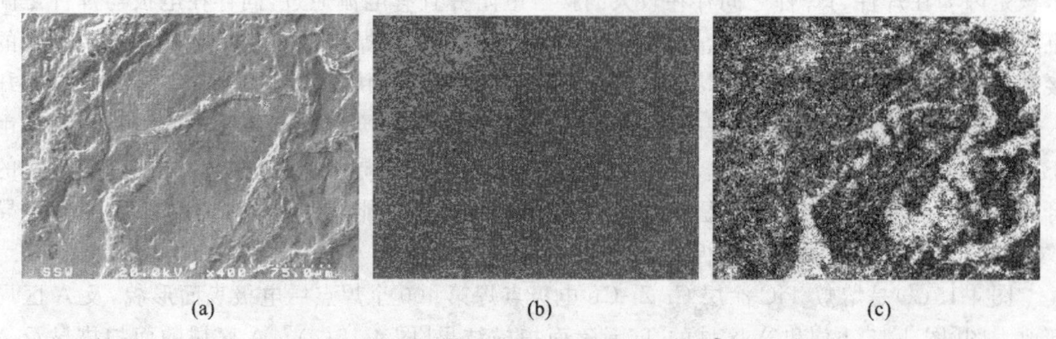

图 4-16　第 400 个焊点表面与图 4-15 相对应区域的 SEM 照片

(a)SEM 照片；(b)Cu 元素面扫描结果；(c)Zn 元素面扫描结果

图 4-17 是未熔敷 TiC 涂层电极磨损的示意图，在焊接时未熔敷 TiC 涂层电极端面有较多的微区与焊件表面间产生局部焊接，如图 4-17(a)所示。由于焊件的强度比电极材料的强度要高，而局部焊接的强度是介于两者之间，断裂发生在强度最弱的电极上。于是当电极抬起时，断裂就发生在电极的次表面，表现为电极材料黏附到了钢板上[图 4-17(b)]，这样逐渐积累导致电极端面的直径增大。

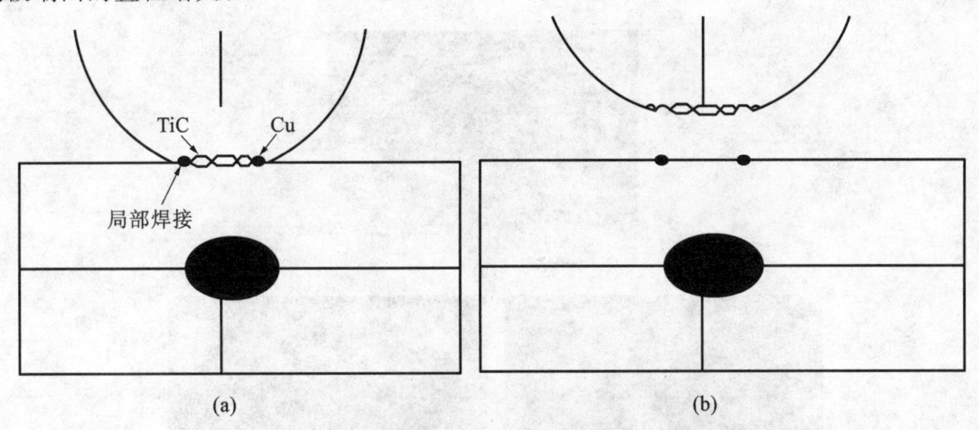

图 4-17　未熔敷 TiC 涂层电极磨损示意图

此外由于点焊时电极表面的温度较高，电极表面在焊接时较软，在焊接压力作用下电极表面大多数 TiC 颗粒总是镶嵌在电极的表面而磨损较慢，图 4-18 是熔敷 TiC 涂层电极失效后(1700 点)电极头部在 $FeCl_3$ 水溶液中 180 s 后表面的形貌及面扫描结果，从中可以看出 TiC 颗粒存在于电极表面而不是被磨损了，图 4-18(b)是图 4-18(a)中区域放大后的面扫描结果，从图 4-18(b)就更能说明这点。在点焊过程中 TiC 颗粒总是存在于经表面处理的电极的表面，使得电极的表面好像有一层 TiC 增强铜基复合材料一样，这层复合材料的存在，对减小电极头部的磨损有一定的作用。正是由于电极表面熔敷 TiC 能阻碍电极的磨损，并且 TiC 颗粒总是存在于熔敷 TiC 电极的表面，因此电极端面直径的增加速度小于未熔敷 TiC 涂层电极端面直径的增加速度，从而延长了电极的使用寿命。

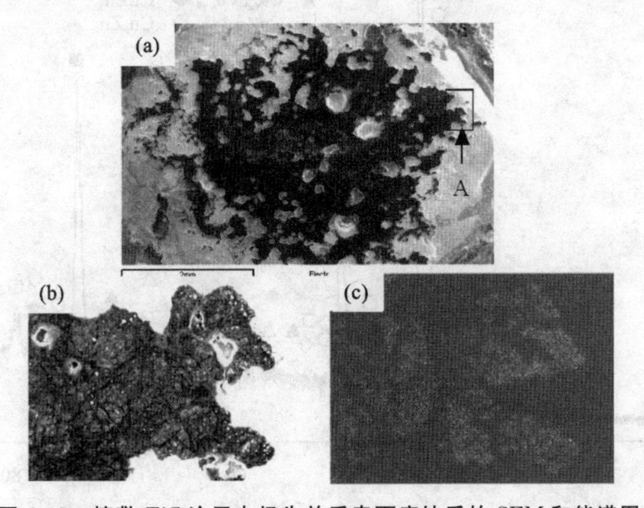

图 4-18　熔敷 TiC 涂层电极失效后表面腐蚀后的 SEM 和能谱图

(a)腐蚀 180 s 后熔敷 TiC 涂层电极表面的形貌；(b)A 区域 SEM；(c)A 区域 Ti 元素面扫描结果

此外，电极表面的 TiC 涂层能阻碍电极基体与镀锌钢板之间的合金化进程，这对延长电极寿命也有较大的作用，图 4-19 就能说明这点。图 4-19 是点焊电极表面振动电火花熔敷 TiC 涂层的电极在点焊 1700 点后的纵向剖面 SEM 及端面的 Ti 和 Zn 元素的面扫描结果，从该图可以看出，TiC 涂层存在于失效电极端面的外表面，在 TiC 涂层下有 Cu-Zn 合金层存在，TiC 涂层肯定会减缓镀锌钢板表面的锌与电极基体之间的合金化的进程，这对延长电极寿命是有作用的。

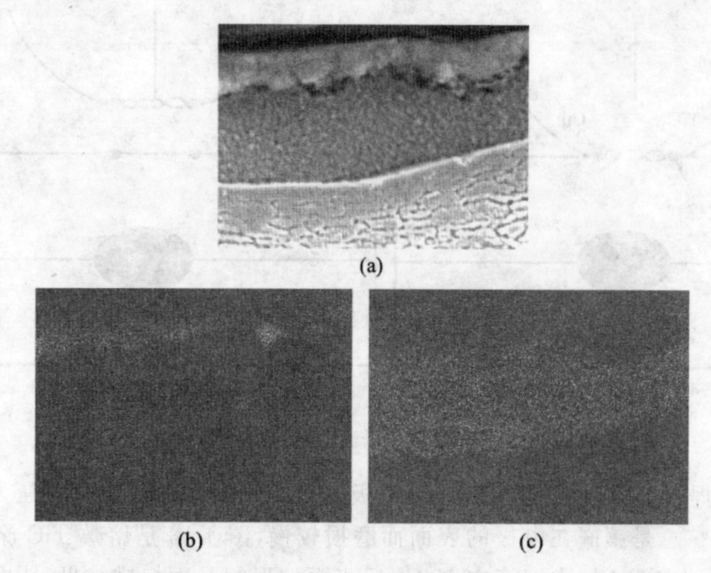

图 4-19　熔敷 TiC 涂层电极失效后纵向剖面的 SEM 和 Ti、Zn 元素的面扫描结果

(a)纵向剖面的 SEM；(b)Ti 元素面扫描结果；(c)Zn 元素面扫描结果

图 4-20 是熔敷 TiC 涂层电极焊接 400 点后端面的 X 射线衍射图谱，可以看出电极在焊接过程中也有 α、β、γ 黄铜生成。电火花振动熔敷的金属陶瓷 TiC 涂层是鳞片状的。由于在焊

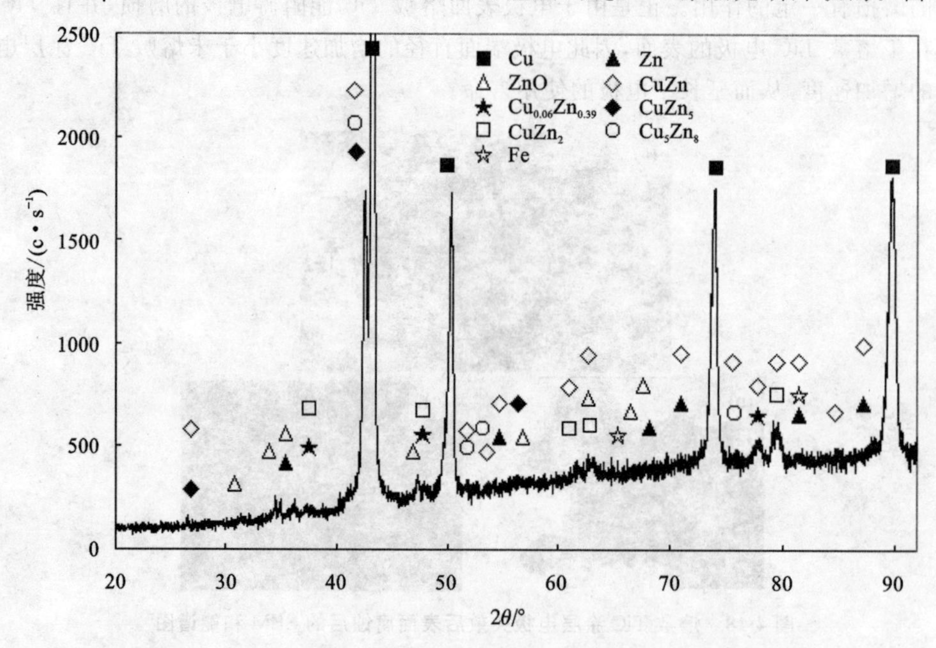

图 4-20　熔敷 TiC 涂层电极焊接 400 个点后端面的 X 射线衍射图谱

接过程中，熔融的锌会通过鳞片中的铜熔渗到金属陶瓷涂层下的电极基体材料上，与铜发生反应形成合金，因此在熔敷 TiC 电极端面的 X 射线衍射图谱中有 α、β、γ 黄铜存在。随着焊接点数的增加和电极压力的作用，金属陶瓷涂层下形成的易脆高电阻的黄铜可能龟裂，甚至脱落或黏附到钢板上去，其上的金属陶瓷涂层就跟着一点一点地脱落，形成一个个小蚀坑。图 4-21 是第 200 个点后熔敷 TiC 涂层电极头部的 SEM。从图 4-21 可以看到，电极表面的确存在由于合金化黏附而形成的小坑。随着焊接点数的增加，电极头部熔敷的金属陶瓷层就会慢慢损耗。但又由于黄铜电阻率大，在相同的电流焊接过程中，发热量多，温度会升高，在电极压力作用下，黄铜上的金属陶瓷涂层可能被挤压到附近的小坑里，愈合小蚀坑或镶嵌到电极中去，即自愈合，于是电极头部的涂层虽有减少，但能继续存在。

图 4-21 第 200 个点后熔敷电极头部的 SEM

通过上面的分析，可以看出电极表面电火花振动熔敷金属陶瓷 TiC 后，在焊接过程中，不仅能减少电极与焊件之间的局部焊接减慢电极的磨损，而且减小了电极基体材料与钢板上锌的接触面积，减小了锌熔渗的通道，从而减慢了合金化，这使得熔敷 TiC 涂层电极的端面直径增大的速度比未熔敷 TiC 涂层电极的端面直径增大的速度要慢。

参考文献

[1] 吴志生，廉金瑞，胡绳荪，等. 离子注入钨的镀锌钢板点焊电极寿命试验研究[J]. 汽车技术，2003(02)：35-37.

[2] 白凤民，廉金瑞，单平，等. 表面渗钛的镀锌钢板点焊电极寿命试验研究[J]. 电焊机，2003(04)：9-11.

[3] 廉金瑞，吴志生，单平，等. 点焊镀锌钢板的电刷镀电极的微观结构与点焊工艺[J]. 兵器材料科学与工程，2002(06)：29-33.

[4] 钱苗根. 材料表面技术及其应用手册[M]. 北京：机械工业出版社，1998.

[5] 胡赓祥. 材料科学基础[M]. 上海：上海交通大学出版社，2000.

[6] 汪瑞军. 钛合金表面电火花沉积 WC-Co 强化层及其性能[D]. 哈尔滨工业大学，2005.

[7] PAUSTOVS'KYI O V, BOTVYNKO V P. Formation of stresses in surface layers of R6M5 steel in the process of electrospark alloying and laser treament[J]. Materials Science, 1998, 34 (1)：141-143.

[8] 王建升.电火花沉积及其合金化[D].昆明理工大学,2004.
[9] ZHANG X C,YIXIONG W U,BINSHI X U,et al. Residual stresses in coating-based systems,part Ⅰ:Mechanisms and analytical modeling[J]. Frontiers of Mechanical Engineering,2007,2 (1):1-12.
[10] 陈文华,王德新,魏姝恒.钛合金电火花沉积硬质合金的强化工艺研究[J].机械工人:冷加工,2004(1):32-34.
[11] Allen Brown E,Gary L Sheldon,Abdel E Bayoumi. A parametric study of improving tool life by electrospark deposition[J]. Wear,1990,138 (1):137-151.
[12] LIU J,WANG R J,QIAN Y Y. The formation of a single-pulse electrospark deposition spot[J]. Surface & Coatings Technology,2005,200 (7):2433-2437.
[13] 李金龙,张健.Cu上电火花沉积 WC 的实验研究[J].沈阳理工大学学报,2005,24 (4):49-51.
[14] LEŠNJAK A,TUŠEK J. Processes and properties of deposits in electrospark deposition [J]. Science stechnology of Welding & Joining,2002,7 (6):391-396.
[15] Alexander V Paustovskii,Raisa A Alfintseva,Tatyana V Kurinnaya,et al. Laws of formation of electrospark coatings from alloys of the Ni-Cr-Al-Y system[J]. Powder Metallurgy and Metal Ceramics,2004,43 (5):251-257.
[16] JOHNSON R N,BAILEY J A,JOSEPH A Goetz. Electro-spark deposited coatings for protection of materials[C]//Annual conference on fossil energy materials. Oak Ridge, TN (United States),1995.
[17] BAYOUMI M R,ISMAIL A A,Abd El Latif A K. Finite element analysis of stresses due to pitting of steel specimens under different cyclic bending stresses[J]. Engineering Fracture Mechanics,1996,53 (1):141-151.

5 点焊电极表面电火花熔敷单相 TiB_2 涂层延寿方法

和 TiC 相比，TiB_2 具有更优异的电学性能和热学性能，如表 5-1 所示。首先，TiB_2 的电导率高，涂覆在点焊电极表面，有利于电流的传递。同时，涂层与钢板间的接触电阻更小，有利于减少电阻点焊过程中产生的热量。其次，TiB_2 比 TiC 的热导率高得多，有利于点焊过程中的散热。另外，TiB_2 比 TiC 的弹性模量和硬度略高，可以提高涂层电极的耐磨性，减少电极的磨损。因此，使用 TiB_2 作为点焊电极的表面涂层，有利于改善涂层的导热和导电性能，从而延长点焊电极的服役时间。

表 5-1　TiC 和 TiB_2 的物理机械性能

材料	熔点 /℃	密度 /(g·cm^{-3})	硬度 /HV	弹性模量 /(kN·mm^{-2})	线胀系数 /$10^{-6}K^{-1}$	抗高温氧化性能	热导率 /(W·m^{-1}·K^{-1})	电阻率 μ/(Ω·cm^{-1})
TiC	3067	4.93	2800	470	8.0	一般	24.3	52.5
TiB_2	3225	4.50	3225	560	7.8	一般	65	30
Cu	1083	8.9	55	—	17.8	—	390	2

5.1　TiB_2 涂层的微观形貌与氧化

5.1.1　TiB_2 涂层的微观形貌

TiB_2 涂层制备设备与 TiC 涂层制备设备基本相同，熔敷棒为 ϕ7mm×35mm 的 TiB_2 圆棒，化学成分主要为 TiB_2 及少量的 Co、Ni、Al 等元素。电火花沉积工艺参数为电容量 2000～4000μF，输入电压 120～220V。

图 5-1 是在铜合金表面电火花沉积 TiB_2 涂层试样表面和横截面的显微形貌。从图中可以看出，TiB_2 涂层表面微观上涂抹并不均匀，致密性不好，其结构比较疏松[图 5-1(a)]，涂层表面存在一些较深的裂纹[图 5-1(b)]。从图 5-1(c)进一步发现，一些裂纹交叉连通起来。由于沉积时单次放电的能量很小，转移的物质量少，故新沉积的涂层并不能完全弥补或消除原有涂层表面的裂纹，这些裂纹得以残留下来，最后形成一些贯通整个涂层截面的裂纹。涂层是脆性大的陶瓷材料，塑性变形能力差，流动性差，与基体 Cu 间的润湿性差(Cu 和 TiB_2 间的润湿角为 136°)，这也是涂层中某些裂纹无法愈合的原因。

涂层表面裂纹的产生，主要是陶瓷材料受电火花放电时热冲击作用的结果。研究表明，电火花沉积时会在基体表面产生熔池，熔融的熔敷棒材料液滴撞击基体表面，产生变形的同时受到激冷而凝固，由于粒子的收缩而产生微观收缩应力，应力积聚造成涂层整体的残余应力。

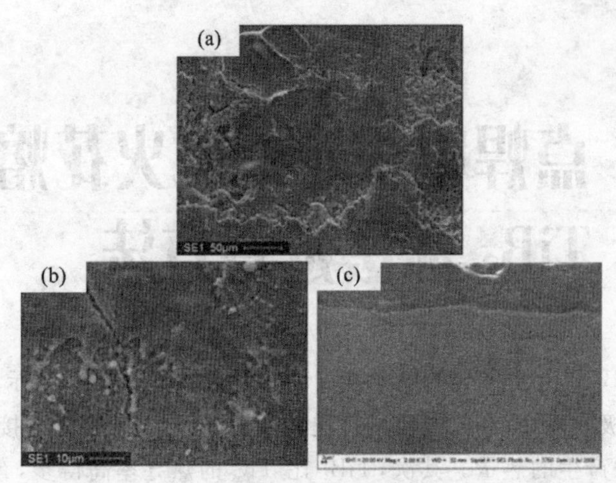

图 5-1 TiB_2 涂层试样表面和横截面的显微形貌

(a)、(b)表面;(c)横截面

裂纹的产生也与 TiB_2 的氧化有关。TiB_2 与其氧化产物 TiO_2 这两种物相热膨胀系数的差异,也是裂纹产生的重要原因。高温下 TiB_2 氧化,由于 TiO_2 与基体热膨胀系数不匹配,在氧化膜中产生拉应力,因此造成氧化膜开裂[1]。TiB_2 和 TiO_2 点阵常数不一样导致点阵失配或畸变,也会产生第三类内应力。不过,这种内应力的绝对值很小,常常可能通过形成位错等缺陷来抵消。

由于 TiB_2 陶瓷的强度和硬度很高,塑性和韧性很差,因此涂层内部的残余应力难以通过涂层材料的塑性变形来释放。在电火花沉积过程中,涂层材料受到反复的热冲击,残余应力逐渐积累,从而产生疲劳裂纹。

TiB_2 涂层与基体之间局部存在着微观裂缝或分层,与涂层(陶瓷)和基体(金属)的物理性能差异较大有关,也与润湿性有关。Cu 和 TiB_2 的物理、化学和晶体学特性差异非常大,如表 5-1 所示。二者热膨胀系数的差异,导致在电火花的热冲击过程中膨胀与收缩不匹配而产生热应力,从而造成界面分层。另外,Cu 和 TiB_2 的润湿角为 136°,润湿性很差,电火花形成的熔池中基体材料 Cu 与涂层材料 TiB_2 各自收缩从而导致了分层的产生。

要改善 Cu 和 TiB_2 界面结合,必须寻找合适的胶黏剂来解决润湿性问题。金属与陶瓷的润湿性,根据等效价电子理论[2],对于基于过渡族金属的陶瓷,最合适的胶黏剂必须满足条件:

$$x + y = 11 \tag{5-1}$$

其中,x 是过渡族金属次外层 d 层电子数,y 是胶黏剂未填满的次外层 d 层电子数。金属与陶瓷次外层未填满的 d 层电子数之和与上式越接近,二者间的润湿性越好;反之则越差。对过渡族金属的陶瓷,在外部 d 壳层中的一部分电子在空间中明显地扩展,以致它们对于共价键距的影响与更外层的 s 或 p 电子的影响等效,称为等效于 s 或 p 的 d 电子,也称为等效价电子[3]。

TiB_2 是一种以过渡族金属为基的陶瓷,有部分共价键和部分金属键,其次外层可用于形成结合键的电子数为 5.5[4],即 $x=5.5$。

Cu 的核外电子排布是 $1s^2 2s^2 2p^6 3s^2 3p^6 3d^{10} 4s^1$,其次外层 3d 未填满,已有 10 个电子,即 $y=10$。对于 TiB_2-Cu 系统来说

$$x(=5.5) + y(=10) = 15.5 \gg 11 \tag{5-2}$$

上式可以说明 Cu 与 TiB_2 之间润湿性差,界面结合力小的原因。在 Cu 上沉积 TiB_2 时,

涂层与基体界面上发生分层，正是二者之间的润湿性较差所致。

改善 Cu 与 TiB_2 间的润湿性可以采用多种方法，比如往系统中添加合金元素，可改善其原系统的润湿性[5-7]。同时，添加的合金元素需与原系统中的两种组元润湿性好。通常金属与金属间润湿性较好，所以需要寻找与陶瓷润湿性好的金属。

5.1.2 TiB_2 涂层的氧化现象

在铜电极表面直接沉积 TiB_2 时，涂层表面结构不致密，界面上存在微观分层。上节分析了其主要原因是铜和 TiB_2 的润湿性差，但也与沉积过程中涂层材料 TiB_2 的氧化有密切关系。电火花产生 5000～20000 K 的高温，在如此高的温度下，TiB_2 完全可能发生如下氧化反应。

$$TiB_2 + 2.5O_2 \longrightarrow TiO_2 + B_2O_3 \tag{5-3}$$

研究发现，在空气中 TiB_2 在 800℃左右开始氧化[8]。TiB_2 氧化的激活能与其含量有关，含量增加则氧化的激活能显著下降，其氧化动力学符合抛物线规律[9]。TiB_2 氧化生成的 B_2O_3 平铺在涂层表面，阻止氧化反应的进一步进行。同时，在电火花放电高温作用下，低熔点的 B_2O_3 挥发，在氧化膜表面产生气孔[1]。TiO_2 与基体热膨胀系数的差异，造成氧化膜开裂，促进了裂纹向基体内部的扩散，进而加速了材料的氧化。因此，大气中电火花沉积 TiB_2 满足其氧化的温度或能量条件[9]。

从图 5-2 中可以看出，涂层表面出现了一些白亮色的小颗粒或短条状组织，外表光洁，呈

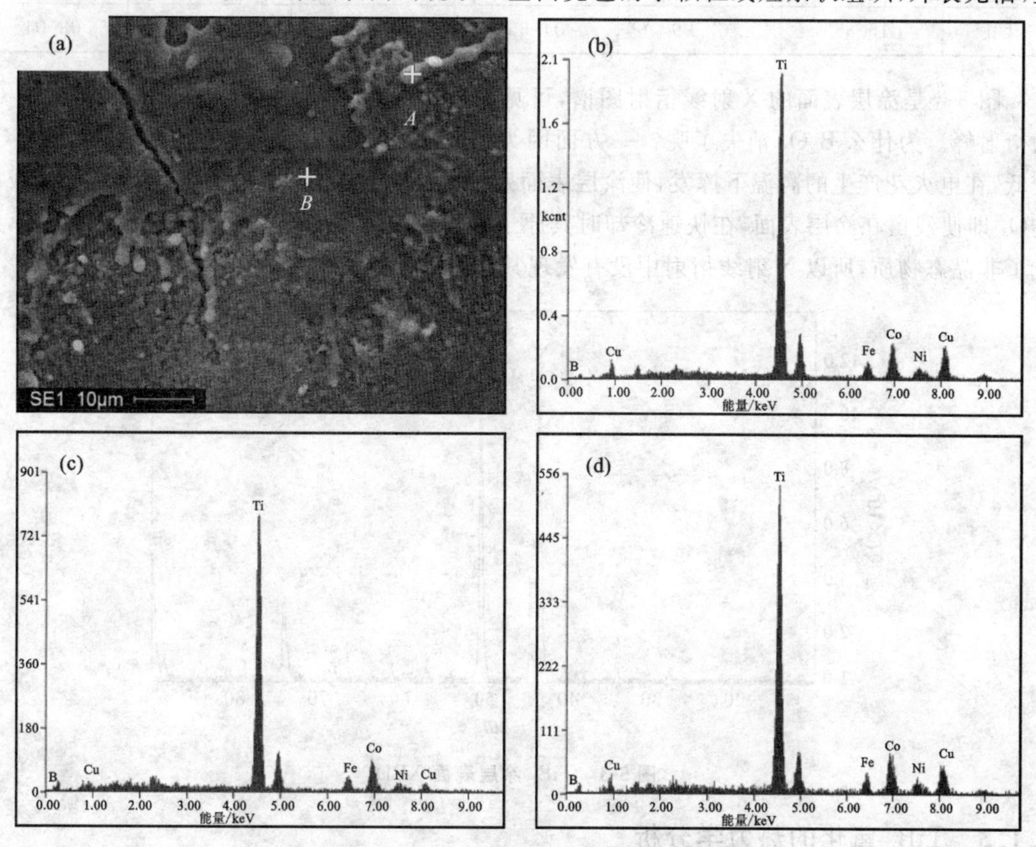

图 5-2 TiB_2 涂层表面的元素及其分布

(a)SEM 形貌；(b)图(a)面扫描能谱图；(c)A 点能谱；(d)B 点能谱

椭球状或柱状，边缘平滑。这些颗粒就是 TiB_2 氧化后的产物 B_2O_3。由于 B_2O_3 的熔点低(约450℃)，它在电火花放电产生的高温作用下熔化，并在表面张力的作用下收缩成为光滑的椭球状物质。

结合能谱分析结果(图 5-2)和表 5-2 可知，钛元素在白亮条带(*A* 点)上的含量与平台上其他地方(*B* 点)的含量和整个区域的平均含量相差不大，因此白亮条带不是 TiO_2 或 TiB_2，而 B 元素在白亮条带(*A* 点)上的含量达到 63.14at%，比其他地方的含量(*B* 点为 41.95at%)以及区域的平均含量(49.45at%)都要高得多，可见白亮条带处富含 B 元素，因此可能是 B_2O_3 所在地。B_2O_3 是无色玻璃状晶体，和其他物质混在一起可能呈现不同颜色。

表 5-2 图 5-2 中各点的元素及其相对含量

元素	平面平均		*A* 点		*B* 点	
	wt%	at%	wt%	at%	wt%	at%
B	16.73	49.45	26.57	63.14	12.91	41.95
Ti	47.08	31.41	48.43	25.98	47.74	35.01
Fe	04.65	02.66	04.81	02.21	05.82	03.66
Co	11.52	06.24	11.70	05.10	13.38	07.98
Ni	04.13	02.25	03.83	01.68	05.61	03.36
Cu	15.88	07.99	04.66	01.88	14.54	08.04

图 5-3 是涂层表面的 X 射线衍射图谱，可见涂层中存在 TiO_2。其中并没有观察到 B_2O_3 的衍射峰。为什么 B_2O_3 消失了呢？一方面因为 B_2O_3 的熔点(约 450℃)和沸点(约 1500℃)较低，在电火花产生的高温下挥发，使涂层表面残存的物质量减少；另一方面因为氧化生成的 B_2O_3 即使残留在涂层表面，在快速冷却时其原子来不及规则排列，从而保留了液态的结构，形成了非晶态物质，所以 X 射线衍射中没有发现其晶态物质的衍射峰。[10,11]

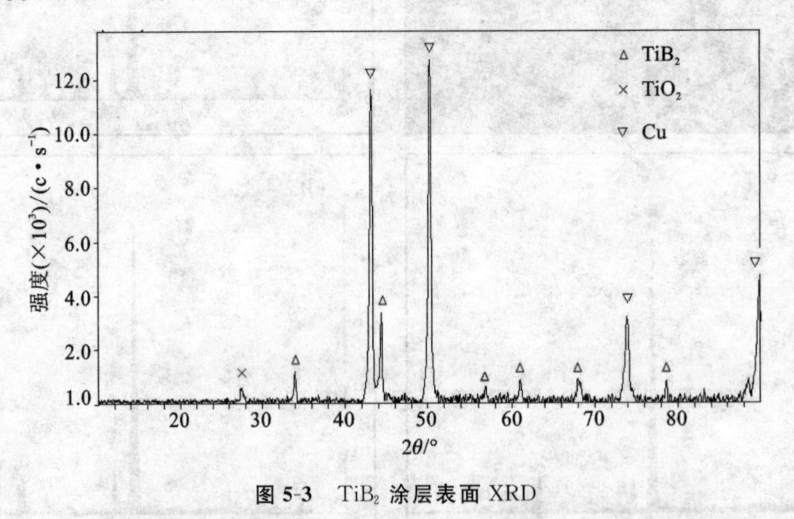

图 5-3 TiB_2 涂层表面 XRD

5.1.3 TiB_2 氧化的热力学分析

在空气中电火花沉积 TiC 时，涂层颜色灰白，而沉积 TiB_2 时涂层颜色发黑。经过 XRD

分析表明，TiC 涂层并没有明显的氧化，而 TiB_2 涂层则发生了氧化。这说明，在相同的电火花沉积条件下，TiB_2 容易氧化，而 TiC 不易氧化。试验中发现，沉积 TiB_2 时，输入电压 120V 时开始产生明显电火花（而沉积 TiC 时产生电火花的初始电压则要高到 140V 以上）。即使在如此低的电压下，涂层颜色仍然发黑。也就是说，TiB_2 在试验所涉及的电火花沉积条件下均发生氧化。而 TiC 则在试验条件下（即使电压达到 220V 和电容 4000μF）基本上均不发生氧化。下面从热力学的角度分析，为什么在大气中沉积时 TiB_2 氧化而 TiC 不氧化。

如果按热力学最稳定的条件来进行，则 TiB_2 和 TiC 的氧化反应如下：

$$TiB_2 + 2.5O_2 \longrightarrow TiO_2 + B_2O_3 \tag{5-4}$$

$$TiC + 2O_2 \longrightarrow TiO_2 + CO_2 \tag{5-5}$$

用化学反应热力学判断反应进行的方向，一般以 ΔG_T 作为判据。利用物质吉布斯自由函数法（Φ 函数法）计算 ΔG_T：

$$\Delta G_T = \Delta H_{298}^{\ominus} - T\Delta\Phi_T \tag{5-6}$$

$\Delta\Phi_T$ 为反应吉布斯自由能函数，可查取无机物热力学性质数据表而得。该数据表在计算过程中考虑了相变，在任何温度下可直接应用。对于化学反应，其标准自由能变化的计算公式如下，并可根据标准自由能的变化判断化学反应方向[12]：

$$\Delta G^0 = \sum v_i G_i \tag{5-7}$$

其中，ΔG^0 是化学反应的标准自由能变化，v_i 是单质或化合物的计量系数，G_i 是其自由能。

查取热力学手册后根据式(5-7)分别计算了上述两个氧化反应的自由能，得到了上述各反应在不同温度下的自由能变化，如表 5-3 所示。

表 5-3 TiB_2 和 TiC 氧化反应在不同温度下的自由能变化 单位：$J \cdot mol^{-1}$

T/K	298	400	600	800	1000	1200	1400	1600	1800	2000
式(5-4)	−1751	−1704	−1618	−1535	−1458	−1383	−1309	−1236	−1164	−1092
式(5-5)	−1093	−1074	−1040	−1006	−973	−941	−908	−875	−843	−811

根据表 5-3 中的数据，得到了氧化反应的自由能与温度的关系曲线，如图 5-4 所示。从图 5-4可以看出，不同温度下 TiB_2 氧化反应的自由能均比 TiC 氧化反应的自由能更低。这说明，

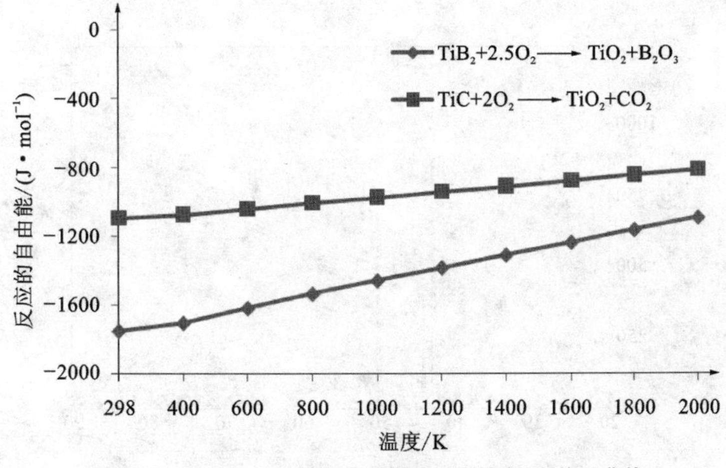

图 5-4 TiB_2 和 TiC 氧化反应的自由能与温度关系曲线

如果热力学条件充分，系统有足够的能量来跨越氧化反应的能垒，则 TiB_2 的氧化反应比 TiC 的氧化反应容易进行。这解释了为什么在电火花沉积过程中，在相同试验条件下 TiB_2 涂层发生氧化而 TiC 没有明显氧化。

5.2 氩气保护对 TiB_2 涂层的影响

大气中 Cu 基体表面制备 TiB_2 涂层时一是涂层表面出现氧化，二是涂层试样质量减小。图 5-5 是氩气保护下制备的 TiB_2 涂层的微观形貌。从图 5-5 可以看出，氩气保护下 TiB_2 涂层微观上连续性、均匀性和致密性均比未保护时得到改善。图 5-5(b)是图 5-5(a)的放大形貌，可见涂层表面还是存在一些微裂纹，而且涂层表面可以分辨出放电转移的涂层材料边缘呈现放射状。X 射线衍射结果表明(图 5-6)，涂层表面物质主要是 TiB_2 和 Cu，没有 TiO_2。

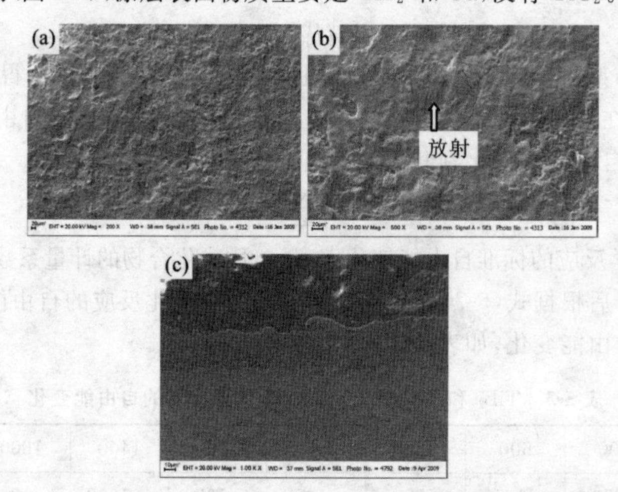

图 5-5 氩气保护下制备的 TiB_2 涂层试样表面和横截面的形貌

(a)表面；(b)(a)图的放大；(c)横截面

从涂层试样横截面的微观形貌[图 5-5(c)]来看，涂层的厚度比较均匀，致密性较好。但涂层与基体的界面仍然在局部存在分层。但总的来说，氩气保护下制备的 TiB_2 涂层与基体的结合得以明显改善。

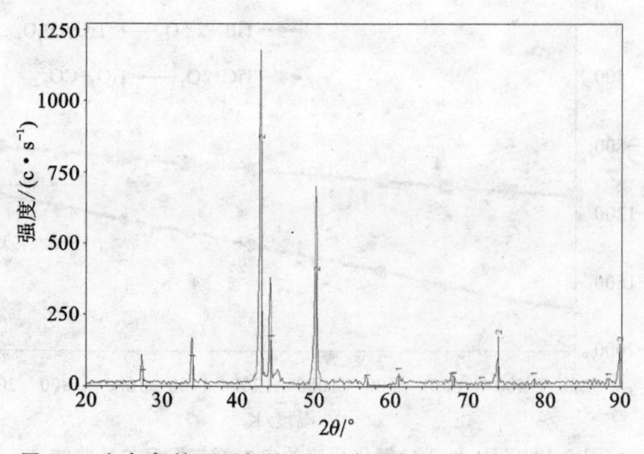

图 5-6 氩气保护下制备的 TiB_2 涂层表面的 X 射线衍射图谱

5.3 预沉积 Ni 中间层的 TiB_2 涂层结构和性能

5.3.1 TiB_2/Ni 涂层结构

为了改善 TiB_2 涂层的结构，解决 TiB_2 与 Cu 的润湿性较差的问题，在 TiB_2 涂层与基体间引入了中间层。理想的中间层应该能较好地润湿 TiB_2 与 Cu，而 Ni 正是这样一种物质。一方面 Ni 与 Cu 完全互溶，二者润湿性非常好；另一方面 Ni 与 TiB_2 的润湿角约为 64°。

图 5-7(a)、图 5-7(b)分别是 Ni 涂层表面的 SEM 和横截面的 OM 形貌，从图 5-7 可以看出，Ni 涂层连续而致密，没有裂纹，这是因为 Ni 具有良好的塑性和韧性，电火花沉积过程中产生的内应力能够及时地通过 Ni 涂层或位错的运动而释放，不会积累到严重程度而产生裂纹。

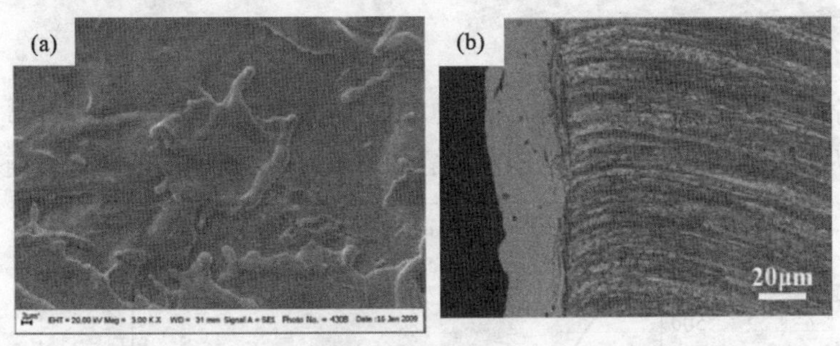

图 5-7 电极表面 Ni 涂层表面与横截面形貌

(a)表面 SEM；(b)横截面 OM

图 5-8 是在铜合金表面预涂覆 Ni 后电火花沉积 TiB_2 涂层表面和横截面的微观形貌。从图中可以看出，TiB_2 涂层的致密性并不好，涂层在表面涂抹不均匀、不平整[图 5-8(a)]。对图 5-8(a)中区域 A 放大后发现，其中存在一些裂纹[图 5-8(b)]，并且这些裂纹已经交叉连贯。

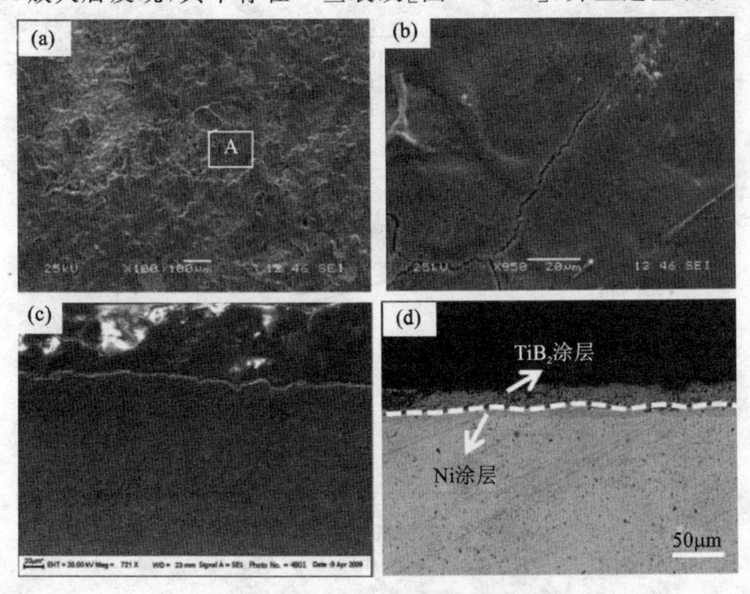

图 5-8 TiB_2/Ni 涂层的微观形貌

(a)表面 SEM；(b)A 区域放大；(c)横截面 SEM；(d)横截面 OM

从横截面形貌[图5-7(c)]来看，涂层与基体的界面上存在一定程度的分层，涂层内部局部存在着孔洞。但此时，涂层与基体的界面微观形貌比未涂覆Ni时的得到改善，内部的分层和裂纹减少。从图5-8(d)涂层横截面的光学形貌可以清楚地看出中间层Ni连续而均匀地分布在TiB_2涂层与基体之间，从而改善了涂层界面的结合状况。

表面涂层中的Ti穿过了中间层，向基体中发生了一定的扩散；Cu也通过中间层从基体向涂层发生了明显的扩散，Cu在涂层表面的含量约为8.0at%。这种明显的扩散表明电火花沉积过程中产生了熔池，元素的相互扩散使界面能获得理想的冶金结合，保证了涂层较高的强度，工作中不易脱落。

Cu扩散到中间层Ni中，并在中间层中达到了一定的含量，从而在沉积TiB_2时从中间层进一步扩散到了涂层中，影响了涂层的结构。由于Cu与TiB_2的润湿性差，而中间层为Cu-Ni固溶体，其中Cu的含量较高，因此中间层与涂层的结合并不完全紧密，微观上局部存在分层。

5.3.2　TiB_2/Ni涂层硬度

TiB_2/Ni涂层的硬度如图5-9所示。沉积TiB_2的条件为电容2000～5000 μF，输入电压160～220 V。从图5-9可以看出，随电压和电容的增大，涂层硬度逐渐降低。随着输入电压从

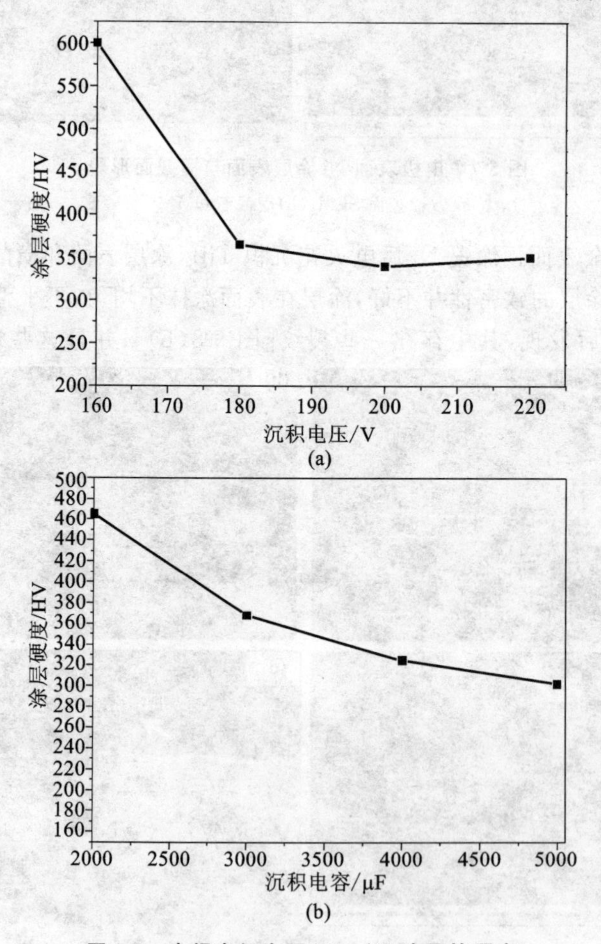

图5-9　点焊电极表面TiB_2/Ni涂层的硬度

(a)电容为3000 μF时不同电压下涂层硬度；(b)电压为180 V时不同电容下涂层硬度

160 V 增大到 220 V，电容从 2000 μF 增大到 5000 μF，涂层的硬度明显降低。也就是说，低电容和低电压有利于获得高的涂层硬度。导致涂层硬度降低的主要原因是涂层元素的扩散以及氧化。这二者都受到电火花输入能量的影响。硬度反映的是微粒间结合力的强弱即键能的大小，由材料结构及组成所决定。在电火花沉积过程中，涂层材料中的 Ti 和基体中的 Cu 在熔池中以置换机制进行互扩散。扩散的结果是涂层中 Ti 的含量减少，并出现一定含量的 Cu。此外，在电火花沉积时高硬度的 TiB_2 被氧化，变成了低硬度的 TiO_2。根据硬度的加和原则，涂层中高硬度相减少，导致涂层硬度降低。

电火花放电能量为 $Q=CU^2/2$，C 表示电容，U 表示输入电压。随着电容 C 和电压 U 的增大，电火花能量增加，沉积温度升高。根据扩散定律，元素扩散系数与温度呈指数关系。温度越高，Ti 和 Cu 元素的扩散系数越大，扩散速度越快，涂层硬度降低幅度越大。同时，随着电火花输入能量增加，引起 TiB_2 氧化的热力学条件更加充分，TiB_2 的氧化加重。试验过程中观察到的现象也表明，随着电容以及电压的增大，涂层的颜色逐渐变黑，也验证了电火花能量越高，TiB_2 涂层氧化越严重的事实。因此，随着电容和电压增大，涂层硬度逐渐降低。而 TiB_2 涂层硬度低于 TiC 涂层硬度，则是 TiB_2 涂层发生氧化而 TiC 涂层未氧化所致。

5.3.3　预涂敷 Ni 后 TiB_2 质量过渡

图 5-10(a)和图 5-10(b)是电火花沉积过程中基体和电极质量变化与沉积时间的关系曲

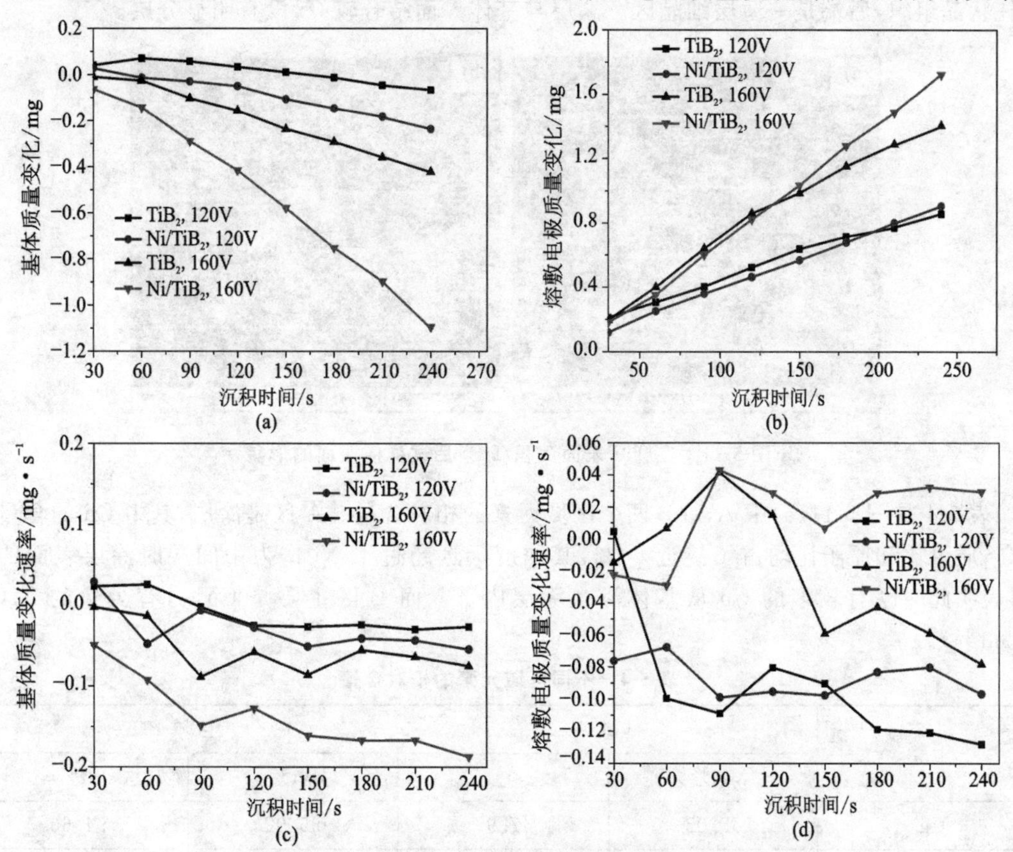

图 5-10　基体和电极质量变化与沉积时间的关系曲线

(a)基体质量变化与沉积时间关系；(b)熔敷棒消耗质量与沉积时间关系；

(c)基体沉积速度与沉积时间关系；(d)熔敷棒消耗速度与沉积时间关系

线。从图中可以看出，涂层试样质量不仅没有增大，反而减小，可见基体材料发生了显著的损失。随着沉积时间的延长，涂层质量几乎呈线性降低，而熔敷电极的质量几乎呈线性增长。

图 5-10(c)和图 5-10(d)分别是涂层沉积速度及熔敷棒消耗速度与沉积时间关系曲线。两图呈现相似的规律。沉积初期，涂层沉积速度较快。随着时间的延长，沉积超过 90s 后，涂层沉积速度逐渐趋于稳定。熔敷棒的消耗速度变化趋势与此类似。

影响 TiB_2 涂层质量过渡的因素，与 TiC 涂层质量过渡的影响因素基本相同，但也有其特殊性，那就是 TiB_2 过渡引起涂层质量减小，而 TiC 过渡引起涂层质量增大。这种现象，主要与 TiB_2 的氧化，以及由此引起的涂层结合疏松有关。

5.4　预沉积 TiC 中间层的 TiB_2 涂层的结构和性能

5.4.1　涂层的微观结构

图 5-11 是预涂敷 TiC 再沉积 TiB_2 后涂层的横截面显微形貌，是一种典型的多层形貌。(b)图是(a)图中 B 区域的放大，最表层的是 TiB_2 和 TiC 的复合陶瓷涂层，次表层为陶瓷与基体金属的过渡层，然后是热影响区，远端是原始基体组织。TiB_2/TiC 涂层热影响区前端是 Cu 的柱状晶组织，后端是一薄层细晶区。涂层与基体界面结合较好，没有明显分层。

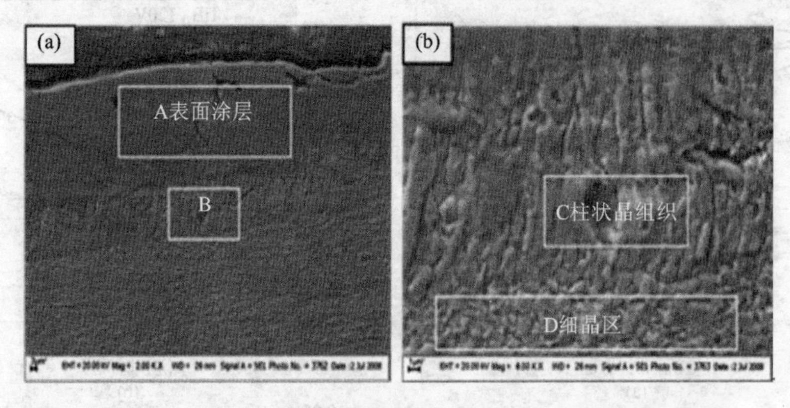

图 5-11　在 TiC 表面沉积 TiB_2 后试样横截面的形貌

表 5-4 是图 5-11(a)中 A 和 B 两个区域元素的相对含量。A 区是涂层，其中 Cu 的含量比较高，质量比和原子比均占了接近 50%，其浓度远远超过了 Ni 作为中间层时涂层表面的浓度，表明此时已有较多的 Cu 从基体渗入涂层内部。而 B 区主要是 Cu，另有少量的 Ti(大约 5at%)。

表 5-4　不同区域元素的相对含量

元素	区域 A		区域 B	
	wt%	at%	wt%	at%
Cu	55.02	47.97	95.92	94.66
Ti	44.98	52.03	4.08	5.34

5.4.2 细晶区的形成原因分析

图 5-11(b)显示了表面预涂敷 TiC 再沉积 TiB_2 涂层时基体表面柱状晶区和细晶区的微观形貌。TiB_2 涂层电极基体表面的微观形貌与铸锭的微观结构极其相似(包括表面细晶区、柱状晶区和中心等轴晶区),因此可以用铸锭三晶区形成机理来解释涂层试样的微观结构。细晶区是熔池在基体的热阱作用下快速冷凝,结晶时产生很大的过冷度所致。根据经典的凝固理论,对于均匀形核,形核所需自由能(临界形核功)和临界晶核半径与过冷度存在如下关系[13]:

$$A_k = -\frac{16\pi\sigma^3 T_m^2}{3L_m^2} \cdot \frac{1}{\Delta T^2} \tag{5-8}$$

$$r_k = \frac{2\sigma T_m}{L_m} \cdot \frac{1}{\Delta T} \tag{5-9}$$

上两式中 σ——比表面能($J \cdot cm^{-2}$);

T_m——材料的熔点(K);

L_m——熔化潜热($J \cdot cm^{-3}$);

ΔT——过冷度(K);

r_k——临界晶核半径(m);

A_k——临界形核功($J \cdot mol^{-1}$)。

因此,过冷度对临界形核功和临界晶核半径均有很大的影响。过冷度越大,形核的临界功越低,临界晶核半径越小。临界晶核半径越小,越多的原子团可以形成晶核并长大,凝固后晶粒尺寸越小。相对于电火花的单个放电点来说,基体可以看作一个无限大的平面,因此其散热能力很强,可以认为基体始终处在室温状态下,熔池凝固时的过冷度很大。

已知 Cu 的熔点 $T_m = 1083$ ℃,熔化潜热 $L_m = 1.88 \times 10^3\ J \cdot cm^{-3}$,比表面能 $\sigma = 1.44 \times 10^{-5}\ J \cdot cm^{-2}$,密度 $\rho = 8.9\ g \cdot cm^{-3}$,假定室温为 25 ℃,则

$$\Delta T = T_m - T_R = (1083 + 273) - (25 + 273) = 1058\ K$$

$$T_m = 1083 + 273 = 1356\ K$$

$$A_k = -\frac{16\pi\sigma^3 T_m^2}{3L_m^2} \cdot \frac{1}{\Delta T^2}$$

$$= -\frac{16 \times 3.14 \times (1.44 \times 10^{-5})^3 \times 1356^2}{3 \times (1.88 \times 10^3)^2 \times 1058^2} = -2.32 \times 10^{-20}\ J$$

$$r_k = \frac{2\sigma T_m}{L_m} \cdot \frac{1}{\Delta T}$$

$$= \frac{2 \times 1.44 \times 10^{-5} \times 1356}{1.88 \times 10^3 \times 1058} = 1.96 \times 10^{-8}\ m$$

假设均匀形核,临界晶核为球形,临界晶核中的原子数为 n,则

$$n = n_0 \frac{\rho V}{A}$$

$$= 6.02 \times 10^{23} \times \frac{8.9 \times \frac{4}{3} \times 3.14 \times (1.96 \times 10^{-8})^3}{63.5} \approx 3$$

从上面的计算可以看出,均匀形核时的形核功非常低,约为 -2.32×10^{-20} J,而临界晶核

半径只有 1.96×10^{-8} m，即 3 个原子组成的原子团就可以成为临界晶核而长大。因此，形核率非常高，凝固后的晶粒尺寸非常小。由于 Cu 中有少量的 Zr、Cr 等原子，更可能导致非均匀形核，临界晶核半径与均匀形核时相等，但形核功大大降低，因此可以进一步提高形核率，促进晶粒细化。

5.4.3 柱状晶区的形成原因分析

预沉积 TiC 后再沉积 TiB_2 涂层时，在试样的横截面观察到了柱状晶[图 5-11(b)]。此柱状晶组织是电火花沉积时基体材料熔化后重结晶形成的。这也说明，在电火花放电的高温作用下，基体表面 Cu 发生了熔化。

根据晶体学理论，晶体结晶的生长形态主要由固液相内温度梯度 G 和结晶时的冷却速度 v 决定。比较权威的理论是 Kwuz W 博士提出的晶体生长形态与温度梯度和冷却速度的关系[14]，如图 5-12 所示。

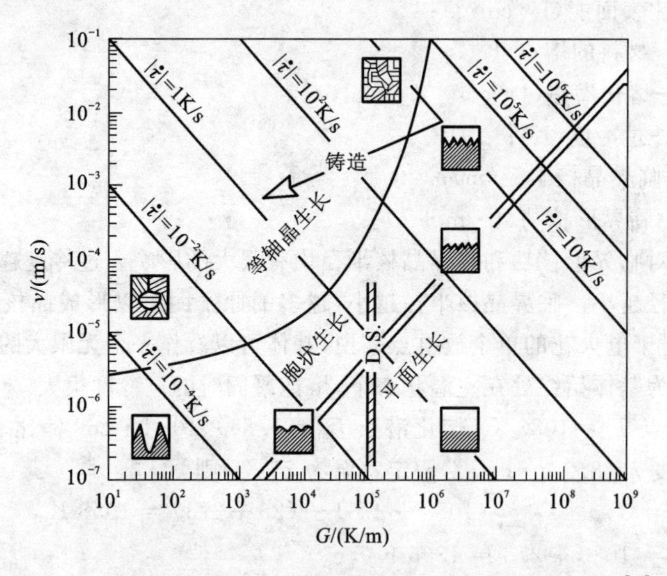

图 5-12 晶体结晶的形态与温度梯度 G 和冷却速度 v 的关系[14]

电火花放电时在材料表面产生的熔池与焊接时熔池具有相似的特点。焊接熔池属于“小熔池冶金，小熔池凝固”，其特点为[15-17]：①熔池金属的体积小，冷却速度快。②熔池中的液体金属处于高的过热状态，过热温度可高达 250～550℃。③熔池在运动状态下结晶，处于热源移动方向前端的母材不断熔化，熔池后部的液态金属降温凝固。④焊接熔池周围的母材金属对于熔池金属起着“模壁”作用，“模壁”的尺寸和形状决定了温度场的特性。电火花放电过程中的温度分布对过渡区与热影响区金属的影响很大，热交换有两个重要的特征：一是热作用的集中性，即电火花热源集中作用于电极与工件相接触的部位；二是热作用的瞬时性，也就是说，电火花热源始终以一定速度运动，因此对某一点的热作用是瞬时的。

电火花沉积过程中首先在基体表面产生一个很小的熔池，熔池中包括基体材料以及涂层材料。TiC 的熔点(T_{m1})约为 3000 ℃，在电火花沉积高温下熔化后很快凝固。此时，靠近 TiC 涂层的 Cu 基体(熔点 $T_{m2}=1083$ ℃)表面仍有一薄层液相并将逐渐凝固。基体 Cu 体积大，热导率好($399\ W\cdot m^{-1}\cdot K^{-1}$)，对于低能量的电火花来说相当于一个热阱，因此，已结晶的固相能迅速冷却。远离表面的地方为室温(T_R),而固相前沿的温度也不高,即基体内温度梯度很小。由于 TiC 的热导率很低($24.3\ W \cdot m^{-1} \cdot K^{-1}$),凝固后即对次表层 Cu 的凝固起到类似热障层的作用,这样在液相内产生很大的温度梯度,此时材料的散热将沿着垂直于基体与涂层的界面方向,在基体内从表面向远端界面的方向进行,在晶体生长的前沿产生正的温度梯度分布,并在生长前沿产生一定的过冷度,从而导致了铜以柱状晶方式生长。

基体材料是含有少量铬和锆(均小于 1%)的铜合金,固溶体所占比例非常少,其生长基本可以看作纯铜的生长。根据晶体学理论,金属的凝固主要取决于两种热流,一是在液体与固体中存在有正的温度梯度,凝固时放出的结晶潜热通过固体而排出,这种温度场出现在定向凝固中,凝固组织为柱状晶。柱状晶前方过冷度低,凝固的继续就靠那些长大速度较快而且方向与散热方向平行的晶粒的生长,从而形成柱状晶。纯金属的晶体生长时,如果固液界面上出现一定振幅的扰动,固相内温度梯度减小,而液相内温度梯度增加,由于热流与温度梯度成正比,因此热流容易偏聚在扰动的尖端处,流向固体的热流量减少,扰动的液相回到原来的状态,固液界面稳定,从而保持柱状晶生长。

5.5 TiB_2 涂层电极寿命及失效

5.5.1 点焊电极寿命测试

点焊电极寿命测试执行 AWS 标准[18],图 5-13 反映了无涂层电极、TiB_2/Ni、TiB_2/TiC 涂层电极点焊厚度为 0.8mm 双面热镀锌钢板时的寿命测试结果。无涂层电极的使用寿命为 200 点,TiB_2/Ni 涂层电极的寿命为 700 点,TiB_2/TiC 涂层电极的寿命为 900 点。

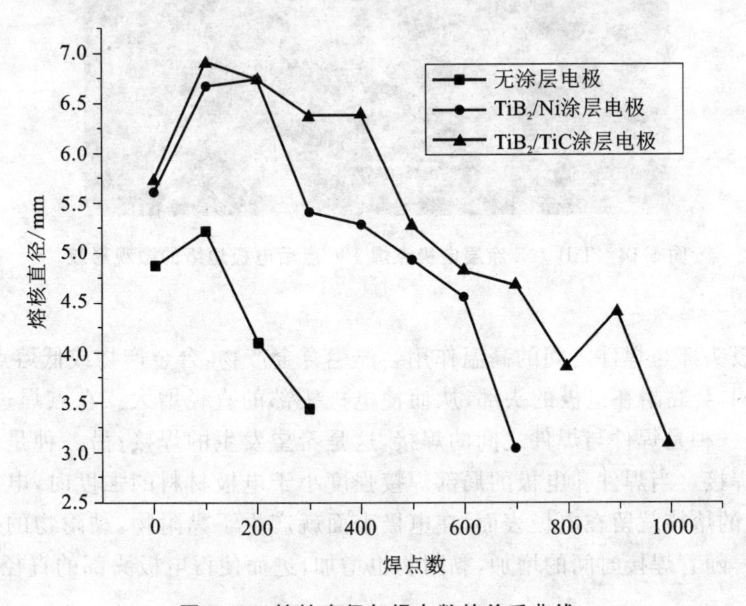

图 5-13 熔核直径与焊点数的关系曲线

5.5.2　点焊电极的失效机制

(1)塑性变形

电极头部的材料在焊接压力和热的联合作用下产生塑性变形导致电极头部的直径增加。实际上当电极点焊时，如果点焊的压应力大于电极所处温度下的屈服强度，电极就产生塑性变形，由于电极头部与焊件接触处的温度最高，因此塑性变形都集中在头部，这个过程被形象地称为"蘑菇化"。塑性变形不仅与电极头部的直径和材料状态有关，而且与焊接时的压力和电流密度密切相关。

塑性变形是电极材料失效的常见方式，涂层电极也不例外。其结果是电极头部直径增大，焊接电流密度降低，熔核直径减小，钢板结合强度降低。实际生产中有时将电极头部直径增大到某一数值作为电极失效的判断依据，这与 AWS 将熔核直径降低到一定数值作为失效的判据具有可比性。

图 5-14 是 TiB_2/Ni 涂层电极点焊 100 点后电极边缘的微观形貌，可见涂层边缘的材料在电极压力作用下被挤出。经过能谱分析，该区域材料主要成分为 Cu，由此可见，是基体材料发生了塑性变形。塑性变形的结果是电极的蘑菇化，电极头部直径增大。

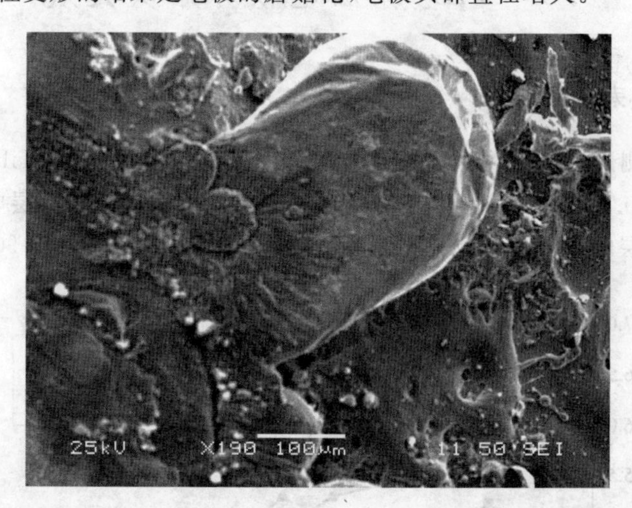

图 5-14　TiB_2/Ni 涂层电极点焊 100 点后电极边缘的微观形貌

(2)合金化

点焊时电极头部与焊件之间的高温作用会产生合金产物，合金产物或低熔点的金属(来自镀锌层的 Zn、Al)会黏附在电极的头部，从而使电极头部的直径增大。在点焊过程中，一般会发生两种焊接，一种是焊件与焊件之间的焊接，这是希望发生的焊接；另一种是焊件和电极之间出现的局部焊接。当焊件和电极的局部焊接强度小于电极材料的强度时，电极离开焊件表面后，局部焊接的熔核就留在电极表面，在电极表面就产生了黏附物，黏附物的一部分来自焊件表面的材料。随着焊接时间的增加，黏附物也增加，进而使得电极头部的直径增大。

(3)热疲劳

点焊电极在工作过程中不仅在高温下受力，而且还要承受加热和冷却的循环作用，产生热疲劳而失效或表层脱落。热冲击对塑性好的 Cu 基体影响相对较轻，但对于脆性大的 TiB_2、TiC 等涂层的影响就比较大。在电火花沉积过程中，这些涂层内部已经形成了微裂纹，局部地区这种微裂纹甚至相互连通，这正是脆性的陶瓷涂层受电火花的热冲击作用的结果。在镀锌钢板的点焊过程中，TiB_2、TiC 陶瓷涂层再次受到热冲击。这两种热冲击是有区别的，电火花沉积时输入的能量低，能量的作用范围局限于微小的熔池；但电火花放电的频率高，也就是说热冲击的频率高。而点焊时产生的能量非常高，电极接触表面甚至一定深度的电极材料均会受到强烈的热冲击。当然，点焊的频率远低于电火花放电的频率。因此，点焊时的热冲击作用大大增强，涂层与基体热膨胀系数的差异在界面上产生的内应力也会加强。内应力逐渐积累，到一定程度就会在界面上通过产生裂纹而释放，如图 5-15 所示。同时，脆性的陶瓷涂层本身在热冲击的作用下也会产生热应力，促进了涂层内部裂纹的扩展，最终导致涂层剥落，或者转移到钢板表面[图 5-15(c)]。

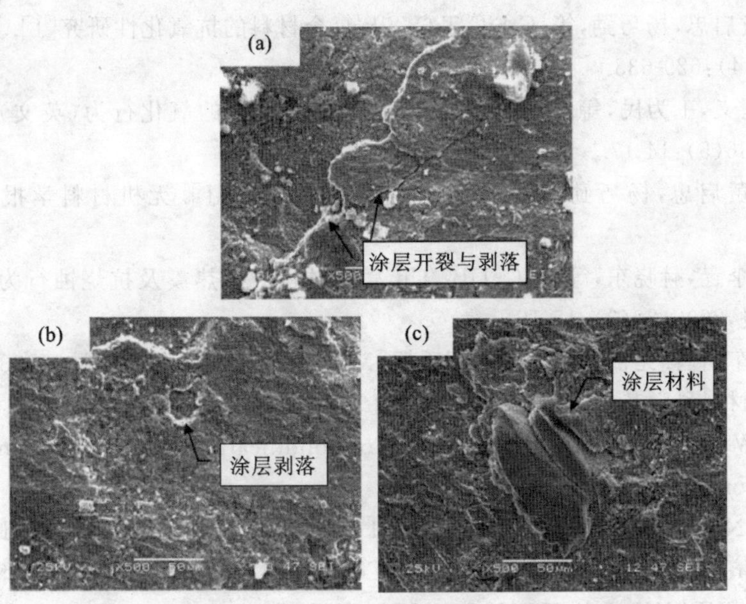

图 5-15 涂层开裂与剥落导致涂层转移

(a)、(b) TiB_2/Ni 涂层电极表面的 SEM 形貌；(c) 钢板表面的 SEM 形貌

无涂层电极、TiB_2/Ni 涂层电极、TiB_2/TiC 涂层电极点焊厚度为 0.8mm 双面热镀锌钢板时的寿命分别为 200 点、700 点和 900 点。涂层电极失效形式主要包括塑性变形、合金化、热疲劳。涂层电极点焊过程中发生塑性变形，使头部直径增大，引起焊接电流密度降低，熔核直径减小，最终失效。涂层能够阻隔焊点向电极的热传导，从而减轻电极的塑性变形，延长电极寿命。点焊过程中电极材料 Cu 和钢板表面的 Zn 和 Fe 等以涂层内的微观裂纹为通道发生相互扩散。点焊一定时间后，在电极外表面和涂层与电极的界面处分别形成合金化层，使电极与钢板发生黏结而磨损，导致电极寿命缩短。涂层可以阻断电极材料 Cu 与钢板表面镀层 Zn 的直接接触，从而大大减轻电极外表面合金化的程度，从而延长电极寿命。

参 考 文 献

[1] 邓建新，艾兴. TiB_2 的含量对 Al_2O_3/TiB_2 陶瓷材料的高温氧化行为的影响[J]. 材料科学与工艺，1996，(1)：37-41.

[2] OGWU A A，DAVIES T J. Effect of the electronic state，stoichiometry and ordering en-

ergy on the ductility of transition metal-based intermetallics[J]. Journal of Materials Science,1993,28 (3):847-852.
[3] 刘志林. 界面电子结构与界面性能[M]. 北京:科学出版社,2002.
[4] 许并社. 材料界面的物理与化学[M]. 北京:化学工业出版社,2006.
[5] 陈康华,包崇玺,刘红卫. 金属/陶瓷润湿性(下)[J]. 材料科学与工程学报,1997,(1):27-34.
[6] 陈名海,刘宁,许育东. 金属/陶瓷润湿性的研究现状[J]. 硬质合金,2002,19 (4):199-205.
[7] 李祥明,刘德浚,戴振东,等. 金属陶瓷摩擦材料中的润湿性问题[J]. 机械工程材料,1999,(1):36-38.
[8] 肖汉宁,黄启忠,杨巧勤,等. C-SiC-TiC-TiB 复合材料的抗氧化性研究[J]. 无机材料学报,1998,13 (4):629-633.
[9] 黄飞,傅正义,王为民,等. 二硼化钛陶瓷在不同温度下的氧化行为(英文)[J]. 硅酸盐学报,2008,36(5):14-17.
[10] 肖汉宁,黄启忠,杨巧勤. 复合材料的抗氧化性研究[J]. 无机材料学报,1998,28(4):629-633.
[11] 朱春城,李垚,赫晓东,等. TiC-TiB_2/Cu 复合材料的抗热震及抗烧蚀行为研究[J]. 航空材料学报,2003,23(3):15-19.
[12] 梁英教,车荫昌. 无机物热力学数据手册[M]. 沈阳:东北大学出版社,1993.
[13] 刘智恩. 材料科学基础[M]. 2 版. 西安:西北工业大学出版社,2003.
[14] KURZ W,FISHER D J. Fundamentals of solidification[M]. Switzerland:Trans Tech Publications,1998.
[15] PARKANSKY N,BOXMAN R L,GOLDSMITH S. Development and application of pulsed-air-arc deposition[J]. Surface & Coatings Technology,1993,61 (93):268-273.
[16] MONASTYRSKII G E,KOVAL′YU N,SHPAK A P,et al. Electrospark powders of shape memory alloys[J]. Powder Metallurgy and Metal Ceramics,2007,46(5):207-216.
[17] 张文钺. 焊接冶金学:基本原理[M]. 北京:机械工业出版社,1995.
[18] Recommended practices for test methods for evaluating the resistance spot welding behaviour of automotive sheet steel materials:ANSI/AWS 089—2002[S],2002.

6 点焊电极表面电火花原位熔敷 TiB_2-TiC 复相涂层延寿方法

TiB_2-TiC 复相陶瓷具有很好的高温性能，与 TiC、TiB_2 单相陶瓷比具有更高的断裂韧性和耐磨性，并且对于单相陶瓷，单一的相组成没有可调整的余地，而复相陶瓷可以通过对组成和显微结构的设计来预测和改进其性能[1]。由于 TiB_2-TiC 复相陶瓷具有较高的熔点、较高的硬度、良好的耐磨性、高的弹性模量、较高的电导率以及良好的高温稳定性，其工程应用越来越受到人们的关注。TiB_2-TiC 复相陶瓷主要用作装甲、模具、刀具材料和垫片，由于其较高的电导率，在电解铝中作为 Hall-Heroult 电池的阴极。可见 TiB_2-TiC 复合材料具有广阔的应用前景。表 6-1 为 TiB_2-TiC 复合材料及其单相材料在室温下及高温下的维氏硬度。

表 6-1　TiB_2-TiC 复合材料及其单相材料在室温及高温下的维氏硬度[2]

材料	维氏硬度/GPa	
TiC	27.5(25 ℃)	6.8(600 ℃)
TiB_2	28.5(25 ℃)	7.8(600 ℃)
TiB_2-TiC	23.0(25 ℃)	8.3(600 ℃)

用传统的方法制备 TiB_2-TiC 比较困难，以 Ti、B_4C、Ni、C 粉末为原料，采用机械合金化以及半烧结工艺可以获得电火花原位熔敷复相 TiB_2-TiC 涂层所需熔敷棒。

6.1　Ti-B_4C-Ni-C 粉末机械合金化过程

机械合金化(Mechanical Alloying，MA)是指金属或合金粉末在高能球磨机中通过粉末颗粒与磨球之间长时间激烈地冲击、碰撞，反复产生冷焊、断裂，促进粉末颗粒中原子扩散，从而获得合金化粉末的一种粉末制备技术，属于一种非平衡状态下的粉末固态合金化方法[3]。为了揭示球磨过程中球磨粉末之间的相互作用及物相变化，特对粉末按一元(B_4C)、二元(Ti-B_4C、Ni-B_4C 、B_4C-C、Ni-C、Ti-Ni、Ti-C)、三元(Ti-C-Ni、Ti-B_4C-Ni、Ti-B_4C-C、Ni-B_4C-C)、四元(Ti-B_4C-Ni-C)进行分组，并对各粉末进行相同工艺的球磨(球磨参数见表 6-2)，以此分析球磨后各组分在球磨过程中的作用，以及物相转变的过程。

表 6-2　粉末球磨参数

球料比	球磨时间/h	转速/(n/min)	是否气体保护
10∶1	5、10、15、20、25	350	氩气保护

为了满足电火花原位熔敷获得 TiB_2-TiC 复相涂层的需要，机械合金化的目的在于使原始粉末产生有利于原位合成 TiB_2-TiC 复相涂层的物相转变。

6.2 原料球磨过程中的物相变化

6.2.1 B_4C 球磨及球磨粉末真空退火后的物相转变

形成 TiB_2-TiC 复相陶瓷所需的 C 原子及 B 原子主要来源于 B_4C，图 6-1 为 B_4C 不同球磨时间及球磨 25 h 后真空退火后的 XRD 图，从图 6-1 可以发现，在单一的 B_4C 球磨过程中，并未发现有 B_4C 直接分解为单质的 B 或 C。而是形成 B_4C 的中间相 $B_{38.22}C_6$ 和 $B_{13}C_2$，对球磨 25 h 的 B_4C 粉末 1200 ℃真空退火处理发现此时 XRD 结果有较为明显的变化。真空退火后的 B_4C 球磨粉末，仅存在 BFe 单一物相，BFe 中的 B 原子无疑来源于 B_4C 或它的中间相 $B_{38.22}C_6$ 或 $B_{13}C_2$，而 Fe 元素则来源于不锈钢的球磨介质及容器。由于 B_4C 具有较高的硬度，球磨过程中不可避免地会对球罐和钢球带来磨削。然而图 6-1 中，未经真空退火处理的不同球磨时间粉末 XRD 分析结果均未发现有单质 Fe 元素或是含 Fe 元素的化合物，这可能是因为 Fe 元素以固溶方式存在于 B_4C 的中间相中。

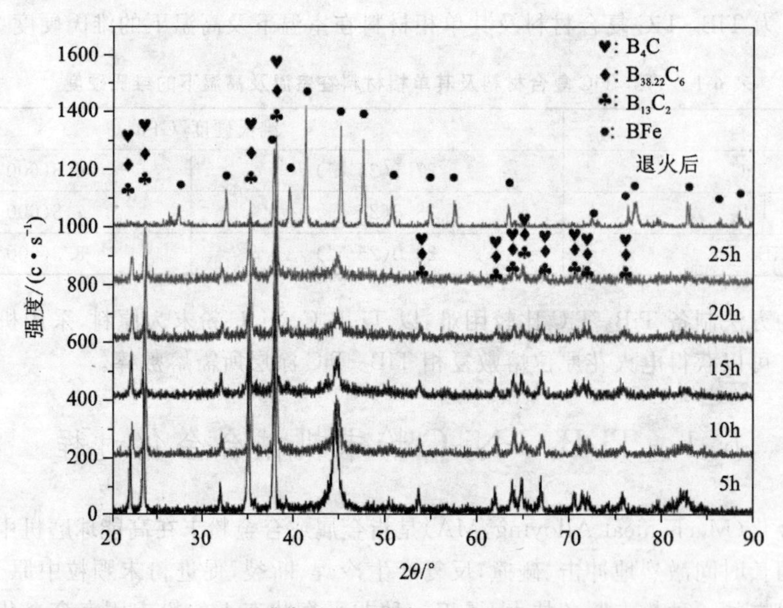

图 6-1 B_4C 不同球磨时间及球磨 25 h 真空退火后的 XRD 图

6.2.2 Ti-B_4C-Ni-C 系统中二元系粉末球磨及球磨粉末真空退火后的物相转变

图 6-2 为 Ti、B_4C、Ni、C 系统中，二元系粉末不同球磨时间及 25 h 球磨后退火粉末的 XRD 图。在含有 B_4C 二元系球磨粉末不同球磨时间的衍射结果中[图 6-2(a)、图 6-2(b)、图 6-2(c)]，Ti-B_4C 球磨及退火后粉末的 XRD 相对于 Ni-B_4C、B_4C-C 相同处理工艺下的 XRD 具有较大差异[图 6-2(a)、图 6-2(b)、图 6-2(c)]。而图 6-2(b)、图 6-2(c)与图 6-1 却存在很多相似之处，在 B_4C、Ni-B_4C、B_4C-C 体系中球磨粉末均含有 B_4C 但不含 Ti，这说明 Ti 在球磨过程中一定程度地抑制了 B_4C 与球磨介质的反应。图 6-2(d)、图 6-2(e)、图 6-2(f)分别反映了Ni-C、Ti-Ni、Ti-C 二元系球磨后的 XRD，衍射结果除了原始粉末或其合金化后产物外，未发现其他物相产

生，这说明在这些体系的球磨过程中，原料与球磨介质之间相互作用的趋势相对较小。

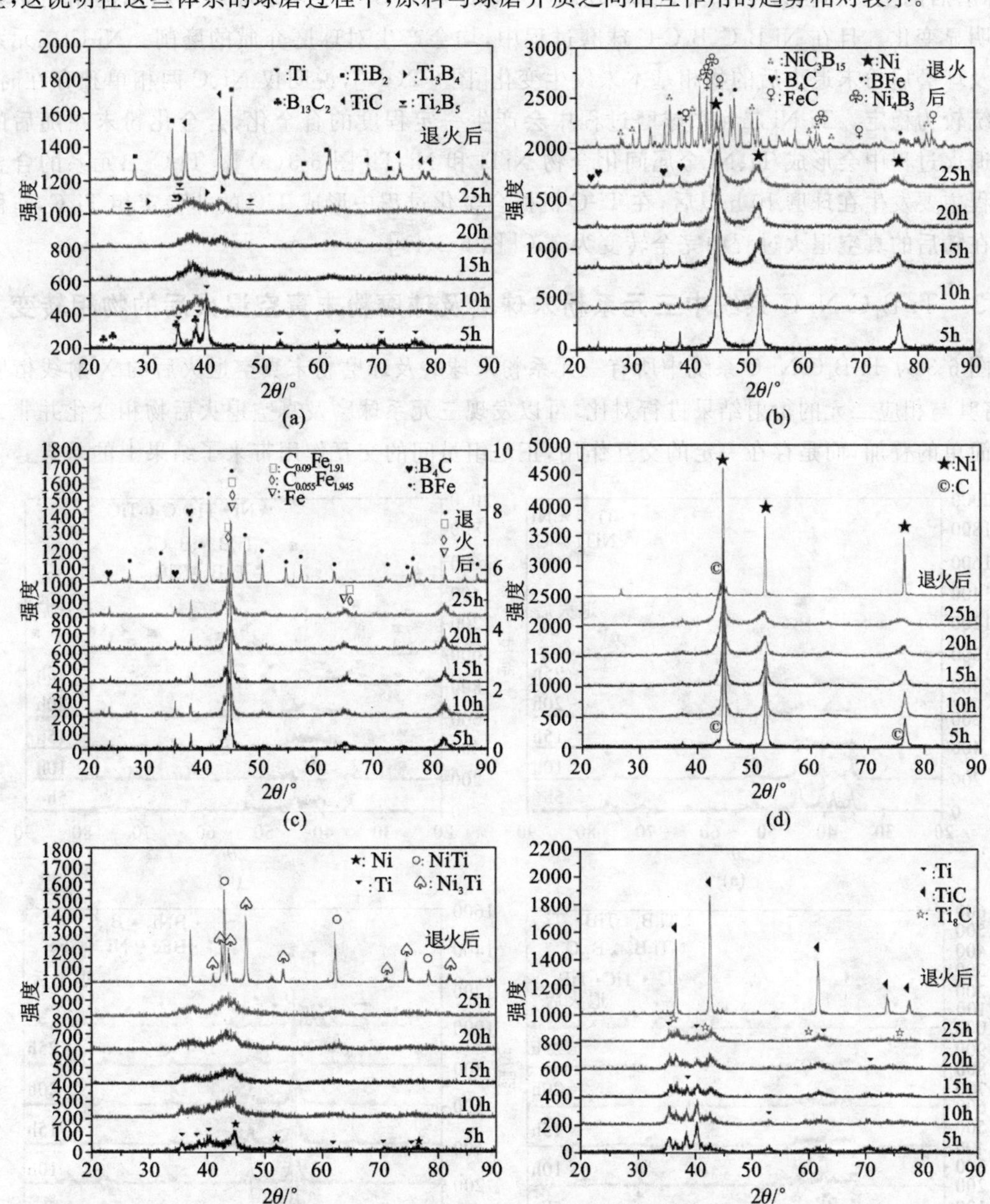

图 6-2 Ti-B_4C-Ni-C 系统中所有二元系粉末不同球磨时间及退火后的 XRD

(a) Ti-B_4C；(b) Ni-B_4C；(c) B_4C-C；(d) Ni-C；(e) Ti-Ni；(f) Ti-C

通过对图 6-2 作进一步分析还可发现，随着球磨时间的延长，各二元系统物相也发生不同程度的变化。在 Ti-B_4C 体系中，球磨 25 h 粉末的衍射结果与球磨 5 h 粉末的衍射结果相差甚远[图 6-2(a)]。从图 6-2(a)可以发现，当球磨时间超过 15 h 后，Ti-B_4C 体系球磨粉末衍射结果中 Ti 的衍射峰基本消失。随着球磨继续进行，衍射峰出现的位置已无明显的变化，仅仅是衍射峰更为宽化而已，这说明 Ti-B_4C 系统在此球磨参数下的物相基本达到稳定。衍射的结果说明 Ti-B_4C 二元系在试验方法规定的球磨参数下，经 25 h 球磨其系统的合金化程度达到平衡，球磨后的主要物相为 Ti_3B_4、Ti_2B_5、$B_{13}C_2$。Ni-B_4C、B_4C-C 二元系球磨后粉末的衍射结果没有明显变化。且在 Ni-B_4C、B_4C-C 球磨过程中，均会产生对球磨介质的磨削。Ni-C 二元系球磨及球磨后粉末退火后的物相基本未发生变化[图 6-2(d)]，说明仅 Ni、C 两相单独存在时，该系统较为稳定。Ti-Ni 二元系球磨过程中会产生一定程度的合金化，合金化粉末在随后的真空退火过程中会形成 Ti、Ni 金属间化合物 NiTi 和 Ni_3Ti[图 6-3(e)]。Ti-C 二元系的合金化过程主要发生在球磨 10 h 以后，在 Ti-C 机械合金化过程中形成 TiC 的非稳定相 Ti_8C，非稳定相在随后的真空退火过程中完全转变为 TiC[图 6-2(f)]。

6.2.3 Ti-B_4C-Ni-C 系统中三元系粉末球磨及球磨粉末真空退火后的物相转变

图 6-3 为 Ti-B_4C-Ni-C 系统中所有三元系粉末球磨及球磨粉末真空退火后的 X 射线衍射图，将其与相应二元的衍射结果进行对比，可以发现三元系球磨及真空退火后物相变化并非二元系简单的叠加，而是存在一定的交互作用，正是组员间的交互作用带来了结果上的差异。

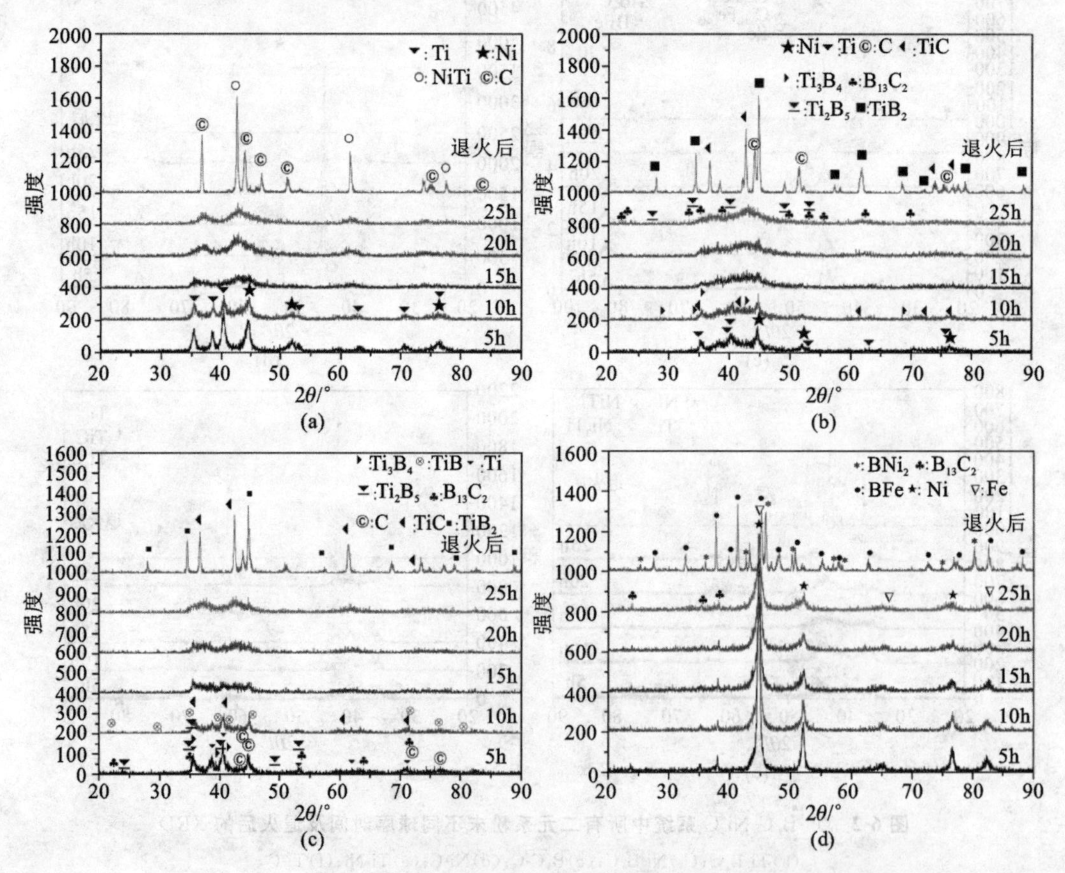

图 6-3 Ti-B_4C-Ni-C 系统中三元系粉末不同球磨时间及退火后的 XRD

(a) Ti-C-Ni；(b) Ti-B_4C-Ni；(c) Ti-B_4C-C；(d) Ni-B_4C-C

Ti-C-Ni 三元系球磨过程中，其合金化主要发生在球磨 10 h 以后。当球磨时间超过 10 h 后 Ti、Ni 的衍射峰就不再明显，球磨粉末退火后的主要相组成包括 NiTi 和 C[图 6-3(a)]。Ti-B_4C-Ni、Ti-B_4C-C 三元系球磨过程中的物相变化与 Ti-B_4C 二元系相似，均会产生 Ti_3B_4、Ti_2B_5、$B_{13}C_2$ 这些中间相，并且球磨粉末真空退火后的相组成也大致相同，主要包括 TiB_2 和

TiC。虽然 Ti-B_4C 二元系与 Ti-B_4C-Ni、Ti-B_4C-C 三元系球磨及退火后的物相大致相同，但在 Ti-B_4C-Ni、Ti-B_4C-C 三元系未经退火的球磨粉末衍射结果中，均发现了 TiC 的衍射峰[图 6-3(b)、图 6-3(c)]，Ti-B_4C 二元系中却未发生这样的现象[图 6-2(a)]。Ti-B_4C-C 系统中由于原始粉末含有单质 C，因此在 Ti-Ni-C 系球磨过程中出现 TiC 便不难理解。而在 Ti-B_4C-Ni 三元系的球磨过程中，也发现 TiC，但此系统中并不含单质 C，不具备 Ti、C 球磨合成 TiC 的条件。这说明 Ti-B_4C-Ni 系统球磨过程中，形成 TiC 的机理与 Ti-B_4C-C 系统不同。Barsoum 等人[4]在 TiB_2-TiC 复相陶瓷的过渡塑性相处理中，曾讨论过 TiC 先于 TiB_2 产生的原因，主要是由于 C 原子在 Ti 中的扩散速率高于 B 原子。机械合金化的本质就是非平衡状态下的原子扩散过程，这为 Ti-B_4C-Ni 三元系球磨过程中形成 TiC 提供了条件。Ti-B_4C 二元系同样具备这样的前提，但是在球磨过程中却未发现生成 TiC，只是在一定温度真空退火后才发现，这说明 Ni 对 Ti、B_4C 粉末球磨获得 TiC 具有一定的促进作用。Zhan Lei 等人[5]曾探讨过加入 Ni 对 Ti-C-BN 系燃烧反应制备钛硼氮碳复相材料的影响，分析发现在 Ti-C-BN 系统中加入 Ni 后，反应更容易进行，原因是系统中形成了熔点较低的 TiNi 共晶体，液态下的 TiNi 为系统中的其他组员提供了理想的反应环境，使得系统的反应容易发生。虽然球磨过程不具备燃烧反应连续且较大范围的高温，但是在足够小的区域由于机械合金化作用，材料反复变形，导致其畸变能增加，加之其他因素的诱导，在小范围内满足了上述反应条件，从而使得反应产生，因此在 Ti-B_4C-Ni 系球磨粉末的衍射结果中发现了 TiC 的衍射峰。

6.2.4 Ti-B_4C-Ni-C 系统中四元系粉末球磨及球磨粉末真空退火后的物相转变

图 6-4 为 Ti-B_4C-Ni-C 粉末经 5～25 h 球磨后及 25 h 球磨粉末真空退火后的 XRD 图，其结果与 Ti-B_4C-Ni、Ti-B_4C-C 三元系具有很多相似之处。通过对比可以发现，在退火后能获得预想物相(TiB_2-TiC)的系统中，球磨过程中都会获得大致相同的非稳定相 Ti_3B_4、Ti_2B_5、$B_{13}C_2$ 等，这些中间相的形成及机械合金化所给予系统的畸变能，成为 Ti-B_4C-Ni-C 系能在较低温度下获得 TiB_2-TiC 复相陶瓷的前提。机械合金化的目的是改善 Ti-B_4C-Ni-C 系统反应生成 TiB_2-TiC 复相陶瓷的条件，使其能满足电火花原位熔敷获得 TiB_2-TiC 复相涂层的需要。电火花熔敷所需的放电电极，来源于 Ti-B_4C-Ni-C 球磨粉末经压力成型及随后的半烧结工艺。

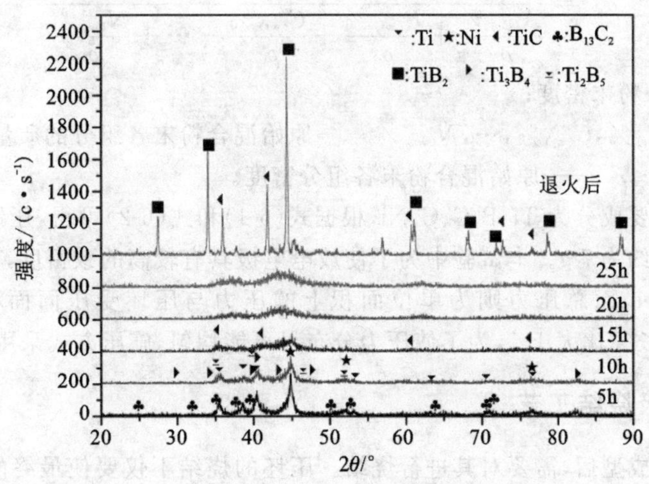

图 6-4 四元系粉末不同球磨时间及退火后的 XRD

6.3 球磨后粉末的压制成型

粉末压制成型工艺的选择，对放电电极的最终性能存在一定的影响，特别是放电电极的机械性能。因此欲获得理想的压坯，合理的成型压力及成型剂的选择尤为重要。

6.3.1 成型剂选择

为了使压坯在搬运过程中不至于损坏，压坯应具备一定的强度。不仅如此，成型剂在选择上应避免引入杂质。在硬质或陶瓷相压制成型中，为了获得较高的相对密度，需要向粉末中添加少量的塑化剂以提高粉末的塑性，便于成型和提高压坯的相对密度。基于上述要求，Ti-B_4C-Ni-C 球磨后粉末压制成型选用有机成型剂和塑化剂(有机物在高温作用下可以挥发，降低了杂质引入的可能)。成型剂选用橡胶树脂溶液，用量为粉末质量的 0.5%；塑化剂选用聚乙烯醇，用量为粉末质量的 1%。

6.3.2 成型压力的选择

粉末成型剂确定以后，成型压力的选择便成了影响压坯质量及性能好坏的最主要因素，而成型压力的选择又受混合粉末密度 $\rho_{混}$、粉末属性(主要考虑塑性)，以及压坯长径比($\frac{h}{d}$，其中 d 为棒坯直径，h 为棒坯长度)等因素的影响。从节省材料、熔敷过程中的可操作性及放电电极的可固定性方面考虑，压坯的尺寸选择为 7×35(直径 7 mm，长度 35mm)。压坯尺寸确定后，可根据式(6-1)计算出装料质量。

$$M = \rho_{混} V \tag{6-1}$$

式中 M——装料质量；

$\rho_{混}$——混合粉末密度；

V——混合粉末体积。

式(6-1)中粉末体积可以通过压坯已知尺寸计算，混合粉末密度 $\rho_{混}$ 则需通过下式获得。

$$\rho_{混} = \frac{100}{\frac{A_{(wt)}\%}{\rho_A} + \frac{B_{(wt)}\%}{\rho_B} + \frac{C_{(wt)}\%}{\rho_C} + \cdots + \frac{N_{(wt)}\%}{\rho_N}} \tag{6-2}$$

式中 $\rho_{混}$——混合粉末密度；

$A_{(wt)}\%, B_{(wt)}\%, C_{(wt)}\%, \cdots, N_{(wt)}\%$——原始混合粉末各组分的质量百分比；

$\rho_A, \rho_B, \rho_C, \cdots, \rho_N$——原始混合粉末各组分密度。

原始粉末的主要成分为 Ti、B_4C、C、Ni，根据式(6-1)和式(6-2)可得，压制成型时需要装入的混合粉末质量大约为 7 g。本试验中为了使放电电极具有较高的致密度，其单位平方厘米上压力选择最大值 4 t，而总压力则为单位面积上的压力与压坯受压面面积的乘积，大致为 1.1 t。由于压坯的长径比大于 1，为了使压力分布尽可能均匀，施压方式采用双相施压。

6.3.3 放电电极烧结工艺

放电电极压制成型后，需要对其进行烧结。压坯的烧结不仅要使最终的放电电极具备足够的强度，还必须满足原位熔敷的要求，即烧结后放电电极组成物相应主要为 TiB_2 和 TiC 的中间相，而非 TiB_2 及 TiC。为了使烧结后的放电电极能满足上述要求，其烧结温度的选择尤为重要。图 6-5 为 Ti-B_4C-Ni-C 原始粉末球磨 25 h 后，加入成型剂及塑化剂粉末的 DTA 曲线。从图 6-5 中可以发现，DTA 曲线在 583 ℃出现一个吸热峰，在 1183 ℃、1378 ℃出现两个较为明显的放热峰。

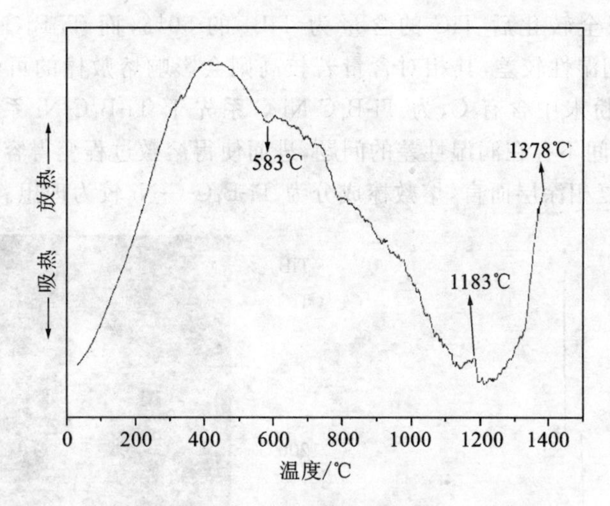

图 6-5 Ti-B_4C-Ni-C 球磨粉末的 DTA 曲线

Ni 的熔点为 1453℃，因此可以确定，DTA 曲线中 1378 ℃处出现的放热峰，很有可能是 Ni 达到其熔点所致。在粉末物相变化探讨章节，曾讨论过粉末退火后的物相转变，并且根据退火后粉末的物相分析结果，可以确定 1183 ℃处的放热峰，就是球磨后 TiB_2、B_4C 亚稳相相互反应生成 TiB_2-TiC 复相陶瓷粉末所致。通过对 Ti-B_4C-Ni-C 球磨粉末的 DTA 分析，以及其在此温度下退火后粉末的 XRD 结果可以确定，Ti-B_4C-Ni-C 粉末经 25 h 机械合金化后，可以大大降低该系统制备 TiB_2-TiC 复相陶瓷的温度，这为电火花原位熔敷获得 TiB_2-TiC 复相涂层，提供了热力学条件方面的支撑。

6.3.4 放电电极性能

在相同烧结工艺条件下，对 Ti-B_4C-Ni、Ti-B_4C-C、Ti-B_4C 各系粉末的压坯进行了烧结，并与 Ti-B_4C-Ni-C 放电电极主要参数做了对比，对比结果如表 6-3 所示。

表 6-3 放电电极烧结后主要性能对比

原始成分	烧结后成型性能	强度/MPa	电导率/%IACS	可熔敷性
Ti-B_4C	差(严重破裂)	—	—	—
Ti-B_4C-C	差(严重破裂)	—	—	—
Ti-B_4C-Ni	好	1675	35	差
Ti-B_4C-Ni-C	好	1655	32	好

从表 6-3 中可知，Ti-B_4C、Ti-B_4C-C 系球磨粉末烧结成型性较差，二者共同特点为系统中均不含金属胶黏剂 Ni，没有金属胶黏剂的作用，Ti-B_4C、Ti-B_4C-C 系压坯在高温烧结过程中产生破裂也就成为必然。Ti-B_4C-Ni、Ti-B_4C-Ni-C 系压坯烧结后，其成型性能较好，烧结后的放

电电极不仅形状完整[图 6-6(b)]，而且强度也能满足夹持和熔敷时强度的要求。更为重要的是，烧结后所获得的放电电极相组成能满足原位熔敷要求[图 6-6(a)]。表 6-3 的对比结果还表明，虽然 Ti-B_4C-Ni、Ti-B_4C-Ni-C 系放电电极电导率相近，但两者的可熔敷性却相差较大。导致这一结果的主要原因是 Ti-B_4C-Ni、Ti-B_4C-Ni-C 各系中最终获得 TiC 的比例有所不同，在 Ti-B_4C-Ni 系中完全转化后 TiC 的含量为 TiB_2 的 50%，而 Ti-B_4C-Ni-C 系中为 75%。TiB_2 与电极基体间润湿性较差，其相对含量若较高则会影响熔敷棒的可熔敷性。不仅如此，Ti-B_4C-Ni-C 系原始粉末中含有 C，为 Ti-B_4C-Ni-C 系先于 Ti-B_4C-Ni 系产生 TiC 创造了条件。TiC 与电极基体间不存在润湿性差的问题，进而使得熔敷过程变得容易。因此，就电火花原位制备 TiB_2-TiC 复相涂层而言，熔敷棒成分为 Ti-B_4C-C-Ni 较为理想。

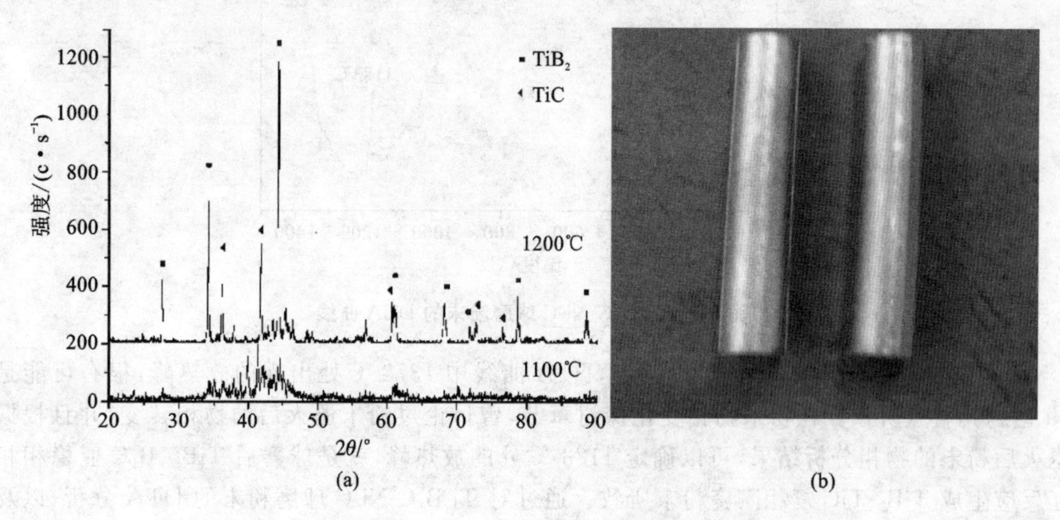

图 6-6 Ti-B_4C-Ni-C **形貌及相组成**

(a) Ti-B_4C-Ni-C 放电电极相 1100 ℃下烧结与 1200 ℃下烧结的物相对比；

(b) 经烧结成型后的 Ti-B_4C-Ni-C 放电电极

6.4 点焊电极表面电火花原位沉积 TiB_2-TiC 复相涂层及沉积参数对涂层结构性能的影响

6.4.1 电压及电容对沉积质量的影响

图 6-7(a)、图 6-7(b)分别反映了熔敷电压和电容对熔敷质量的影响，图 6-7(a)说明在熔敷过程中随着熔敷电压的增加熔敷质量也随之增加，图 6-7(b)则说明了在熔敷过程中熔敷质量与电容的关系与电压相比存在较大的区别。首先，电容与熔敷质量并没有总体的递增或递减的关系，在 1000～2000 μF 这个区间电容对熔敷质量没有太大的影响，而在 2000～4000 μF 电容对熔敷质量的影响表现为，随电容的增加熔敷质量在不断地减小。

图 6-8(a)和图 6-8(b)分别显示了在电容或电压不变情况下，熔敷质量随电压或电容的变化趋势。图 6-7(a)与图 6-8(a)均反映了电压对熔敷质量的影响趋势，图 6-7(a)与图 6-8(a)所反映的结果基本一致，即随着电压的增加熔敷质量随之增加。而图 6-7(b)与图 6-8(b)所反映的结果却大相径庭。

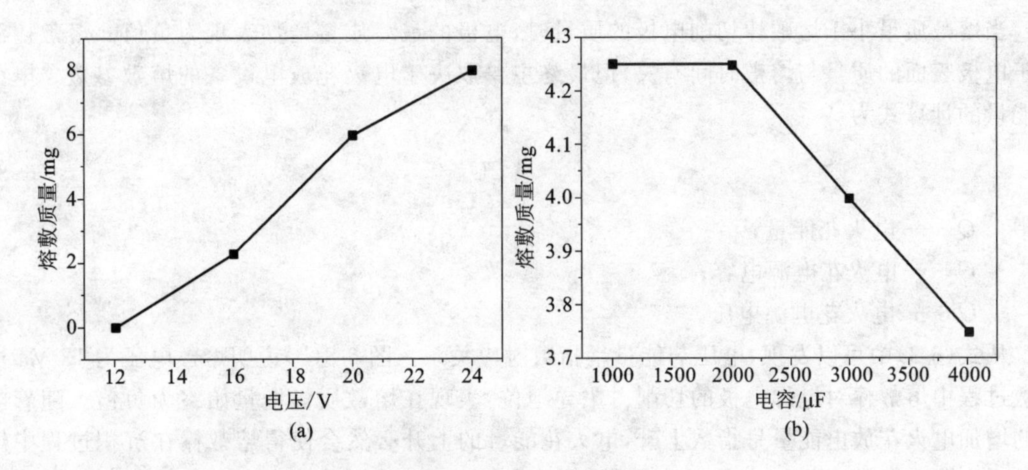

图 6-7 因素水平趋势图

(a)电压水平趋势图;(b)电容水平趋势图

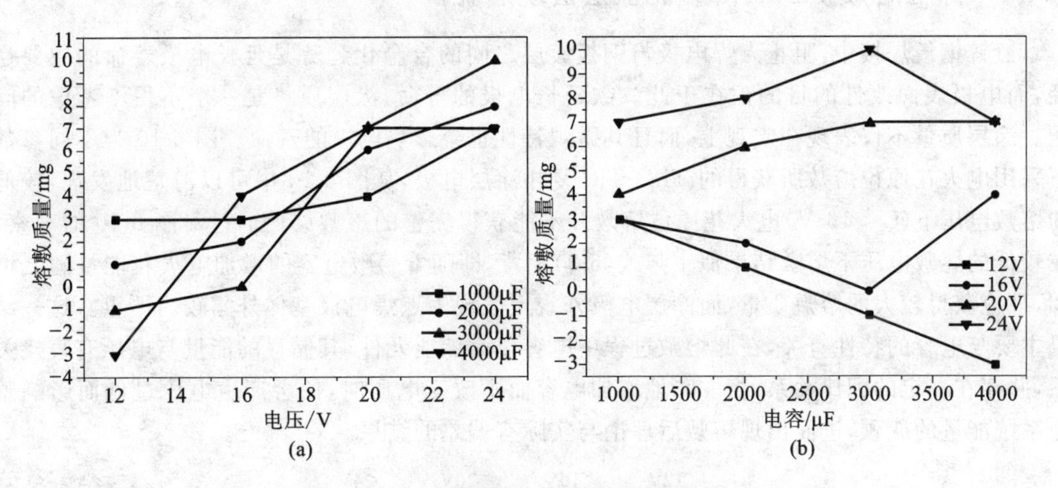

图 6-8 熔敷参数与熔敷质量关系曲线

(a)电压-质量曲线;(b)电容-质量曲线

在熔敷过程中,被熔敷电极以一定的旋转速率旋转,且熔敷棒与点焊电极之间存在较大的硬度差别,因此在熔敷过程中必然会产生熔敷棒切削点焊电极的现象,如图 6-9 所示。

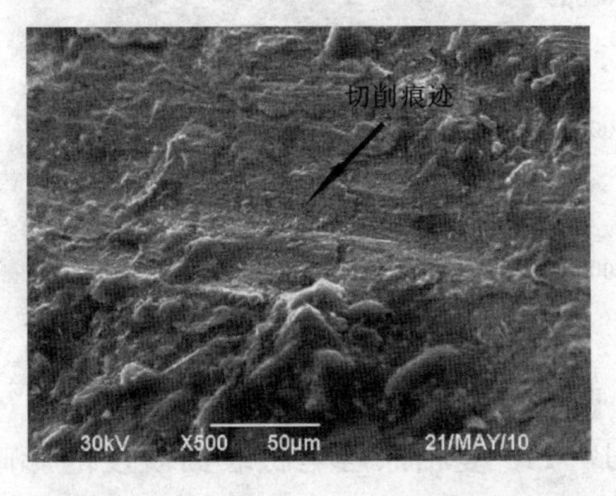

图 6-9 熔敷参数为 4000 μF、12 V 时电极的 SEM 图

当熔敷质量小于熔敷棒切削电极的质量时，电极的最终质量增加表现为负值。熔敷棒沉积于电极表面的质量与熔敷时间有关，但最终主要取决于电火花放电设备的熔敷参数。电火花能量的计算式为：

$$Q=\frac{1}{2}CU^2 \tag{6-3}$$

式中 Q——电火花能量；

C——电火花电源电容；

U——电火花电源电压。

从式(6-3)中可以发现，电压与能量呈指数对应关系。图 6-8(b)说明熔敷电压为 12 V 时，熔敷过程中熔敷棒对电焊电极的切削占主导地位，表现在熔敷质量增量始终为负值。随着电压的增加电火花放电能量呈指数上升，电火花能量的上升必然会使得熔敷棒在沉积过程中熔敷较为充分，进而沉积于电极表面的熔敷材料质量增加。

6.4.2 原位熔敷 TiB_2-TiC 复相涂层宏观形貌

镀锌钢板焊接中，阻止点焊电极与钢板镀层之间的合金化趋势是延长电极寿命的主要途径，而电极表面改性的目的正在于此。欲延长电极的寿命，涂层质量是一个不得不考虑的问题。涂层质量不仅表现在宏观上，而且其微观特性也会影响电极的寿命。图 6-10 为不同参数下采用电火花原位熔敷所获得的 TiB_2-TiC 复相涂层电极，从图 6-10 中可以清楚地发现，较低的熔敷电压下(U<16 V)电火花原位熔敷并不能获得完整的熔敷层。通过对图 6-10 的观察，在较低的熔敷电压下熔敷结果似乎与式(6-3)相背，即随着熔敷电容的增加电火花能量随之增加，理应获得较大的熔敷质量，而涂层电极外观上表现为点焊电极基体外露较为严重。这一结果主要与电容的特性有关，在此熔敷过程中电容作为储能元件，其储存的能量与电压有直接关系，并存在一定的配比关系，当一味地增加电容而不改变电压时，便会产生电压过低而影响整个系统能量的瓶颈，进而出现熔敷后理论与实际有偏差的结果。

图 6-10 熔敷电极

6.4.3 沉积参数对 TiB_2-TiC 复相涂层电极表面硬度的影响

图 6-11 揭示了熔敷电极的表面硬度随熔敷电容的变化趋势，从图中可以清楚地看出在熔

敷电压为 12 V 时，熔敷电极表面显微硬度随电容的增加而逐渐减小，这与图 6-10 中熔敷电极的外观能很好地吻合，因为作为强化相的熔敷材料在电极表面覆盖率较低，熔敷电极的表面显微硬度自然不会太高。图 6-11 还显示当熔敷电压达到 16 V 时熔敷电极的表面显微硬度有了明显的提高，在图 6-10 上表现为电极基体外露明显减少。在图 6-11 中当电压高于 16 V 时，熔敷电极的表面显微硬度随电容变化的曲线在 2000 μF 处均出现拐点。根据式(6-3)可知电火花能量与电容及电压的平方呈正比关系，过高的熔敷温度增加了涂层氧化的可能，图 6-12 为点焊电极在16 V、3000 μF 下熔敷后的 XRD 图，从衍射结果可以发现有 TiO_2 的衍射峰出现，由于 TiO_2 的硬度与 TiC 和 TiB_2 比较起来相差很多，因此影响熔敷电极的硬度。

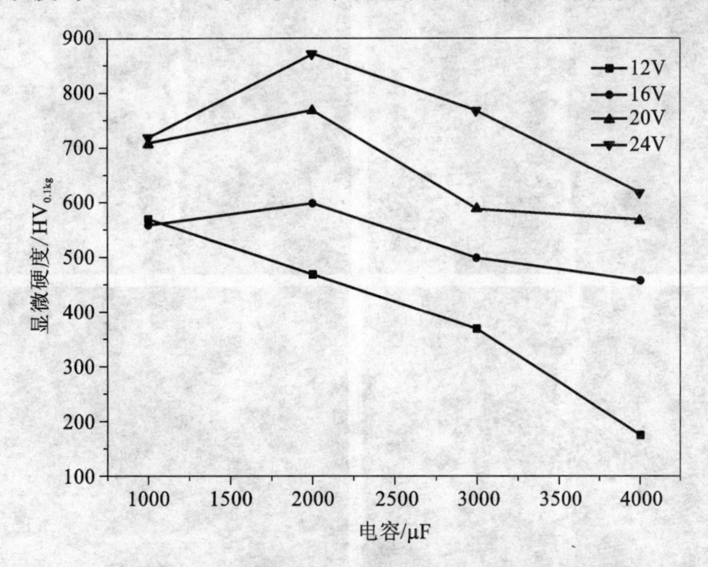

图 6-11　熔敷电极表面硬度随电容变化的曲线

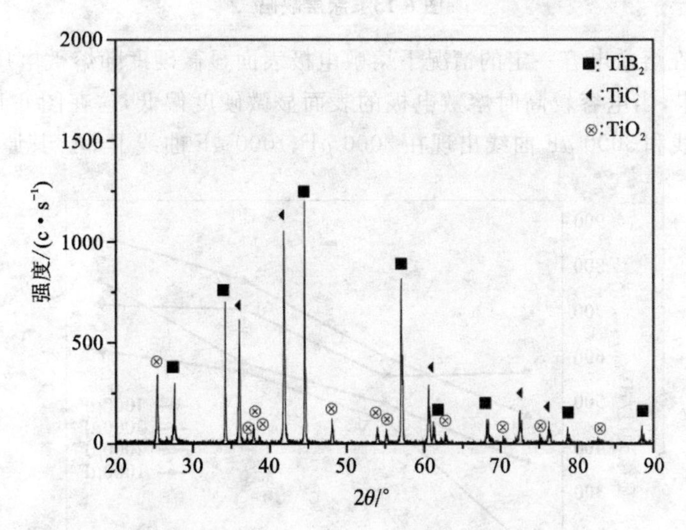

图 6-12　16 V、3000 μF **下熔敷电极的** XRD

较高的熔敷能量除了使得涂层容易氧化以外，还会导致热冲击作用加强，循环热应力增大，使硬脆的 TiB_2-TiC 复相涂层中裂纹、孔洞增多，连续性变差，涂层出现横向裂纹或分层，还会对基体造成严重烧损，图 6-13 展现了涂层在较高能量下所产生的缺陷。

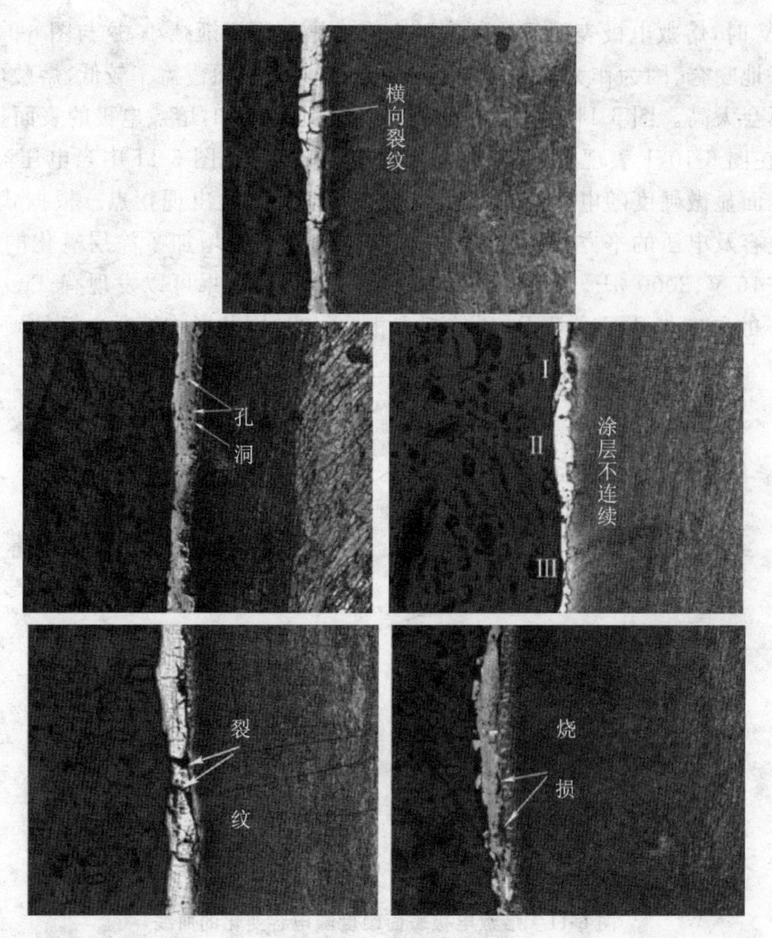

图 6-13 涂层缺陷

图 6-14 说明在熔敷电容一定的情况下熔敷电极表面显微硬度随熔敷电压的增加而增加。根据上述分析结果，当电容较高时熔敷电极的表面显微硬度偏低，这在图 6-11 中也有明显的体现，4000 μF 曲线和 3000 μF 曲线出现在 2000 μF、1000 μF 曲线下部。其原因应该是电压的

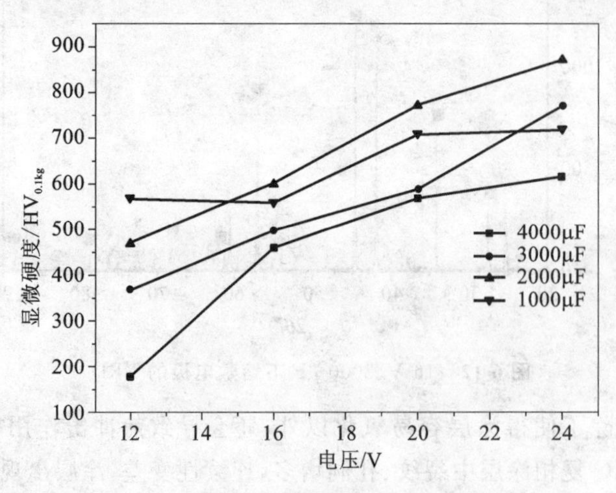

图 6-14 熔敷电极表面硬度随电压变化曲线

增加，对整个系统的能量提高的作用不是很明显，因为电火花沉积过程在安全电压下进行，从电火花能量计算式(6-3)可以计算出电压增加对系统能量增加的贡献。例如当熔敷电压从12 V增加到16 V，电容保持不变时系统的能量增加大约0.78倍，然而在保持电压不变的条件下将电容从1000 μF增加到2000 μF，系统的能量增加幅度大于前者，因此在系统能量不足以使涂层产生影响其硬度的缺陷时，其硬度将随着熔敷电压的增加而增加。

6.4.4 电压对 TiB_2-TiC 复相涂层厚度的影响

通过对熔敷电极宏观及其显微硬度的分析，电容在熔敷过程中对涂层的质量有着较大的影响，当电容较大时涂层发生氧化，较小又会导致电火花能量不足，影响涂层的致密性。因此，在分析涂层厚度时应考虑在固定电容下不同熔敷电压熔敷电极的涂层厚度，综合考虑上述分析结果，电容值选取为2000 μF。图6-15揭示了熔敷电容为2000 μF时不同熔敷电压下熔敷电极的金相图片。

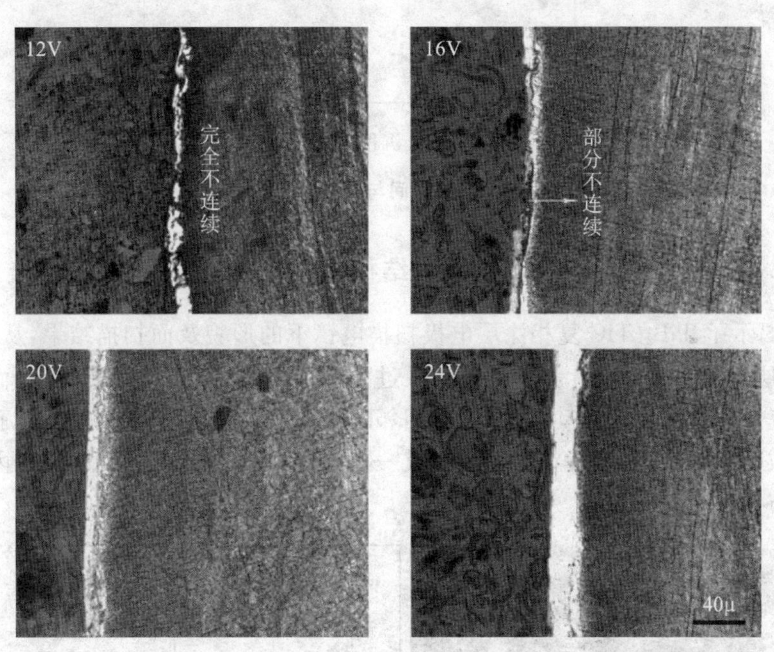

图6-15 2000 μF不同熔敷电压下熔敷电极金相

从图6-15可以发现，2000 μF下不同熔敷电压所获得的涂层厚度有明显区别，首先当电压低于16 V时，涂层微观上表现为不连续，宏观上表现为电极基体没有完全被涂层所覆盖，通过肉眼就可以观察到电极基体。根据式(6-3)，随着熔敷电压的升高熔敷能量也随之增加，较高的熔敷能量使得熔敷棒在涂覆过程中充分过渡至电极表面，并形成连续的电极涂层。

6.4.5 沉积时间对 TiB_2-TiC 鳞片状复相涂层厚度的影响

涂层缺陷少是讨论沉积时间对涂层厚度影响的前提。

图6-16是沉积参数在24 V、2000 μF下沉积时间对 TiB_2-TiC 涂层厚度的影响曲线，沉积时间从60 s开始，从图6-16中可以发现 TiB_2-TiC 涂层厚度并不随时间的延长而无限增厚，而是达到一定厚度后延长沉积时间反而会使 TiB_2-TiC 涂层的厚度减小。主要原因是随着沉积

过程的进行，TiB_2-TiC 涂层内反复被加热和冷却，热循环造成很大的热应力和组织应力，最终在 TiB_2-TiC 涂层内产生热疲劳裂纹。热疲劳裂纹不断萌生扩展，造成 TiB_2-TiC 涂层微块剥落，使 TiB_2-TiC 涂层质量和厚度减小。另外，TiB_2-TiC 涂层化学成分的变化也是限制 TiB_2-TiC 涂层厚度增加的一个重要因素，在用单一电极沉积时，随着沉积时间的增加，电极材料的物质迁移量增加，被沉积试件表面的合金成分逐渐接近电极材料的成分，此时迁移到试件表面的电极材料物质将减少，最终 TiB_2-TiC 涂层厚度停止增加。

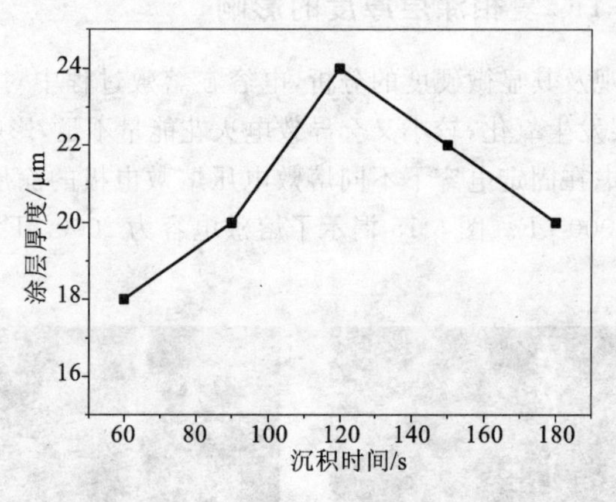

图 6-16 沉积时间与涂层厚度的关系

6.4.6 TiB_2-TiC 复相涂层电极的微观结构及性能

图 6-17 揭示了 TiB_2-TiC 复相涂层电极扫描电镜下的形貌及面扫描结果，从图 6-17(a)中可以发现，涂层具有明显的鳞片状特征。熔敷过程中，点焊电极处于旋转状态，而放电电极却以一定的频率振动。这样的运动方式，使得相邻时间点上的涂层缺乏连续性，以孤立的片状存在。随着熔敷时间延长，后续片状层逐渐连成一片，最终完全覆盖于电极表面，因而在外观上呈鳞片状分布。

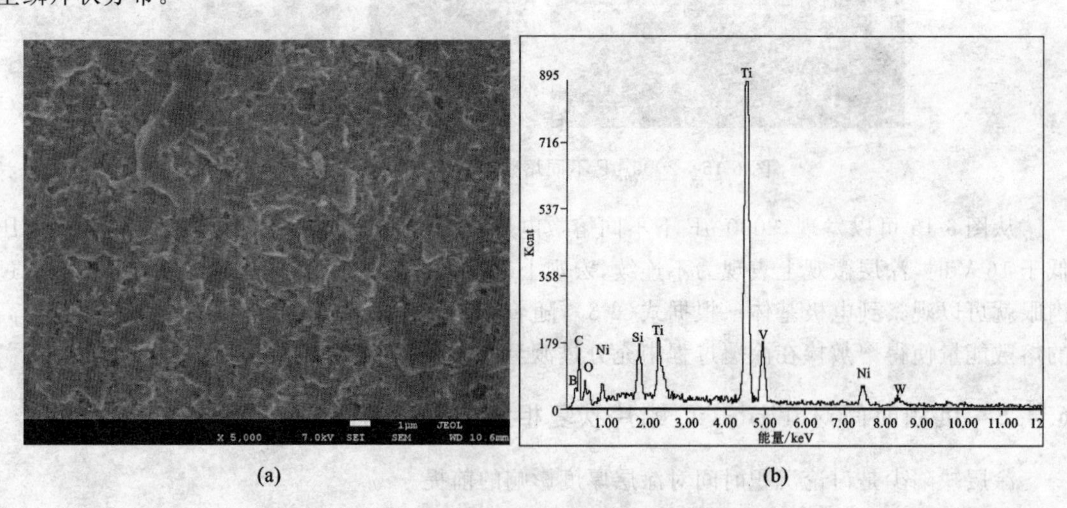

(a) (b)

图 6-17 TiB_2-TiC 复相涂层电极 SEM 形貌及面扫描结果

(a)涂层电极显微形貌；(b)涂层电极面扫描结果

在上述对图层厚度、硬度的分析过程中，涂层电极的金相图片基本上都有一个共同的特点，即横截面光学显微形貌均呈现分层的结构特征，如图 6-18 所示，即熔敷 TiB_2-TiC 后基体材料由四个区域组成，由表及里依次为涂层、柱状晶区、淬火区和基体，图中分别用 A、B、C、D 标识并用线条进行了分离。电火花涂层试样呈现这样的多层结构与电火花工艺的物理本质密切相关。A 区域为电火花熔敷后获得的涂层，涂层的 XRD 图如图 6-19 所示，从衍射结果可以发现涂层的主要成分为 TiB_2 和 TiC。

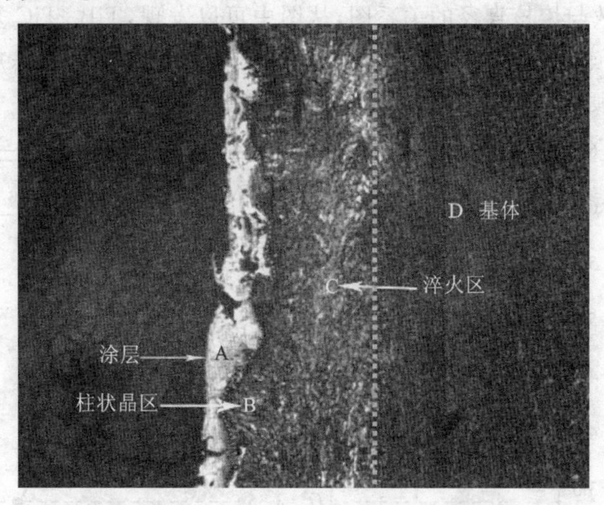

图 6-18　TiB_2-TiC 涂层电极的多区形貌

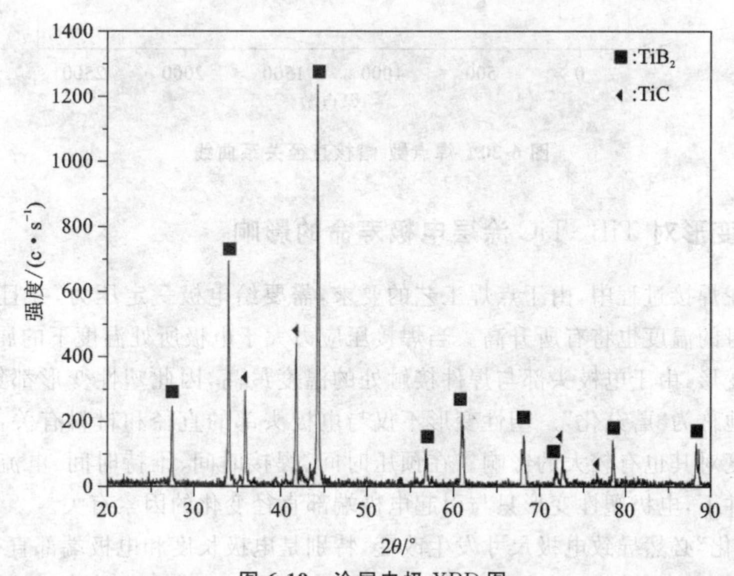

图 6-19　涂层电极 XRD 图

6.5　TiB_2-TiC 复相涂层电极寿命测试及失效分析

6.5.1　TiB_2-TiC 复相涂层电极寿命测试

TiB_2-TiC 涂层电极寿命测试在固点焊机上完成，焊接参数的选择参考美国焊接协会标准

(AWS),具体焊接参数如表 6-4 所示。

表 6-4 焊接参数

预压时间/CYCs	焊接时间/CYCs	维持时间/CYCs	电极压力/kN	焊接电流/kA
40	12	10	2	8.6

图 6-20 是焊点数与熔核直径的关系图,从图中可以发现,TiB_2-TiC 复相涂层电极的寿命较无涂层电极的有了较为显著的提高,TiB_2-TiC 涂层电极的寿命为无涂层电极寿命的 5 倍左右(点焊 0.7 mm 厚镀锌钢板时的寿命大约为 2500 个焊点)。

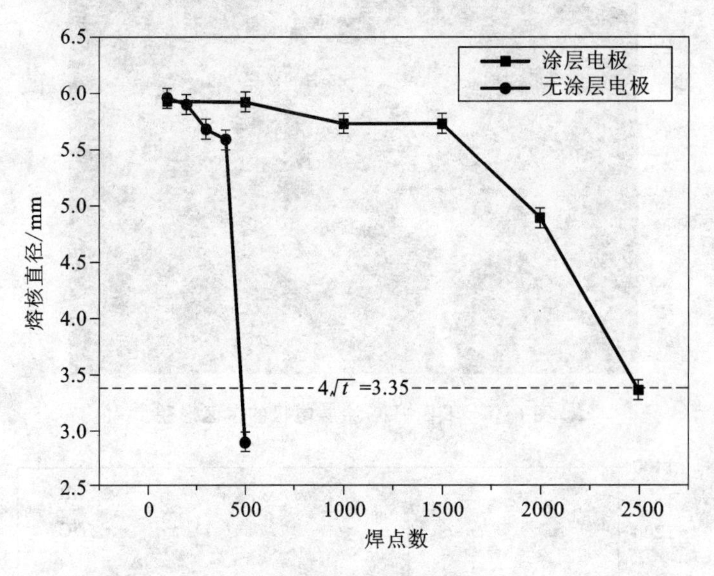

图 6-20 焊点数-熔核直径关系曲线

6.5.2 塑性变形对 TiB_2-TiC 涂层电极寿命的影响

点焊电极在焊接过程中,由于点焊工艺的要求,需要给电极一定压力,并且随着焊接过程的继续电极自身的温度也将有所升高。当焊接压应力大于电极所处温度下的屈服强度时电极就会产生塑性变形,由于电极头部与焊件接触处的温度最高,因此塑性变形都集中在头部,这个过程被形象地称为“蘑菇化”。塑性变形不仅与电极头部的直径和材料有关,而且焊接时的压力和电流密度对其也有较大的影响。在预压时间、焊接时间、维持时间、电流、压力、冷却水流量一定的条件下,电极塑性变形只与引起电极端部直径变化的因素有关。

电极“蘑菇化”必然导致电极尺寸发生改变,特别是电极长度和电极端部直径尺寸的改变。

图 6-21 对比了无涂层电极与涂层电极在相同焊接参数下点焊相同焊点数(第 500 点,此时无涂层电极已失效)后的外观形貌,从图 6-21 中可以发现在点焊过程中无涂层电极较涂层电极发生了较为严重的“蘑菇化”,且电极端部直径也较涂层电极有了一定的增加。为了反映点焊电极在焊接过程中端部直径的变化量,特使用端部延展率来表征电极端部直径的变化趋势(延展率=对应焊点电极端部面积的增加值/焊接前电极端部面积×100%),图 6-22 反映了无涂层电极与涂层电极在点焊过程中的端部延展率变化趋势。

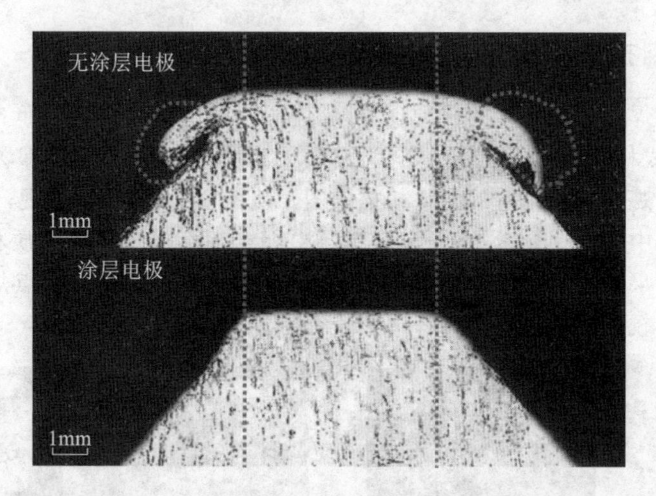

图 6-21　第 500 点无涂层与涂层电极焊接过程产生的卷边对比

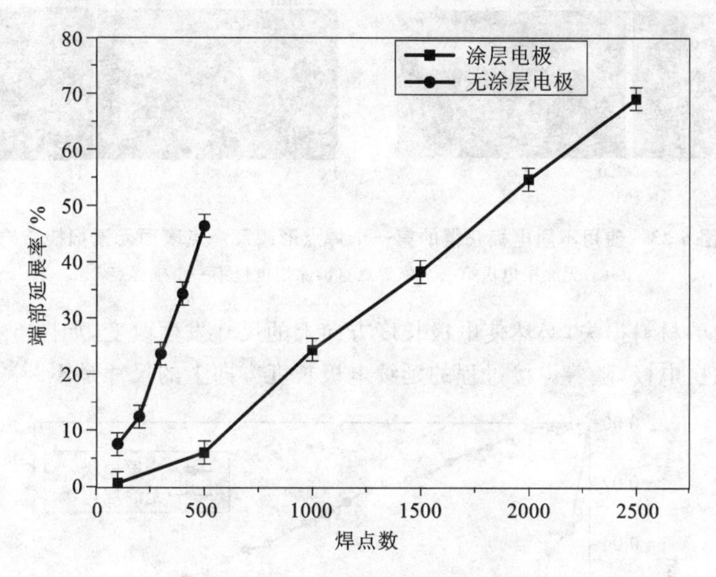

图 6-22　电极端部延展率曲线

电极端部的"蘑菇化",是电极塑性变形最为直观的反映。电极在热和机械力的作用下发生塑性变形,电极温度最高部分的材料产生流动并堆积于边缘,经过一定过程的积累最终形成了图 6-21 所示的"蘑菇化"现象。从图 6-21 中还可以发现,涂层电极在点焊过程中几乎没有出现"蘑菇化"现象,这是由于电极涂层起到了束缚电极材料流动的作用,进而避免或减少了点焊过程中"蘑菇化"现象的产生。随着"蘑菇化"的进一步发展,堆积于边缘的材料也必将越来越多,这将直接导致电极长度方向尺寸的变小,使得电极消耗较快。不仅如此,由于"蘑菇化"电极端部直径也将有所增加,从而使得点焊电极与钢板间接触面积增大,同时减小了点焊时的电流密度,因此焊点处不能获得足够的焊接热量,最终使得焊点质量达不到要求。从图 6-21、图 6-22 可以发现涂层电极在减缓电极塑性变形方面具有一定的积极作用。

6.5.3 电极材料损失对 TiB_2-TiC 涂层电极寿命的影响

黏连是电阻点焊中较为常见的一种现象，黏连所伴随的结果是强度低的材料黏附于强度高的材料表面，造成材料的损失。图 6-23 为使用无涂层电极和 TiB_2-TiC 复相涂层电极获得的第一个焊点的外观形貌及相应的元素扫描谱图。从图 6-23(a)可以发现，使用无涂层电极所焊焊点的扫描结果中含有铜元素，这与实际焊接中焊点表面出现黄色物质相符。而涂层电极点焊的焊点扫描结果却未发现如此明显的现象[图 6-23(b)]，这说明在点焊过程中无涂层电极焊接过程中黏连较涂层电极焊接过程中黏连容易。

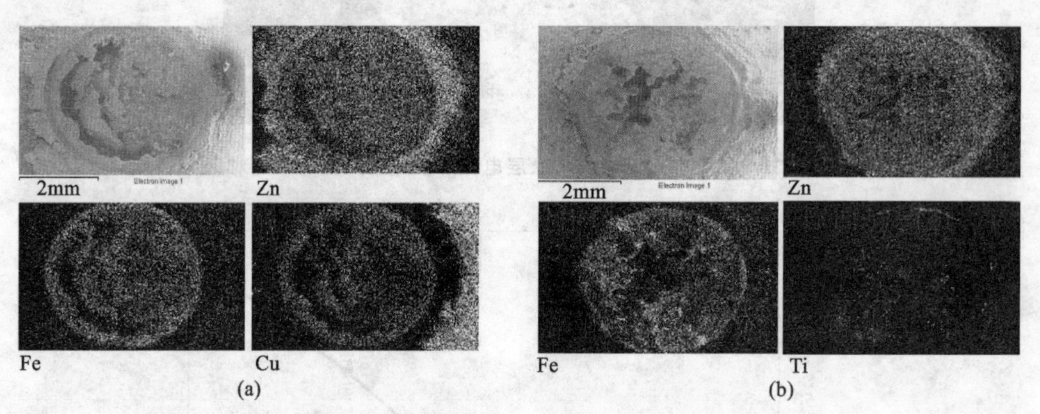

图 6-23 使用不同电极获得的第一个焊点形貌及焊点表面元素扫描结果

(a)无涂层电极第一个施焊点；(b)涂层电极第一个施焊点

黏连所导致的材料损失，必然使电极长度方向上的尺寸发生改变，如图 6-24 所示，无论涂层电极还是无涂层电极，随着焊接过程的延续电极长度方向上的尺寸是不断减小的。

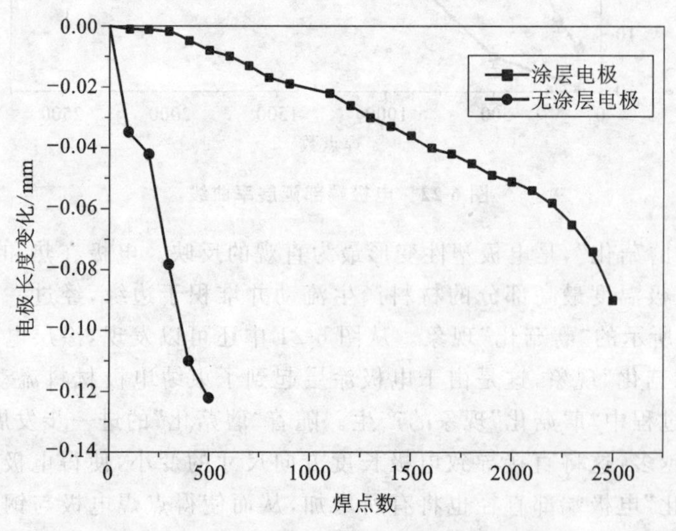

图 6-24 点焊过程中点焊电极长度变化趋势

从图 6-24 中还可以发现，焊接过程中无涂层电极长度大致呈线性减小的趋势，而涂层电极长度变化趋势的线性关系相对于前者而言却不是很明显。如果将涂层电极长度随焊点数变化的关系曲线分成两段，即 0～2300 为第一段，2300～2500 为第二段，可以发现，这两段曲线相对于整条曲线而言线性度有了较大的提高，基本呈线性关系。通过对涂层电极失效过程的分析发现，导致涂层电极长度变化曲线呈上述趋势的原因主要是，在 0～2300 焊点这个区域 TiB_2-TiC 涂层有效地减缓了材料损失。虽然 TiB_2-TiC 涂层减缓了电极材料的损失，但是焊接过程中涂层自身的损耗也不可避免，又由于电火花可获得涂层厚度有限，涂层点焊时受循环热和机械力等诸多外因作用，最终必然导致涂层剥落或是效果大打折扣。0～2300 段和 2300～2500 段的斜率也很好地反映了上述分析，在 0～2300 段由于涂层的作用电极长度减小较缓，而涂层脱落或其他原因导致其失去强化效果后，电极的长度变化又与普通电极相似。

黏连导致涂层和电极材料的损失，通过对无涂层和涂层电极点焊过程中电极材料损失的分析发现，使用 TiB_2-TiC 涂层能有效减缓电极材料的损失，进而使得电极寿命得到一定的延长。

6.5.4 合金化对 TiB_2-TiC 涂层电极寿命的影响

点焊镀层钢板时，电极头部与钢板镀层之间合金化，一直以来都是制约点焊电极寿命的主要因素。研究发现，当液态的锌与铜接触时，锌在铜中的扩散速率将大大提高，大致是其固态下的 500 倍[6]，点焊时点焊处的温度远远超过了锌的熔点，这为锌与电极材料之间的合金化创造了条件。铜锌之间相互反应将导致材料性能发生改变，主要表现在电极硬度将大幅降低。图 6-25 为无涂层电极与 TiB_2-TiC 复相涂层电极点焊 500 点后的横截面显微硬度梯度分布图（此时无涂层电极已失效）。

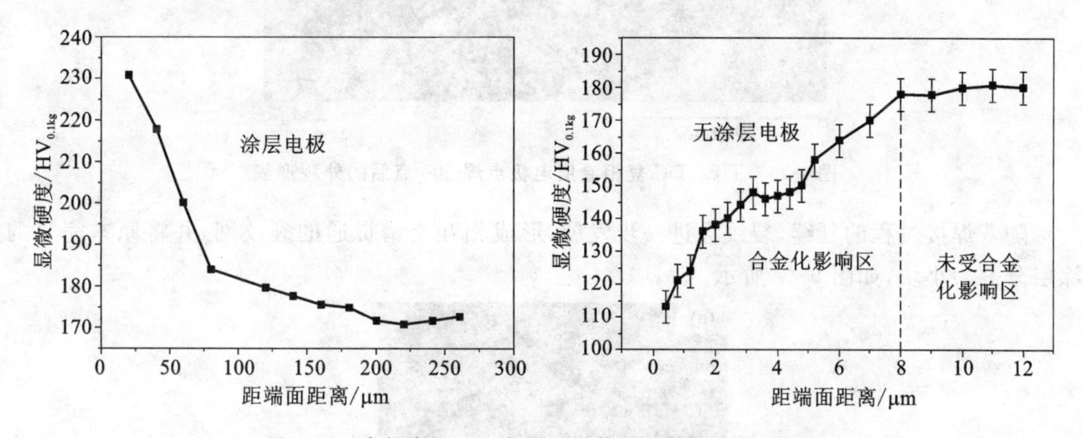

图 6-25 点焊电极 500 点焊后横截面显微硬度梯度分布

从图 6-25 中可以发现，在点焊 500 点后，涂层与无涂层电极横截面上的显微硬度有着较为明显的区别。黄铜（铜锌合金）的显微硬度为 85～145 HV，因此钢板镀层与电极之间的合金化，将大大降低合金化区域的硬度，而硬度降低必然导致塑性变形更为容易，进而使得电极端部尺寸增长较快，使得点焊时的电流密度降低，致使不能获得满足要求的焊点质量。图6-25中涂层电极 500 点时的横截面显微硬度梯度测试结果还说明，电极涂层有效地抑制了电极材料的软化进程。

TiB_2-TiC 复相涂层能有效地抑制钢板镀层与电极基体间的合金化，主要与 TiB_2-TiC 复相涂层性能有关。TiB_2 和 TiC 均属于金属陶瓷，其硬度远远高于锌，且铜锌之间的硬度差也明显小于锌与 TiB_2-TiC 复相陶瓷间的硬度差，因此铜锌间的合金化趋势自然就高于锌与

TiB_2-TiC 复相陶瓷间的合金化趋势。不仅如此，由于锌的电负性为 1.6，钛与铜的电负性分别为 1.5 和 1.9，根据元素间亲和力与其电负性的关系——电负性相差越大，原子间亲和力越强，在钛、铜、锌三者中，铜锌间的电负性相差较大，这说明铜锌之间有着较大亲和力，而锌钛间的电负性十分接近，说明锌钛原子间的亲和力弱，从而使得 TiB_2-TiC 涂层起到了抑制铜锌合金化的作用。

6.5.5 TiB_2-TiC 复相涂层电极的失效过程

点焊电极在使用过程中将承受循环的机械力和热的作用，在焊接循环热作用下 TiB_2-TiC 涂层和电极基体都将发生膨胀（或收缩），由于 TiB_2-TiC 复合材料与电极基体间膨胀（或收缩）系数存在差别，因此在循环热长期作用下 TiB_2-TiC 复相涂层由于自身的脆性便会萌生裂纹，如图 6-26 所示。

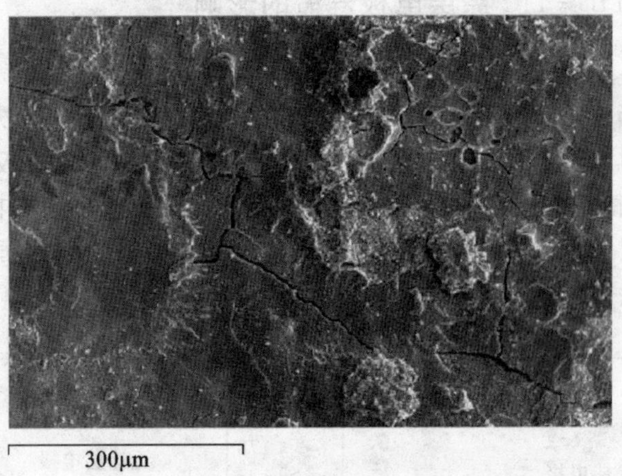

图 6-26 TiB_2-TiC 复相涂层电极点焊 500 点后的外观形貌

随着焊接过程的延续，裂纹会进一步发展，形成相互交错贯通的裂纹网，并将原本完整的涂层分割为小块，如图 6-27 所示。

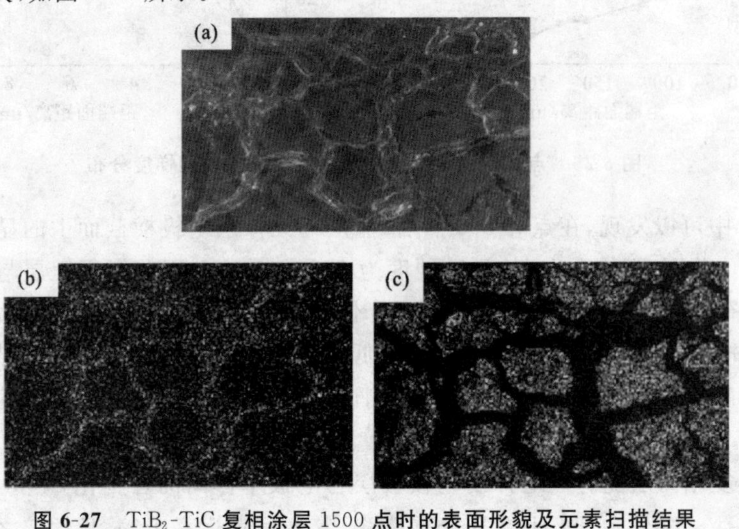

图 6-27 TiB_2-TiC 复相涂层 1500 点时的表面形貌及元素扫描结果

(a)电极端部外观；(b)电极端部 Zn 元素分布；(c)电极端部 Ti 元素分布

从图 6-27 中可以发现，交织的裂纹区域已成为 Zn 扩散的主要区域，在这些区域有明显的锌富集[图 6-27(b)]。这说明 TiB_2-TiC 复相涂层裂纹的出现，为钢板涂层与电极之间的合金化创造了条件。基体发生软化后，被裂纹分离的 TiB_2-TiC 复相涂层，在电极与钢板黏结力的作用下产生剥离的可能性大大增加。图 6-28 和图 6-29 分别为 TiB_2-TiC 复相涂层电极点焊 2000 点时，电极和焊点的表面形貌及主要元素扫描结果。通过对图 6-28(a)和图 6-29(a)框选区域放大后可以发现，在电极端部出现如图 6-28(b)所示的凹陷区域，而在对应焊点表面则发现了图 6-29(b)所示的凸起区域，且凹陷部分与凸起部位的形状能很好吻合。这说明，TiB_2-TiC 涂层电极在图 6-28(b)所示的凹陷区域涂层产生了剥落或是转移，通过对图 6-29(b)中凸起部分的形状分析可以初步认为，图 6-28(b)中凹陷区域所失去的涂层是其周围的合金化使得

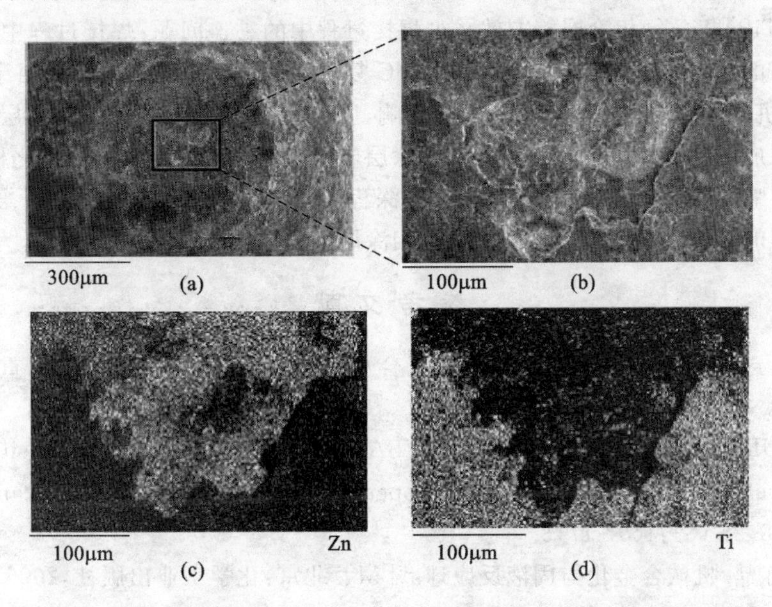

图 6-28 第 2000 点 TiB_2-TiC 涂层电极形貌及主要元素扫描结果

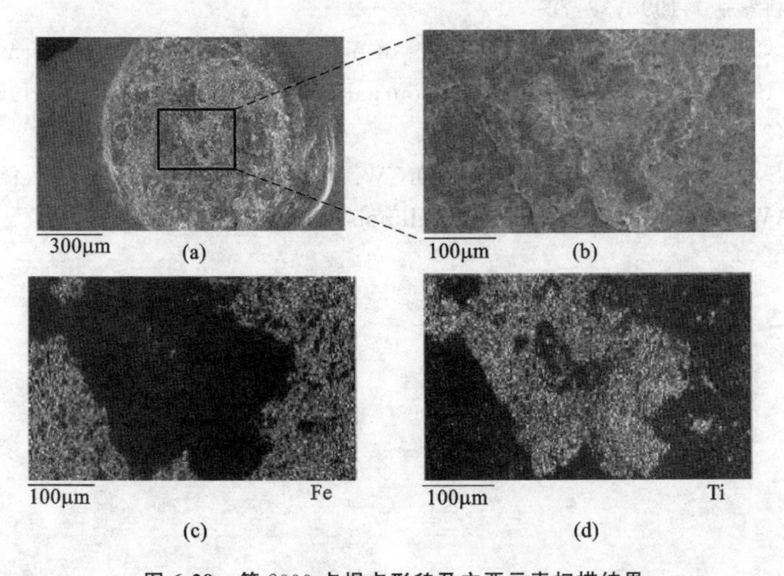

图 6-29 第 2000 点焊点形貌及主要元素扫描结果

基体软化，加上焊接黏结力的作用，使得已经被裂纹分离的涂层区域剥离出电极的现象。图6-28(c)、图6-28(d)及图6-29(c)、图6-29(d)的元素能谱扫描结果进一步说明了上述分析。从图6-28(c)中还可以看出，TiB_2-TiC复相涂层产生局部区域的损失后，钢板镀层Zn会迅速占领此区域，这进一步扩大了涂层电极的合金化区域，使得涂层电极失效加剧。

随着点焊过程的延续，TiB_2-TiC复相涂层的损失会越来越严重，而钢板镀层Zn与电极之间的合金化程度也会越来越深，加之塑性变形引起的端部尺寸增大，这些原因的综合使得TiB_2-TiC复相涂层失效。

点焊电极表面通过电火花制备TiB_2-TiC复相涂层，能有效延长电极的使用寿命。点焊0.7 mm厚镀锌钢板无涂层电极的使用寿命为500点左右，TiB_2-TiC复相涂层电极寿命大约为2500点。TiB_2-TiC复相涂层能有效减少焊接过程中的黏连问题；焊接过程中，无涂层电极产生"蘑菇化"的趋势和程度远远高于TiB_2-TiC复相涂层电极；TiB_2-TiC复相涂层在焊接过程中，由于受机械力和焊接热等诸多因素的影响，原本完整的TiB_2-TiC复相涂层将产生裂纹。裂纹扩展交织成网状，增大了TiB_2-TiC复相涂层电极与钢板镀层之间的合金化程度。局部区域合金化的影响使得涂层成片脱落，导致了更深程度的合金化，加之TiB_2-TiC复相涂层电极前期塑性变形的影响，最终导致TiB_2-TiC复相涂层电极失效。

参考文献

[1] 潘复生，汤爱涛，李奎. 碳氮化钛及其复合材料的反应合成[M]. 重庆：重庆大学出版社，2005.

[2] VALLAURI D, Atías I C Adrián, CHRYSANTHOU A. TiC-TiB_2 composites: A review of phase relationships, processing and properties[J]. Journal of the European Ceramic Society, 2008, 28 (8): 1697-1713.

[3] 陈振华，陈鼎. 机械合金化与固液反应球磨[M]. 北京：化学工业出版社，2006.

[4] 唐建新，左开芳，胡晓清，等. 过渡塑性相工艺制造Ti-B-C复合陶瓷材料[J]. 清华大学学报(自然科学版)，1998，38：73-75.

[5] ZHAN L, SHEN P, JIANG Q CH. Effect of nickel addition on the exothermic reaction of the Ti-C-BN system[J]. International Journal of Refractory Metals & Hard Materials, 2010, 28(3): 324-329.

[6] BABU SS, SANTELLA ML, PETERSON W. Modeling resistance spot welding electrode life[J]. AWS Welding Shows, Chicago, Illinois, 2004, 1-16.

7 点焊电极表面电火花原位熔敷 ZrB_2-TiB_2复相涂层延寿方法

ZrB_2为六方晶系C32型准金属结构化合物。在ZrB_2晶体结构中B^-外层有四个电子，每个B^-与另外三个B^-以共价σ键相连接，形成六方形的平面网状结构；多余的一个电子则形成空间的离域大π键结构。B^-和Zr^{2+}由于静电作用形成离子键。晶体结构中硼原子面和锆原子面交替出现构成二维网状结构，这种类似于石墨结构的硼原子层状结构和锆原子层状结构决定了ZrB_2具有良好的导热性和导电性(电阻率为9.4 μΩ·cm[1])。而硼原子面和锆原子面之间的Zr-B离子键以及B-B共价键的强键性则决定了ZrB_2的高熔点(3040 ℃)、高硬度(12 GPa)和良好的化学稳定性。TiB_2的晶格结构为密排六方结构，硼原子面和钛原子面交替出现，其中原子以共价键结合形成二维网络结构，另含有很大部分类金属键，所以TiB_2也是一种化学性质极为稳定的硬质难熔化合物材料，具有高熔点(3225 ℃)，高硬度(34 GPa，仅次于金刚石和立方氮化硼)，较高的强度和断裂韧度，优异的耐蚀性、抗氧化性(氧化温度高于1550 K)和耐磨性能，以及优良的导热、导电性(TiB_2的电阻率为14.4 μΩ·cm[1])。虽然，ZrB_2和TiB_2均具有较好的综合性能，但在工程应用中二者在韧性方面的表现却不尽如人意。研究成果表明ZrB_2-TiB_2复合材料相对于ZrB_2和TiB_2单相而言具有更好的综合性能，特别是在材料韧性方面ZrB_2-TiB_2复合材料明显优于ZrB_2、TiB_2单相材料[2]。因此，选择ZrB_2-TiB_2复相陶瓷作为点焊电极涂层材料，具有良好的应用前景。

7.1 球磨参数对放电电极制备原料结构与性能的影响

7.1.1 球磨转速对Zr-Ti-B体系物相转变及微观形貌的影响

电火花原位沉积ZrB_2-TiB_2复相涂层用放电电极以Ti、Zr以及B粉为原料，采用机械合金化及随后的半烧结工艺制备。

图7-1揭示了在球料比为20：1、球磨时间20 h条件下，经不同球磨转速球磨后Zr-Ti-B粉末的XRD图谱。图7-1(b)说明当球磨转速为300 rpm时，该体系衍射结果发生了一定程度的变化。主要表现在，相对于初始粉末，Zr、Ti衍射峰发生了明显宽化，如图7-1(a)及图7-1(b)所示。导致Zr、Ti衍射峰宽化的主要原因应该是球磨过程中粉末细化。

当球磨转速提高至400 rpm时(球料比与球磨时间保持不变，分别为20：1和20 h)，Zr-Ti-B粉末经球磨后的XRD结果相对于300 rpm条件下的发生了明显变化，主要表现在，Ti、Zr在$2\theta>40°$处的衍射峰基本消失，在$2\theta<40°$处衍射峰发生了更为明显的宽化。通过计算发现，在300 rpm与400 rpm条件下，球磨过程导致Ti、Zr所产生的应变分别为0.36%及0.41%，较高的应变是导致粉末衍射峰宽化的原因之一。上述球磨参数下，球磨后粉末的粒度

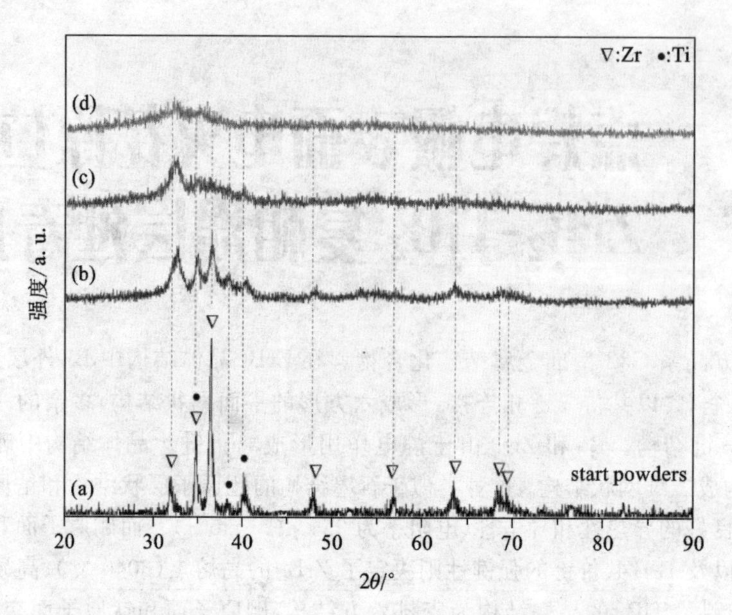

图 7-1 球料比 20∶1、球磨时间 20 h 条件下，Zr-Ti-B 粉末在不同球磨转速下的 XRD 衍射结果

(a)初始粉末；(b)300 rpm；(c)400 rpm；(d)500 rpm

分布如图 7-2 所示。测试结果说明，在球料比和球磨时间分别固定为 20∶1 和 20 h 条件下，Zr-Ti-B 粉末在 400 rpm 转速下进行球磨，相比于 300 rpm 参数下，球磨后粉末粒度更为精细，粉末细化也会导致其衍射峰宽化。

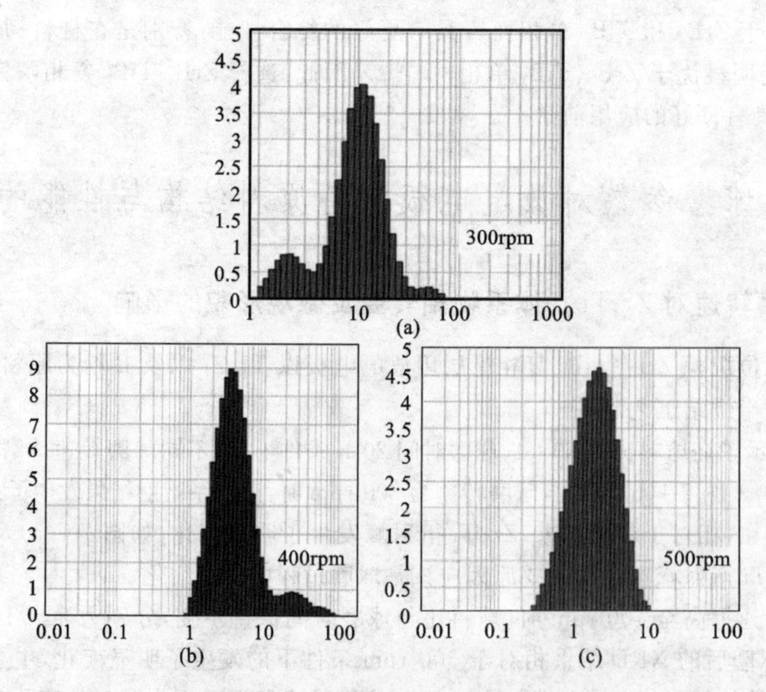

图 7-2 球料比 20∶1、球磨时间 20 h 的条件下，不同球磨转速下 Zr-Ti-B 粉末粒度分布

(a)300 rpm；(b)400 rpm；(c)500 rpm

球磨过程中无论是体系所积累的残余应力，还是粒度变化都与球磨过程中的能量转换密切相关。采用行星球磨，球磨过程中能量转换可以用式(7-1)～式(7-11)进行估算[3]。

在不考虑其他球干扰情况下，未发生碰撞磨球动能可以用式(7-1)表示。

$$E_b = \frac{1}{2} m_b v_b^2 \tag{7-1}$$

式中 E_b ——单个磨球产生的动能；

m_b ——单个磨球质量；

v_b ——磨球绝对速度。

碰撞后磨球动能，根据其碰撞后的速度，可以使用式(7-2)表示。

$$E_s = \frac{1}{2} m_b v_s^2 \tag{7-2}$$

式中 E_s ——单个碰撞发生后磨球动能；

v_s ——碰撞后磨球绝对速度。

因此理想条件下，球磨过程中，一次碰撞的能量转换，应为磨球碰撞前后磨球动能之差，即式(7-3)。

$$\Delta E_b = E_b - E_s = \frac{1}{2} m_b v_b^2 - \frac{1}{2} m_b v_s^2 \tag{7-3}$$

式中 ΔE_b ——单个磨球在球磨过程中所释放的能量。

Burgio 等人在探讨球磨能量与球磨产物关系时发现，绝对速度与角速度(转速)存在式(7-4)及式(7-5)的关系[3]。

$$v_b = \left[(\omega_p R_p)^2 + \omega_v^2 \left(R_v - \frac{d_b}{2} \right)^2 \left(1 - \frac{2\omega_v}{\omega_p} \right) \right]^{\frac{1}{2}} \tag{7-4}$$

$$v_s = \left[(\omega_p R_p)^2 + \omega_v^2 \left(R_v - \frac{d_b}{2} \right)^2 + 2\omega_p \omega_v R_p \left(R_v - \frac{d_b}{2} \right) \right]^{\frac{1}{2}} \tag{7-5}$$

式中 ω_p ——行星盘公转转速；

ω_v ——球罐自转速度；

d_b ——球直径；

R_v ——行星盘中心到球磨罐中心距离；

R_p ——球磨罐中心至罐壁距离。

将式(7-4)及式(7-5)代入式(7-3)，可以得到转换能量与旋转速度的关系，见式(7-6)。

$$\Delta E_b = -m_b \left[\frac{\omega_v^3 \left(R_v - \frac{d_b}{2} \right)}{\omega_p} + \omega_p \omega_v R_p \right] \left(R_v - \frac{d_b}{2} \right) \tag{7-6}$$

实际球磨过程中，能量传输必然受到其他球的影响，考虑其他球必然存在的事实，需对式(7-3)进行适当修正，式(7-7)是对式(7-3)进行修正后得到的球磨能量转换公式。

$$\Delta E_b^* = \varphi_b \Delta E_b \tag{7-7}$$

式中 φ_b ——填充系数；

ΔE_b^* ——考虑受其他磨球影响时，单球传输的能量。

根据 Burgio 等人建立的分析模型可知，φ_b 是一个与球磨容积以及磨球直径有关的变量，与球磨机的自转及公转速度没有任何关系。基于上述推导，球磨过程中总的能量转换可用式

(7-8)来表示。

$$P = \Delta E_b^* N_b f_b \tag{7-8}$$

式中 P ——球磨过程中总能量转换；

N_b ——磨球数量；

f_b ——碰撞频率。

f_b 与行星盘及球罐转速存在式(7-9)所示关系。

$$f_b = \frac{K(\omega_p - \omega_v)}{2\pi} \tag{7-9}$$

式中 K ——能量释放所需时间。

将式(7-6)、式(7-7)及式(7-9)代入式(7-8)，得到球磨过程中能量转换的最终表达式(7-10)。

$$P = -\frac{\varphi_b K N_b m_b (\omega_p - \omega_v)\left[\frac{\omega_v^3\left(R_v - \frac{d_b}{2}\right)}{\omega_p} + \omega_p \omega_v R_p\right]\left(R_v - \frac{d_b}{2}\right)}{2\pi} \tag{7-10}$$

对于 QM-3SP2 型球磨机，被拖动系数传动比设定为定值(0.43 为出厂默认值)，在此取值下行星盘转速大致为球罐自转速度的 0.5 倍(即$\frac{\omega_p}{\omega_v}=0.5$)。在不需要对球磨过程中能量转换作定量分析的前提下，式(7-10)可以适当简化，式(7-11)为式(7-10)简化后的表达式。

$$P = k_1\omega_v^3 + k_2\omega_v^2 \tag{7-11}$$

式中 $k_1 = \frac{\varphi_b K N_b m_b\left(R_v - \frac{d_b}{2}\right)^2}{2\pi}$

$k_2 = \frac{\varphi_b K N_b m_b\left(R_v - \frac{d_b}{2}\right)R_p}{8\pi}$

由于行星盘半径远大于磨球半径，且磨球质量 m_b、数量 N_b、填充比 φ_b，以及能量释放时间 K 均为正值，因此 k_1、k_2 最终取值必然为正值。根据式(7-11)，可以近似绘制球罐转速与能量传输关系图[图 7-3]。图 7-3 说明，在其他参数不变的情况下，物料在球磨过程中所吸收的能量随球磨转速的增加而增加。

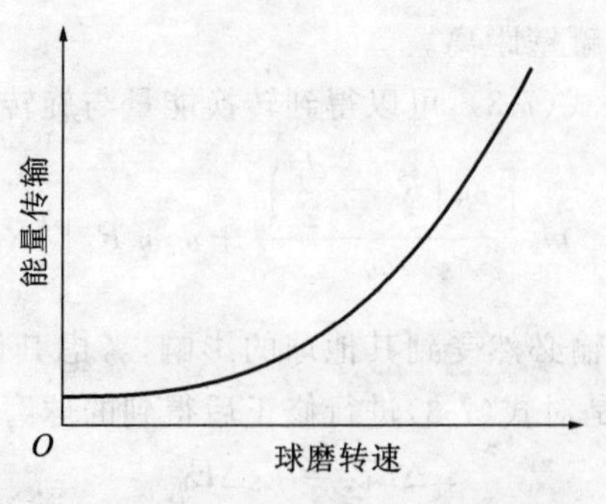

图 7-3 球磨转速与能量传输关系图

当所转换的球磨能量不足以使粉末进一步细化，或不足以激活物料产生化学反应生成性能较为稳定的物相时，能量便以其他方式(如位错、应力等)储藏于物料之中；当蓄积的能量足够高但又不至于使物料发生剧烈反应时，形成一些亚稳中间相及物料非晶化便成了降低物料内能的有效方式。非晶化结果的直观表现形式为,物料 X 射线衍射峰宽化或形成具有典型非晶特征的“馒头峰”[图 7-1(d)]。图 7-4 揭示了球磨转速 500 rpm、球料比 20∶1、球磨时间 20 h的条件下 Zr-Ti-B 粉末高分辨显微结构及其傅里叶变换花样,傅里叶变换花样说明此时粉末已完全成为非晶结构,这与球磨粉末的 X 射线衍射结果[图 7-1(d)]相互对应。

图 7-4 球磨转速 500 rpm、球料比 20∶1、球磨时间 20 h 条件下 Zr-Ti-B 粉末高分辨显微结构及其傅里叶变换花样

7.1.2 球磨转速对 Zr-Ti-B 体系球磨后粉末形貌的影响

图 7-5 显示了球料比 20∶1、球磨时间 20 h 条件下,经不同转速球磨所得 Zr-Ti-B 粉末的微观形貌。图 7-5 所显示的粉末粒度与粒度测试仪所测平均粒度基本相符,不仅如此,图 7-5 还揭示球磨后粉末的微观形貌相对于其原始粉末而言产生了根本性的变化,球磨后粉末形貌趋向于团聚的球状形貌。粉末经球磨后其微观形貌发生显著变化,这应该与该体系属性有着密切关系,原始粉末 Zr、Ti 均属于金属元素,具有良好的延展性,B 属于类金属元素,其延展性相对于金属元素而言存在一定的差异。而这类由金属与类金属元素组成的粉末体系,在机械合金化过程中通常划归为延性-脆性球磨体系。延性-脆性组分球磨过程中,粉末形貌变换规律与延性-延性体系基本相同。在球磨过程中,球与粉碰撞产生微锻,延性粉末颗粒变成片状和块状,少量粉末被冷焊到磨球表面,焊合层阻止了球磨介质表面的过度磨损,同时也减少了污染。由于微锻和断裂过程交替进行,粉末的粒度随球磨时间的延长不断减小。当片状粉末被焊合在一起形成层状的复合组织时,此时粉末形貌呈现为较大尺寸的团聚体[图 7-5(a)]。随着断裂和冷焊的交替进行,复合粒子发生加工硬化,硬度和脆性均增加,颗粒尺寸进一步细化[图 7-5(b)]。冷焊与断裂达到动态平衡后,粉末粒度变化不再明显,如图 7-5(c)所示。球磨过程中粉末细化可能机理是,球磨罐自转和公转产生的离心力及罐壁与磨球间的摩擦力作用,使磨球与物料在罐内进行相互冲击摩擦、翻滚等运动,这些运动使物料产生一定程度的细化。更为重要的是,在行星球磨机中,磨球往往是以数十倍于重力加速度的向心加速度冲击物料,在此条件下物料能被充分细化。不仅如此,球磨过程由于物料贴附于罐壁,利用磨球与罐壁的擦动可实现对粉体的强烈碾压与揉搓,从而使得球磨效率大大提高。

仔细观察图 7-5(b)及图 7-5(c)可以发现,此时物料的粒度变化已经不太明显。Maurice 等人发现,球磨后物料粒度分布与物料在球磨过程中反复冷焊以及断裂程度相关[4],横山豊和等人[5]根据试验结果,提出了球磨后产物的极限粒度经验公式(7-12)。

图 7-5 球料比 20∶1、球磨时间 20 h 条件下经不同转速球磨后 Zr-Ti-B 的形貌变化

(a)300 rpm;(b)400 rpm;(c)500 rpm

$$d_{50eq} = 0.87\alpha_{max}^{0.167}\rho_B^{0.167}d_B^{0.50} \tag{7-12}$$

式中 d_{50eq} ——球磨后粉末极限粒度;

α_{max} ——磨球的最大加速度;

ρ_B ——磨球密度;

d_B ——磨球直径。

α_{max} 与公转速度、磨球密度、公转直径 R 存在如式(7-13)所表达的关系。

$$\alpha_{max} = \frac{\omega_p^2}{2}[R + r(1+G)^2] \tag{7-13}$$

式中 ω_p ——公转速度;

R ——公转直径;

r ——球罐内径;

G ——ω_v 与 ω_p 的比值,$G = \frac{\omega_v}{\omega_p}$,$\omega_v$ 为自转速度。

式(7-13)似乎还说明,在磨球密度 ρ_B、磨球直径 d_B、公转直径 R、球罐内径 r 以及 G 值一定的情况下,球磨后粉末的极限粒度仅与公转速度 ω_p 相关,且有随公转速度 ω_p 增大而增大的趋势,但图 7-5(b)及图 7-5(c)所揭示的结果与式(7-13)所获得的推断似乎不一致。导致试验与理论结果产生差异的主要原因可能是,试验中物料性能上的差异,以及外界条件(温度,球磨过程是否有气体保护,是否添加工程控制剂等)不同。

7.1.3 球料比对 Zr-Ti-B 体系物相变化的影响

在高能球磨过程中,球料比是一个非常重要的参数,当球磨在高球料比下进行时,由于实际参与球磨的磨球个数增加,在相同球罐内磨球数增加,必然会使单位时间内磨球彼此间碰撞次数增加。磨球间碰撞次数的增加,使得球磨过程中会有更多的能量转移至粉末颗粒,进而使得球磨后粉末的物相变化或形貌改变可以在较短的时间内完成。图 7-6 揭示了在球磨罐转速为 500 rpm 和球磨时间 20 h 条件下，采用不同球料比球磨后 Zr-Ti-B 粉末的 XRD 检测结果。当球料比为 10∶1 时，球磨后粉末 XRD 检测结果还包含 Ti、Zr 单质衍射峰[图 7-6(a)]。当球料比为 20∶1 时，晶态的衍射峰基本消失，此时球磨粉末衍射峰呈现明显非晶态形状[图 7-6(b)]。当球料比为 30∶1 时，球磨后粉末的 XRD 检测结果相对于上述条件发生了明显变化，主要表现在，在此球磨参数下，粉末有 ZrB_2 及 TiB_2 新相产生[图 7-6(c)]，这说明球磨过程发生了式(7-14)及式(7-15)的化学反应。

$$Zr + 2B = ZrB_2 \tag{7-14}$$

$$Ti + 2B = TiB_2 \tag{7-15}$$

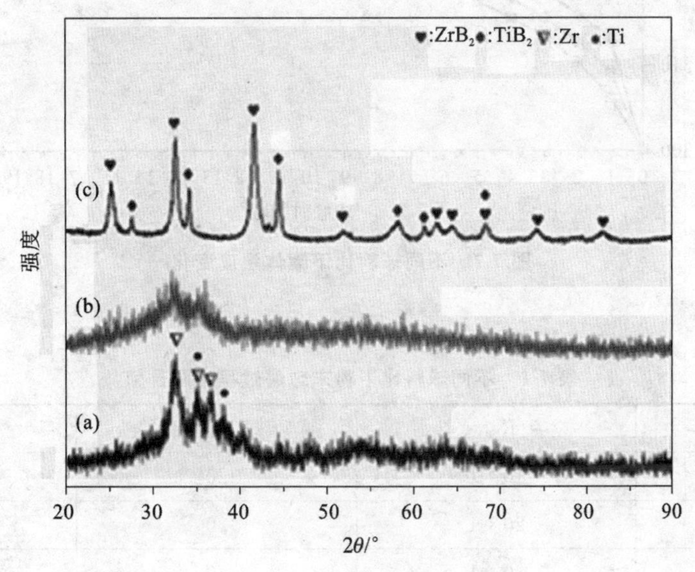

图 7-6 球磨罐转速为 500 rpm 和球磨时间 20 h 条件下，Zr-Ti-B 粉末采用不同球料比球磨后的 XRD 图谱

(a)10∶1；(b)20∶1；(c)30∶1

众所周知，机械合金化是一个非平衡的扩散过程。在机械合金化过程中，磨球和颗粒不断碰撞，颗粒发生强烈的塑性变形，产生应力和应变，局部应力的释放往往伴随着结构缺陷的产生以及向热能的转变。粉末在球磨过程中所能达到的温度，对球磨后物料的物相变化影响较大。为计算球磨过程中物料的温度变化，不同温升模型被提出，例如杨君友等人[6]直接从斜撞入手引入碰撞因子模型、Bhattacharya-Artz 模型[7]等。利用上述模型精确计算粉料球磨过程中的温度变化具有一定难度，实际研究过程中，常以球磨罐外壁温度变化来大致反映粉料球磨过程中的温度变化趋势。图 7-7 显示的是球磨罐转速和球磨时间分别为 500 rpm 和 20 h 时，不同球料比条件下，球磨罐体的温度变化情况。从图 7-7 可以看出，当球料比为 10∶1 及 20∶1 时，球磨罐外壁温度先随球磨时间的增加而升高，球磨大约 10 h 后，罐壁温度变化趋于平缓。当球料比为 30∶1 时，在球磨前期(<12 h)球磨罐外壁温度与球料比为 10∶1 及 20∶1 具有相同的变化趋势。当球磨至 14 h 左右时，球磨罐外壁温度迅速升高，这说明罐内发生了明显的放热反应，且反应维持时间较短。

不同球料比参数下，球磨后粉料的温升理论值如表 7-1 所示，粉料的温升通过式(7-16)[8]

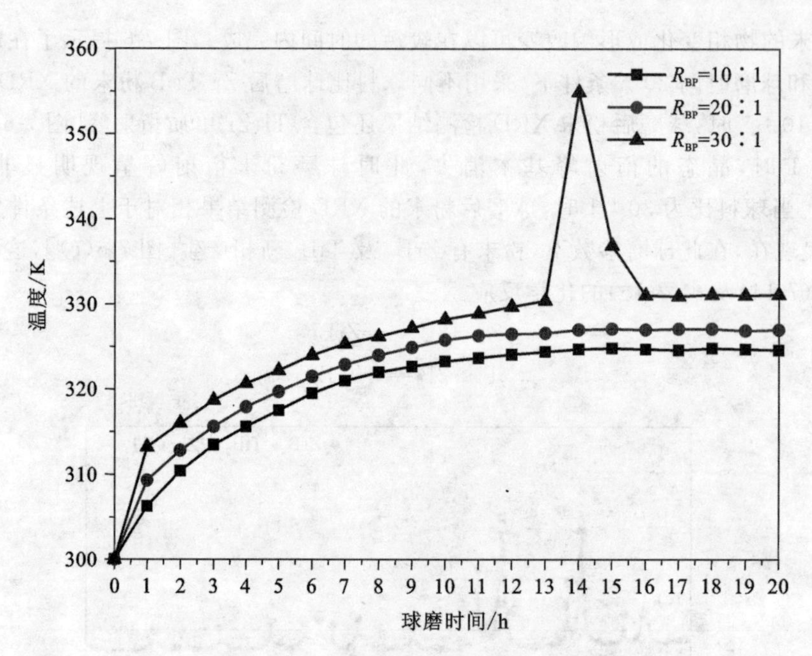

图 7-7 不同球料比下罐体温度变化

计算获得。

表 7-1 不同球料比下粉末球磨过程中温升值

Ω /rpm	R_{BP}	球磨时间/h	ΔT/℃
500	10∶1	20	1387.4
500	20∶1	20	1405.5
500	30∶1	20	1420.7

$$\Delta T = \rho_b v_s v^2 \sqrt{\frac{\Delta t}{\pi \kappa_0 \rho_p C_p}} \tag{7-16}$$

式中 Δt——碰撞时间(s)；

ρ_b——不锈钢球密度(7.98×10^3 kg/m^3)；

v_s——传输速度(5800 m/s)；

κ_0——粉末热导率[69.473 J/(m·℃)]；

ρ_p——粉末密度(3.95×10^3 kg/m^3)；

C_p——粉末比热容[0.78 J/(g·℃)]；

v——碰撞前磨球相对速度(m/s)。

碰撞时间 Δt 可以通过式(7-17)[9]进行计算

$$\Delta t = \frac{g_\tau v^{-0.2}\left(\frac{\rho_b}{E}\right)^{0.4}}{r_b} \tag{7-17}$$

式中 g_τ——与碰撞几何结构相关的参数，在本试验中，考虑碰撞的复杂性 g_τ 取 50；

E——磨球弹性模量(7.58×10^{11} N/m^2)；

r_b ——磨球半径(0.008 m)。

对于行星球磨机,碰撞前磨球相对速度 v 可以通过式(7-18)[10]进行计算。

$$v=\frac{MR_1^2+4[m_v+m_p(1+R_{BP})](r^2+2R^2)}{8r^2[m_v+m_p(1+R_{BP})]}\Omega r_i \tag{7-18}$$

式中 M——行星盘质量(11.6 kg);

Ω——行星盘角速度(rad/s);

R_1——行星盘半径(0.185 m);

m_v——球磨罐质量(0.85 kg);

m_p——粉末质量(0.02 kg);

r——托盘半径(0.05 m);

R——行星盘中心与托盘中心距离(0.11 m);

r_i——球磨罐半径(0.035 m);

R_{BP}——球料比。

将估算结果与实测罐壁温度对比发现,球磨过程中粉料温升与罐壁温升相差较大,这可能与试验环境有关,首先球磨系统并非封闭系统,粉料与球罐、磨球之间,球罐与托盘之间,托盘与行星盘之间只要存在温度差,都会引起热传递。不仅如此,球磨过程中由于球罐高速旋转,必然导致罐壁周围空气流动速度较快,进而加速了罐壁热量的散失,从而使得球磨罐外壁与粉末温升存在较大差异。

球磨罐外壁温度,虽然不能精确反映粉料球磨过程中温度变化,但可以作为 Zr-Ti-B 体系是否发生剧烈反应的判据。表 7-1 的结果说明,在其他球磨参数相同条件下,大球料比可使粉末在球磨过程中温升更高。当球料比为 30∶1 时,在书中所选择参数范围内,Zr-Ti-B 体系球磨过程中温升最高,在非平衡扩散及较高温升的共同作用下,促进了反应式(7-14)及式(7-15)的发生。由于合成反应具有放热特性,最终球磨罐温度在一定程度上有所升高(图 7-7)。

球磨过程中,粉料的结构变化以及所能达到的温升值,对其球磨后的最终产物具有决定性作用。图 7-8(a)揭示了 Zr-Ti-B 粉末球磨初期团聚体横截面 SEM 形貌(球磨参数:球料比 30∶1、球磨时间 5 h、球磨转速 500 rpm),图 7-8(a)说明,在球磨初期粉末经球磨后,内部表现为层状结构。在图 7-8(a)中,标记为"1"颜色区域经能谱分析(EDX)鉴定该区域主要为 Ti 元素,"2"颜色区域主要为 Zr 元素,黑色区域 EDX 结果说明此颜色区域主要为 B 元素。图 7-9(a)还说明,脆性相 B 在球磨初期主要聚集在各层交界处。随着球磨过程的延续,无论是低球料比[球磨参数:球料比 10∶1、球磨时间 12 h、球磨转速 500 rpm,图 7-8(b)],还是高球料比[球磨参数:球料比 30∶1、球磨时间 12 h、球磨转速 500 rpm,图 7-8(c)],球磨后粉末的层状结构均基本消失,各元素呈现均匀分布的现象,特别是使用高球料比进行球磨时各元素分布更趋均匀。

图 7-9 揭示了 Zr-Ti-B 粉末在球磨过程中微结构变化示意图,在球磨初期[图 7-9(a)],塑性相在机械力的作用下发生变形,呈扁平状,脆性相镶嵌于塑性相表面,富集于界面处。随着球磨时间延长,塑性相由于加工硬化及应力作用,其内部往往有裂纹产生[图 7-9(b)],在外力作用下变形后的塑性相沿裂纹处断裂。由于脆性相体积分数较大,塑性相断裂后新生面焊合在一起的可能性相对较小,新生面产生后很快被脆性相包裹,从而使得塑性相产生细化。而且,脆性相在外力作用下也开始由塑性相表面向其内部扩散。随着球磨时间的进一步延长,球磨后粉末不再呈现层状结构,在进一步反复冷焊及断裂作用下,粉末粒度变得更细小,且各元

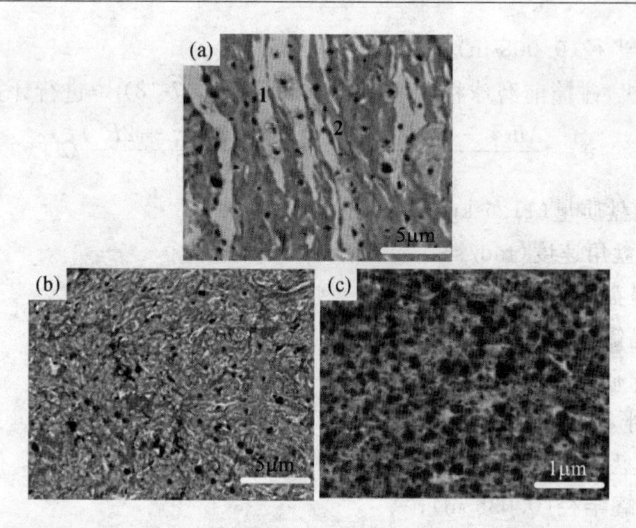

图 7-8　不同球磨参数下 Zr-Ti-B 粉末横截面形貌

(a)球料比 30∶1、球磨时间 5 h、球磨转速 500 rpm；(b)球料比 10∶1、球磨时间 12 h、球磨转速 500 rpm；(c)球料比 30∶1、球磨时间 12 h、球磨转速 500 rpm

素呈均匀分布状态[图 7-9(c)]。可以认为，若物料在球磨过程中没有发生明显化学反应，其球磨主要经历三个阶段。粉末在球磨过程中的第一阶段为微锻过程，在这一过程，颗粒在磨球碰撞作用下发生变形，在有延性相参与的球磨体系中这一过程往往伴随有团聚产生，最后，在加工硬化作用之下球磨后粉末产生严重脆裂。第二阶段，当球磨过程中聚集力不够时，微锻和断裂不断交替产生，最终使得球磨后颗粒尺寸不断减小。当颗粒被粉碎到足够细时，脆性相进一步向塑性相扩散。最后阶段，当颗粒间相互连接力与球磨力达到动态平衡时，颗粒团聚尺寸也到达动态平衡，而此时团聚体的平均粒度便是粉料的极限粒度。不仅如此，此时元素分布趋于均匀化。图 7-10 揭示了球料比 30∶1、球磨时间 12 h、球磨转速 500 rpm 条件下，球磨后粉末的 TEM 形貌，图 7-10 说明此时粉末分布较为均匀。

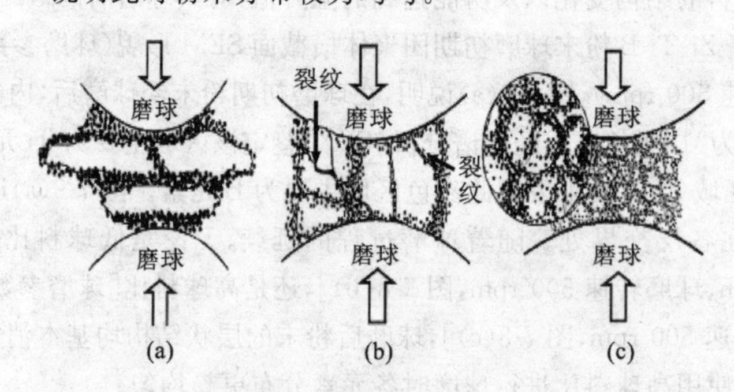

图 7-9　球磨过程中粉末结构变化示意图

在球磨过程中，颗粒发生塑性变形需要消耗机械能，同时在位错处储存能量，这就形成了式(7-14)、式(7-15)发生反应的活化点。球磨初期活化点主要集中于界面处，随着球磨过程的延续，活化点最终均匀分布于整个区域。此外，在应力作用下，活化点的活性周期随时间增加迅速达到最大值，随后很快下降到一个恒定值[11]。活化点的存在为式(7-14)、式(7-15)的反应提供了必要条件，当外界条件(如温度)满足反应发生条件时，反应便被激活。在本试验中，促使反应发生的主要外界条件便是温度。表 7-1 列出了转速 500 rpm、球磨时间 20 h 条件下，不

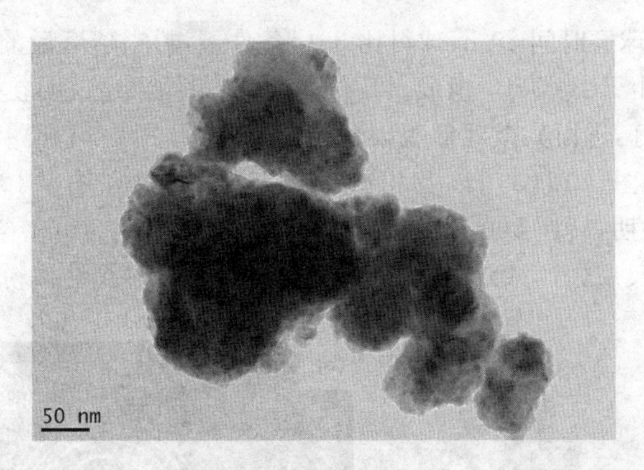

图 7-10 球料比 30∶1、**球磨时间** 12 h、**球磨转速** 500 rpm **参数下粉末的** TEM **形貌**

同球料比的粉末球磨过程温升值，虽然温升值相差无几，但球磨后粉末相组成却相差甚远(图 7-1)。说明 Zr-Ti-B 粉末经充分球磨后若要发生式(7-14)、式(7-15)的反应，除了应具备均匀分布的活化点之外，球磨过程中物料能到达温升值是触发反应发生的另一个关键因素。

7.1.4 球料比对 Zr-Ti-B 体系球磨后粉末形貌的影响

图 7-11 显示了转速为 500 rpm、球磨时间 20 h 条件下，经不同球料比球磨所得 Zr-Ti-B 粉末的微观形貌。通过观察图 7-11 发现，当转速与球磨时间取值一定时(转速 500 rpm、球磨时间 20 h)，球料比选择为 10∶1 及 20∶1，粉末经球磨后保存典型球磨形貌特征[表面相对光滑，呈团聚状，见图 7-11(a)、图 7-11(b)]。当球料比提高至 30∶1时，球磨后粉末形貌发生了明显变化：首先，表面光滑的团聚特征不再存在；其次，球磨后粉末轮廓清晰可见[图 7-11(c)]。

图 7-11 球磨罐转速 500 rpm、**球磨时间** 20 h **条件下**，Zr-Ti-B **粉末采用不同球料比球磨后粉末形貌**

(a)10∶1;(b)20∶1;(c)30∶1

在转速 500 rpm、球磨时间 20 h、球料比 30∶1条件下，粉末球磨后的 XRD 衍射结果说明，此时的粉末物相主要由 ZrB_2、TiB_2 组成。不仅如此，衍射结果还说明在上述球磨参数下，球磨产物晶化程度相对较好，进而其微观形貌表现出清晰轮廓[图 7-11(c)]。图 7-12 为上述参数球磨粉末 TEM 结果[图 7-12(a)]以及相应的选区衍射花样[图 7-12(b)]，选区衍射花样(SADP)结果进一步说明，转速 500 rpm、球磨时间 20 h、球料比 30∶1 条件下，Zr-Ti-B 发生了式(7-14)、式(7-15)的反应，且球磨产物为 ZrB_2、TiB_2 组成的多晶结构粉末。

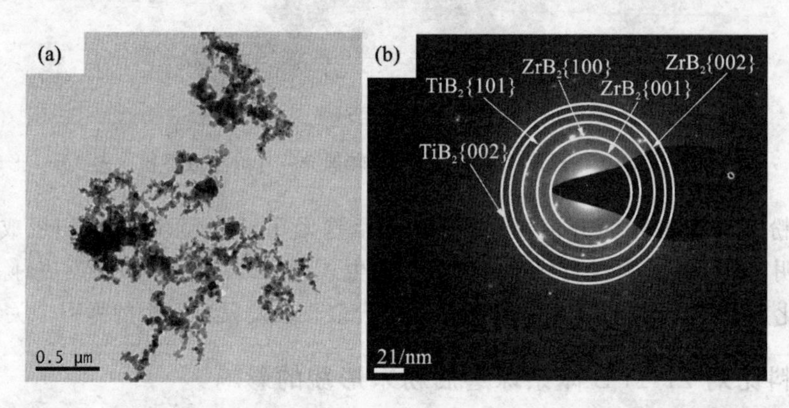

图 7-12 转速 500 rpm、球磨时间 20 h、球料比 30∶1 条件下 Zr-Ti-B 粉末透射形貌及选区衍射花样

(a)TEM 结果；(b)选区衍射花样

7.1.5 球磨时间对 Zr-Ti-B 体系球磨后物相转变的影响

图 7-13 揭示了球料比 20∶1、转速 500 rpm 条件下，Zr-Ti-B 粉末经不同时间球磨后其物相变化。当球磨时间为 4 h 时，球磨后粉末衍射结果主要包括 Zr、Ti[图 7-13(a)]。当球磨时间延长至 12 h 时，衍射峰相对于 4 h 而言在强度及宽化程度上发生了一些变化，此时衍射峰

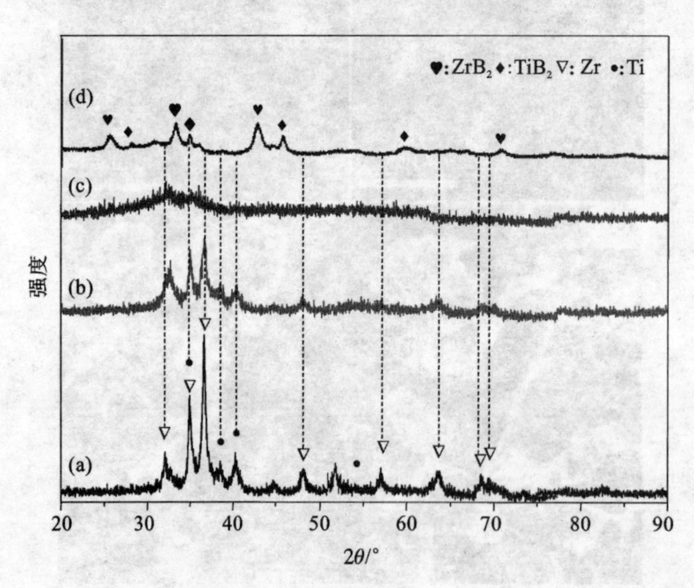

图 7-13 转速 500 rpm、球料比 20∶1 时不同球磨时间的 Zr-Ti-B 衍射结果

(a)4 h；(b)12 h；(c)20 h；(d)40 h

强度明显较弱，且有明显宽化现象，除此之外 XRD 谱上未发现新的或不可识别的衍射峰[图 7-13(b)]。当球磨延续至 20 h 时，粉末 XRD 谱上晶态 Zr、Ti 衍射峰已经消失，衍射结果呈现明显非晶化特征[图 7-13(c)]。随着球磨时间的进一步延长，当粉末球磨至 40 h 时，粉末衍射结果表明此时粉末已经完全转变为 ZrB_2、TiB_2 相[图 7-13(d)]。

增加球磨时间对粉末相变的影响并没有增大球料比显著。这可能是因为延长球磨时间并不能增大单位时间内粉末受到撞击的频率或强度，因而不能提高输入粉末的功率。

7.1.6 球磨时间对 Zr-Ti-B 微观形貌的影响

图 7-5(c)及图 7-14 共同揭示了球料比 20：1、转速 500 rpm 条件下，Zr-Ti-B 粉末经不同时间球磨后粉末微观形貌的变化。当球磨时间为 4 h 时，球磨粉末形貌相对于原始粉末发生了一定的变化，粉末在一定程度上被细化，形成的团聚体表面包裹着细小的粉末颗粒[图 7-14(a)]。当球磨时间为 12 h 时，在冷焊作用下球磨粉末团聚现象更加明显，团聚体表面附着的细小颗粒仍然存在[图 7-14(b)]。当球磨时间为 40 h 时，粉末经长时间冲击压缩，产生较大的塑性变形和较严重的硬化，导致粉末发生明显细化。不仅如此，此时粉末颗粒表面相对比较光滑，细小附着物已经完全消失[图 7-14(c)]，这是机械合金化过程中的揉搓效果所致，揉搓使得各元素呈均匀弥散分布。

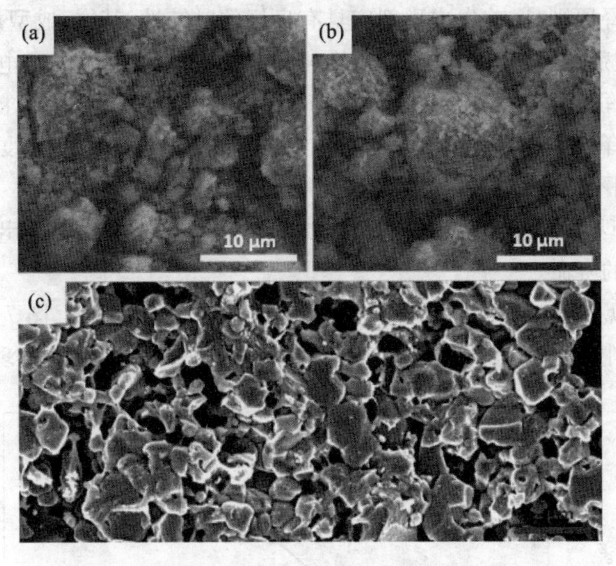

图 7-14 不同球磨时间 Zr-Ti-B 粉末的形貌变化

(a)4 h；(b)12 h；(c)40 h

当球磨时间延长至 40 h 时，根据 XRD 衍射结果判断，此时粉末已经发生明显物相转变，主要由 ZrB_2 和 TiB_2 相组成，由于反应属高放热反应，在反应热作用下反应生成物黏连在一起形成尺寸较大的团聚体。且由于球磨形成的反应前驱体致密度不可能太高，反应后产物孔隙较多[图 7-11(c)和图 7-14(c)]。

对比下列两组球磨参数，球磨时间 20 h、球料比 30：1、转速 500 rpm 与球磨时间 40 h、球料比 20：1、转速 500 rpm，发现一个共同结果，即在上述两组参数下球磨后粉末均转变为 ZrB_2、TiB_2。这说明在转速一定的情况下，可以通过延长球磨时间来达到高球料比参数下所获得的试验结果。这主要是因为，延长球磨时间在一定程度上增大了自发的异向扩散速率，也可以间接提高伴随温度。此外，由长时间球磨所引起的压缩、互磨、摩擦和磨损等都能促进反应物的聚集，减小反应物间的距离，同时在粉末颗粒中引入了大量的缺陷，进而使得反应所需的激活能进一步降低。因此，可以在相对低的温度下，诱发固态间反应进行。

为满足原位熔敷 ZrB_2-TiB_2 复相涂层需要，放电电极制备球磨环节的参数应严格控制，球磨时间 20 h、球料比 20∶1、转速 500 rpm，是一个相对理想的参数。

7.2 电火花原位熔敷 ZrB_2-TiB_2 复相涂层用放电电极成型与性能

7.2.1 放电电极成型工艺

成型是制备电火花原位熔敷 ZrB_2-TiB_2 复相涂层用放电电极的第二道基本工序，目的是使球磨后的粉末经成型后满足后续电火花沉积对放电电极形状、尺寸以及强度方面的需要。

在成型过程中，为了使粉料便于成型，通常会在粉料中加入一定量的成型剂，目的是改善压制过程。成型剂不仅可以提高压坯强度，还能有效防止粉末混合料离析。成型剂基于下列条件进行选择[12]：

(1)成型剂的选择原则是：首先成型剂应具有良好的黏结性；其次，成型剂应具备一定的润滑性能；最后，所选成型剂在混合粉末中要容易均匀分散，且不发生影响放电电极性能的化学变化。

(2)为了充分发挥其润滑及成型效果，成型剂软化温度不应太低，且要求具有一定的稳定性。

(3)成型剂的选择，还应满足不至于因添加这些物质使粉料的松装密度和流动性明显变差，更为重要的是成型剂不能对烧结体产生不利影响。

(4)为了避免成型剂残留的影响，成型剂在加热时应容易从压坯中排出，且排出物不会影响发热元件、耐火材料的寿命。

基于上述原则以及粉料特性，本研究选择液态石蜡作为成型剂。图 7-15 揭示了在不同成型压力下使用不同剂量成型剂所得压坯的相对密度，从图 7-15 可以发现在低压(100 MPa)

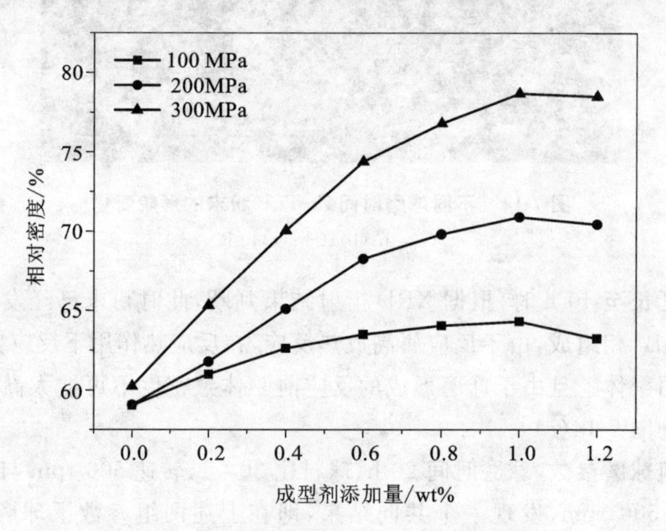

图 7-15 成型剂添加量与压坯相对密度的关系

时，压坯相对密度有随成型剂加入量增加而增加的趋势，但由于成型压力较低，压坯相对密度不高。随着成型压力增加，压坯相对密度整体呈上升趋势。图 7-15 还揭示，当成型压力为 300 MPa，液态石蜡用量为 1 wt%时，压坯具有最高的相对密度。

7.2.2　放电电极烧结工艺

烧结工艺对放电电极相组成、致密度以及强度等性能参数影响较大。为了满足电火花原位熔敷需要，放电电极烧结工艺不容忽视。图 7-16 揭示了 Zr-Ti-B 球磨后粉末(球磨参数：球磨时间 20 h、球料比 20∶1、转速 500 rpm)热重-差热曲线(TG-DSC)，TG 曲线显示在 100 ℃左右，测试样品有轻微的质量损失，对应的 DSC 曲线在 102.7 ℃附近出现一个微弱的吸热峰。图 7-17(a)、图 7-17(b)、图 7-17(c)分别是球磨后粉末未经退火以及在 103 ℃和 1472 ℃退火后的 XRD，将未退火球磨粉末 XRD[图 7-17(a)]与 103 ℃退火球磨粉末 XRD[图 7-17(b)]对比发现，球磨粉末退火前后 XRD 结果没有任何变化，综合 TG 与 DSC 结果，质量损失应该为样品中的水分蒸发所致。

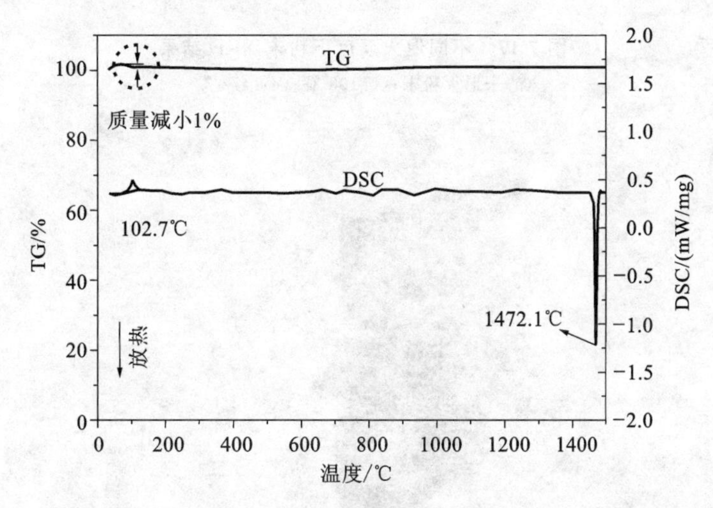

图 7-16　球磨时间 20 h、球料比 20∶1、转速 500 rpm 下 Zr-Ti-B 粉末热重-差热曲线

DSC 测试结果还说明，在 1472.1 ℃处测试试样发生了剧烈的放热反应，相应温度下球磨粉末经退火后的 XRD 如图 7-17(c)所示，XRD 结果说明退火后粉末主要由 ZrB_2 与 TiB_2 相组成，没有发现锆或钛的氧化物相。将 DSC 结果与球磨过程中粉末温升结果(表 7-1)比较发现，Zr-Ti-B 球磨后(球磨参数：球磨时间 20 h、球料比 20∶1、转速 500 rpm)反应生成 ZrB_2 与 TiB_2 所需的温度与理论计算温度在同一个数量级，说明理论计算值具有一定的参考价值。对比还发现，球磨时间 20 h、球料比 20∶1、转速 500 rpm 条件下粉末的 DSC 实测结果明显高于球磨时间 20 h、球料比 30∶1、转速 500 rpm 下粉末的理论计算结果，这进一步说明球料比在球磨过程中能量传输的重要性，在其他参数相同条件下，高球料比可以明显降低粉末反应所需激活能。

通过对球磨粉末进行 TG-DSC 分析，欲满足电火花原位沉积 ZrB_2-TiB_2 复相涂层需要，放电电极烧结温度应低于 1472.1 ℃。为确定理想烧结温度，在 500 ℃、1000 ℃、1450 ℃下对成型后放电电极进行烧结(烧结在氩气保护下进行)，放电电极在上述温度下烧结后，呈现几乎相同的宏观形貌，如图 7-18 所示。

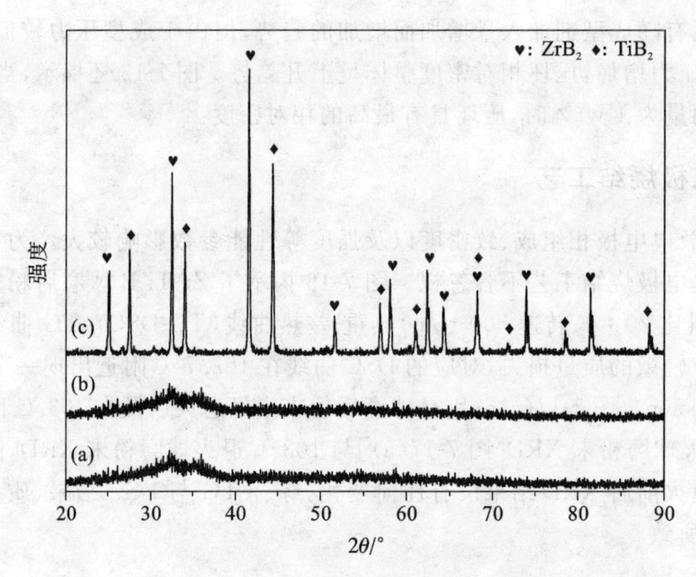

图 7-17　不同退火温度下粉末 XRD 结果

(a)未退火粉末;(b)103 ℃;(c)1472 ℃

图 7-18　Zr-Ti-B 烧结后的形貌

图 7-18 说明,在不同烧结温度下,烧结后的放电电极均产生严重破裂,这类缺陷将严重影响放电电极的强度,导致放电电极在电火花沉积时不能被有效夹持,进而影响其电火花沉积过程。为了避免放电电极在烧结环节产生严重破裂,需考虑在放电电极内加入适当金属胶黏剂。Ogwu 等人[13]发现,Ni 是ⅣB 族过渡金属硼化物理想的金属胶黏剂,不仅如此,Ni 与 Cu 能形成无限固溶体,这可能有利于放电电极电火花沉积。基于上述讨论,为使放电电极烧结后能满足电火花沉积需要,在放电电极内加入适当金属胶黏剂 Ni 显得尤为必要(加入 Ni 后的球磨粉末,通过球磨方式充分混合均匀,为了避免混匀过程中发生不利反应,混料在低转速、小球料比下完成),考虑 Ni 的熔点,烧结温度确定为 1450 ℃。图 7-19(a)与图 7-19(b)分别揭示了不同 Ni 含量放电电极烧结前后的宏观形貌,图 7-19(a)说明,不同 Ni 含量放电电极烧结前,压坯形貌几乎不存在差别。烧结后,Ni 含量为 3 wt%及 5 wt%时放电电极发生了略微收缩,但外形

保持良好[图 7-19(b)]。7 wt%Ni 含量放电电极经烧结后，放电电极形貌发生了明显变化，烧结后放电电极表面有明显析出物，其截面 SEM 形貌如图 7-19(c)所示，析出物对应 EDS 结果说明析出物主要为 Ni 元素，这说明 Ni 的加入量不宜太高，应低于 7wt%。

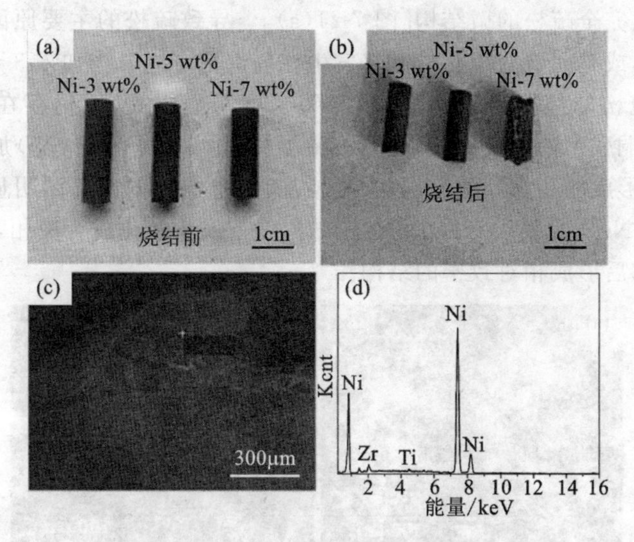

图 7-19 不同 Ni 含量放电电极烧结前后形貌

(a)烧结前；(b)烧结后；(c)7wt%Ni 含量放电电极溢出物形貌；(d)溢出物能谱分析结果

为使烧结后的放电电极满足电火花沉积需要，烧结时放电电极内应加入适当 Ni 作为金属胶黏剂，加入量应低于 7 wt%，为确保 Ni 发挥其胶黏剂作用，烧结温度应高于其熔点，考虑原位沉积需要，最高烧结温度设定为 1450 ℃。由于放电电极在冷压成型环节，选择了液态石蜡作为成型剂，烧结环节应尽量减少其在放电电极内残留。因此，烧结过程中放电电极在 500 ℃(液态石蜡挥发温度为 480 ℃左右)保温 2 h，确保放电电极充分脱脂。整个烧结过程，温升速率以及气氛保持与 TG-DSC 结果的一致(温升速率：10 ℃/min；气氛：全程氩气保护)，图 7-20 是综合考虑各因素后，放电电极的烧结工艺曲线。

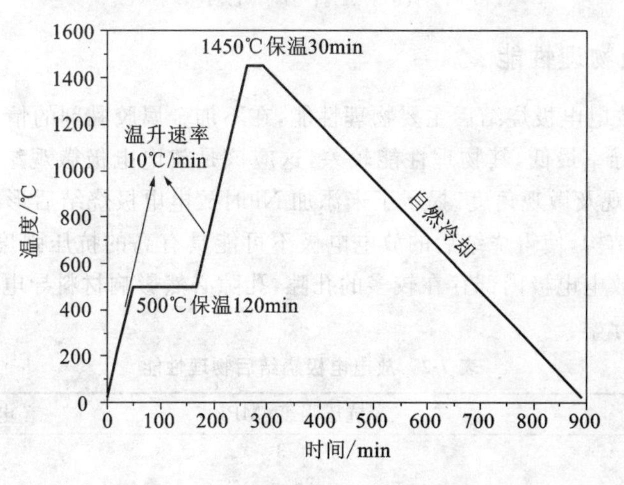

图 7-20 放电电极烧结工艺曲线

7.2.3 放电电极微观结构

图 7-21 揭示了不同 Ni 含量放电电极烧结后的微观形貌，在未添加 Ni 作为金属胶黏剂时，放电电极呈现出完全疏松的微结构[图 7-21(a)]。导致疏松的主要原因可能是，在烧结过程中没有液相产生，或是元素间相互扩散仅发生在局部范围内。当加入 3 wt%Ni 作为胶黏剂时，放电电极完全疏松的情况得到明显改善，致密度明显提高，但仍存在较多孔洞[图 7-21(b)]。导致较多孔洞残留的主要原因可能是，在烧结中唯一的液相(Ni)加入量过少，不能完全填充由于脱脂所形成的孔洞。随着 Ni 含量增加，放电电极内部孔洞明显减少[图 7-21(c)、图 7-21(d)]。加入 Ni 作为胶黏剂后，Ni 在烧结温度下发生熔化成为液相，液相将与其相邻的元素连接起来，冷却后形成相对致密的结构。

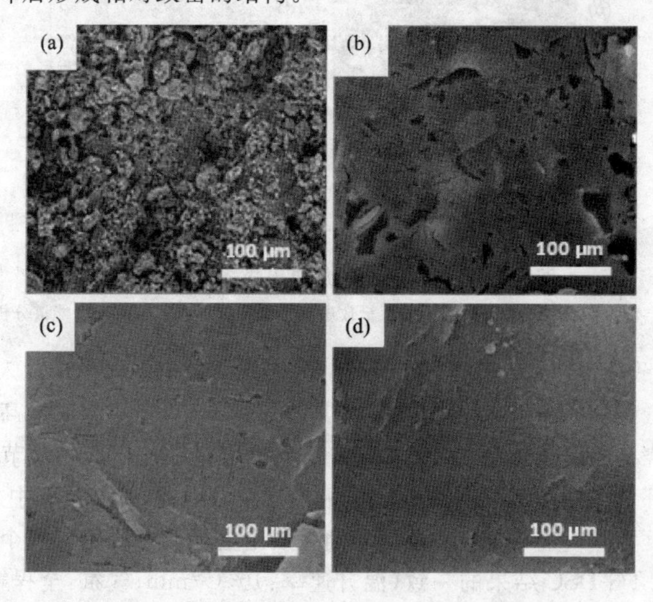

图 7-21 不同 Ni 含量放电电极烧结后截面形貌

(a)0 wt%；(b)3 wt%；(c) 5 wt%；(d) 7 wt%

7.2.4 放电电极物理性能

表 7-2 揭示了放电电极烧结后主要物理性能，在不加金属胶黏剂的情况下，放电电极烧结后其抗压强度与电导率最低，其物理性能较差，这应该是放电电极微观结构所致。图 7-18 及图7-21(a)分别从宏观及微观角度，揭示了未添加 Ni 时放电电极烧结后形貌，宏观上的严重破裂以及疏松的微观结构，使得烧结后的放电电极不可能具有高的抗压强度。疏松的内部结构在一定程度上说明放电电极内部存在较多的孔隙，孔隙必然影响材料导电的能力，最终使得放电电极呈现较低电导率。

表 7-2 放电电极烧结后物理性能

	抗压强度/MPa	电导率/%IACS
Ni-0	4.3	16.4
Ni-3 wt%	86.6	43.1
Ni-5 wt%	91.7	55.6
Ni-7 wt%	92.4	55.9

当加入 3 wt%Ni 作为胶黏剂后，放电电极经烧结后其抗压强度及电导率大幅提升，这归功于 Ni 改善了烧结后放电电极的结构。随着 Ni 加入量增至 5 wt%，放电电极抗压强度及电导率略有增加，这主要是由于放电电极内部孔洞缺陷相对于 3 wt%条件下的进一步减少。当 Ni 含量增至 7 wt%时，烧结后放电电极抗压强度及电导率相对于 5 wt%时的，没有明显改善。

Zr-Ti-B 粉末经球磨时间 20 h、球料比 20∶1、转速 500 rpm 球磨后，粉末具有满足原位熔敷制备 ZrB_2-TiB_2 复相涂层要求的微结构及相组成；添加 1 wt%液态石蜡作为成型剂，成型压力为 300 MPa，可使压坯具有较高的相对密度；使用 5 wt%Ni 作为胶黏剂，烧结温度 1450 ℃，能获得综合性能较好的电火花原位沉积 ZrB_2-TiB_2 复相涂层用放电电极。

7.3　电火花原位沉积 ZrB_2-TiB_2 复相涂层工艺、结构与性能

7.3.1　电容对 ZrB_2-TiB_2 复相涂层电极性能与结构的影响

(1) 电容对 ZrB_2-TiB_2 复相涂层硬度的影响

图 7-22 揭示了当电压(12 V)、点焊电极转速(700 rpm)、沉积时间(120 s)及放电电极振动频率(30 Hz)不变时，ZrB_2-TiB_2 复相涂层平均显微硬度随电容变化的曲线。从图中可以看出，随电容增加，涂层显微硬度虽然没有产生较大起伏，但整体呈现随电容增加涂层显微硬度减小的趋势。

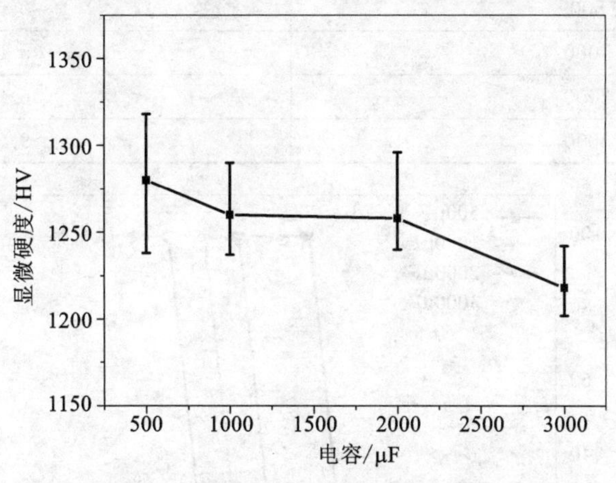

图 7-22　涂层显微硬度随电容变化趋势

多方面原因可能导致涂层显微硬度下降，例如涂层中存在大量孔洞、裂纹之类缺陷，或是涂层内硬质相相对含量降低，塑性相相对含量增加等因素。由于 Ti、Zr 与 B 原子之间是结合强度很高的共价键和离子键，因此，发生 Ti、Zr 向点焊电极基体扩散的可能性(或量)较小。据此，可判定由 Ti、Zr 扩散所引起的涂层显微硬度变化相当有限。虽然，原子间的结合方式使得涂层元素向点焊电极基体扩散比较困难，但这似乎不会影响点焊电极基体材料(Cu)向涂层内扩散。图 7-23 揭示了不同电容下，所获 ZrB_2-TiB_2 复相涂层电极 Cu 元素沿涂层电极横截面的浓度分布。从图 7-23 可以看出，随着沉积电容增加，Cu 元素扩散的总量及深度都有所增加。表 7-3 揭示了使用不同电容沉积时，Cu 在涂层内的最大含量，从表 7-3 中可以发现，Cu 在涂层内的最大含量随沉积电容增加而增加。这主要是由于较高容量的电容，在电火花放电过

程中可以释放较高能量。电容储能公式(7-19)进一步说明,随电容增加,电容能量增大,这必然导致电火花放电温度随之升高。根据扩散系数经验方程式(7-20)可知,随温度升高扩散系数呈增加趋势,而增大电容可以获得较高的电火花放电能量,释放的电能以热量形式表现出来,进而使得高电容下,元素的扩散加剧。

$$Q_c = \frac{1}{2}CU^2 \tag{7-19}$$

式中 Q_c——电容储能;

C——电容容量;

U——放电电压。

$$D = D_0 \exp\left(-\frac{Q}{kT}\right) \tag{7-20}$$

式中 D——扩散系数;

D_0——不随温度变化的常数;

Q——扩散激活能;

k——温度无关量;

T——温度。

表 7-3 涂层内 Cu 含量最大值

电容/μF	Cu 的最大含量/wt%
500	0.6
1000	5.6
2000	6.9
3000	9.0

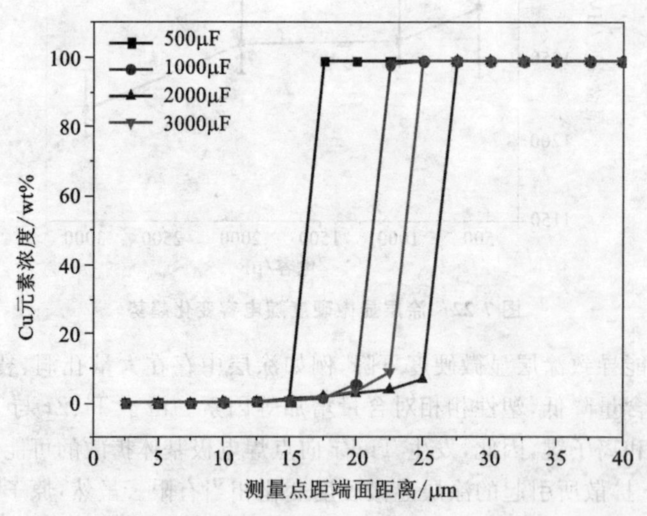

图 7-23 不同沉积电容下涂层电极横截面 Cu 元素浓度梯度分布

由于 Cu 向涂层内扩散,使得涂层内塑性相含量增加,而硬质相含量相对减少,更为重要的是,在硬度方面 Cu 远远低于 ZrB_2、TiB_2,因此,在涂层内低硬度 Cu 含量提高,导致了涂层平均显微硬度的降低。通过对电容储能方程及原子扩散系数经验方程分析发现,在其他沉积参数不变的情况下,涂层平均显微硬度有随沉积电容增加而减小的趋势。

除此之外，随着电容的增加，电火花放电产生的热冲击作用亦加强，同时电火花沉积过程中所产生的循环热应力也会有所增大，在热冲击和循环热应力作用下，ZrB_2-TiB_2 复相涂层中裂纹、孔洞增多，且涂层的连续性变差，涂层出现横向裂纹或分层(图 7-24)。

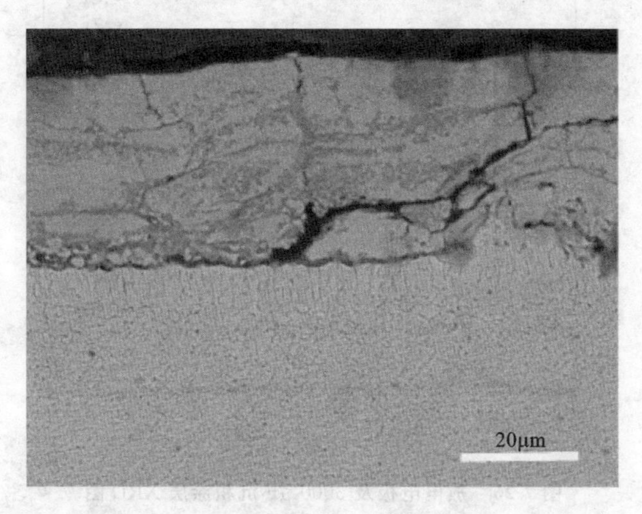

图 7-24　高电容沉积条件下涂层电极微观形貌

在电火花原位沉积试验过程中发现，当使用较大电容(3000 μF)进行电火花沉积时，放电电极出现变红现象，且涂层表面质量较差[图 7-25(a)]。涂层表面局部区域放大图显示，此时涂层表面存在较多蓬松的多孔颗粒[图 7-25(b)]，对应的面扫描结果说明，这些蓬松颗粒主要由 Zr 及 O 元素组成[图 7-25(c)、图 7-25(d)]。涂层 XRD 结果也说明，此时涂层产生了一定程度的氧化，氧化物主要为 ZrO_2(图 7-26)。这说明，电火花沉积过程中，电容过大会导致涂层

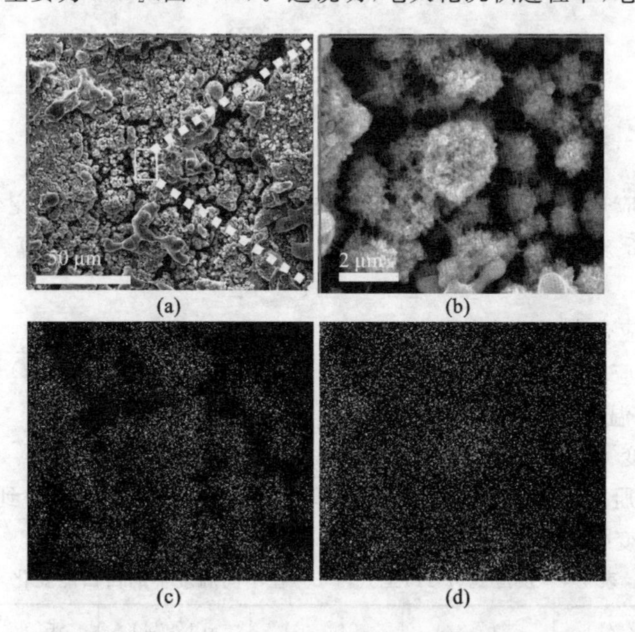

图 7-25　电火花原位沉积试验结果

(a)涂层氧化物形貌；(b)图(a)中框选区域局部放大图；

(c)图(b)中 O 元素面扫描结果图；(d)图(b)中 Zr 元素面扫描结果图

氧化。所生成氧化物的特殊结构使得涂层完整性以及致密度受到严重影响，进而导致 ZrB_2-TiB_2 复相涂层平均显微硬度下降。

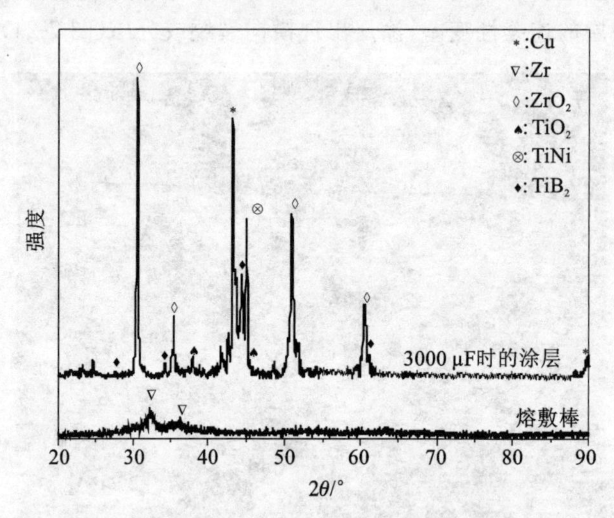

图 7-26　放电电极及 3000 μF 沉积涂层 XRD 图

电火花沉积过程中，涂层的氧化路径分为两条。第一，在没有原位生成目标涂层前发生氧化，主要氧化反应如式(7-21)、式(7-22)所示；第二条氧化路径是在原位沉积获得目标涂层以后，先通过原位沉积获得 ZrB_2-TiB_2 复相涂层[此时发生方程式(7-23)、式(7-24)的反应]，随后由于高温氧化导致涂层发生式(7-25)、式(7-26)所示反应，致使涂层氧化。

$$Zr+2B+2.5O_2(g) = ZrO_2+B_2O_3 \tag{7-21}$$

$$Ti+2B+2.5O_2(g) = TiO_2+B_2O_3 \tag{7-22}$$

$$Ti+2B = TiB_2 \tag{7-23}$$

$$Zr+2B = ZrB_2 \tag{7-24}$$

$$ZrB_2+2.5O_2(g) = ZrO_2+B_2O_3 \tag{7-25}$$

$$TiB_2+2.5O_2(g) = TiO_2+B_2O_3 \tag{7-26}$$

通常用化学反应热力学判断反应进行方向，一般以吉布斯自由能变化（ΔG）作为判据。ΔG 可以通过吉布斯-亥姆霍兹(Gibbs-Helmholtz)方程式(7-27)进行计算。

$$\Delta G=\Delta H-T\Delta S \tag{7-27}$$

式中　ΔG——反应吉布斯自由能变；

ΔH——反应焓变；

T——反应温度；

ΔS——熵变。

查取热力学手册后根据式(7-27)分别计算了上述反应的自由能，得到了上述各反应在不同温度下的自由能变化，如表 7-4 所示。

表 7-4　反应式(7-21)至式(7-26)在不同温度下的自由能变化　　单位：$kJ \cdot mol^{-1}$

T/K	式(7-21)	式(7-22)	式(7-23)	式(7-24)	式(7-25)	式(7-26)
273.150	−2246.685	−2093.416	−275.654	−318.478	−1928.207	−1817.762

续表 7-4

T/K	式(7-21)	式(7-22)	式(7-23)	式(7-24)	式(7-25)	式(7-26)
373.150	−2200.742	−2048.311	−274.226	−316.966	−1883.777	−1774.086
473.150	−2154.928	−2003.345	−272.705	−315.419	−1839.508	−1730.639
573.150	−2109.362	−1958.644	−271.120	−313.834	−1795.528	−1687.524
673.150	−2064.080	−1914.241	−269.479	−312.185	−1751.896	−1644.762
773.150	−2020.842	−1871.887	−267.783	−310.453	−1710.390	−1604.103
873.150	−1979.837	−1831.766	−266.031	−308.627	−1671.210	−1565.735
973.150	−1939.301	−1792.115	−264.226	−306.700	−1632.601	−1527.889
1073.150	−1899.149	−1752.838	−262.364	−304.668	−1594.481	−1490.474
1173.150	−1859.199	−1713.768	−260.350	−302.410	−1556.788	−1453.418
1273.150	−1819.323	−1674.665	−257.999	−299.848	−1519.474	−1416.665
1373.150	−1779.733	−1635.818	−255.646	−297.233	−1482.500	−1380.171
1473.150	−1740.560	−1597.186	−253.288	−294.564	−1445.996	−1343.899
1573.150	−1702.016	−1558.737	−250.921	−291.841	−1410.175	−1307.816
1673.150	−1663.650	−1520.440	−248.542	−289.065	−1374.585	−1271.898
1773.150	−1625.437	−1482.270	−246.147	−286.234	−1339.203	−1236.123
1873.150	−1587.357	−1444.203	−243.733	−283.350	−1304.007	−1200.470
1973.150	−1549.389	−1405.982	−241.058	−280.410	−1268.978	−1164.924
2073.150	−1511.514	−1367.309	−237.839	−277.415	−1234.100	−1129.470
2173.150	−1473.268	−1330.026	−234.567	−273.912	−1199.356	−1095.459
2273.150	−1434.524	−1294.621	−231.247	−269.790	−1164.734	−1063.374

根据化学平衡判定规定，在等温定压且系统不做非体积功的条件下，若：$\Delta G<0$ 则反应过程能自发进行；$\Delta G=0$ 时系统处于平衡状态；$\Delta G>0$ 则反应不能自发进行。根据表 7-4 中的数据，方程式(7-21)～式(7-26)在表中所列温度下反应均能自发进行。图 7-27 为根据表 7-4 提供的数据所绘制的自由能与温度关系曲线。从图 7-27 可以看出，反应方程式(7-21)、式(7-22)自由能温度曲线不仅处于反应式(7-25)、式(7-26)下方，而且其位置还远远低于方程式(7-23)、式(7-24)的自由能温度曲线。这说明在相同条件下，方程式(7-21)、式(7-22)应先于方程式(7-23)、式(7-24)发生，且方程式(7-25)、式(7-26)建立在方程式(7-23)、式(7-24)基础之上。因此，在没有气体保护的条件下，进行电火花原位沉积 ZrB_2-TiB_2 复相涂层时，导致涂层氧化的主要原因是 Zr、Ti 与氧之间的直接反应。图 7-27 还说明，导致涂层氧化生成 ZrO_2 的方程式(7-21)，较氧化生成 TiO_2 的方程式(7-22)具有更低的自由能。这说明，如果热力学条件充分，系统有足够的能量来跨越氧化反应的能垒，则 Zr 的氧化反应比 Ti 的氧化反应容易进行。这从另一方面说明了为什么图 7-26 中 ZrO_2 的衍射峰较 TiO_2 的衍射峰更强，且峰的数量更多。

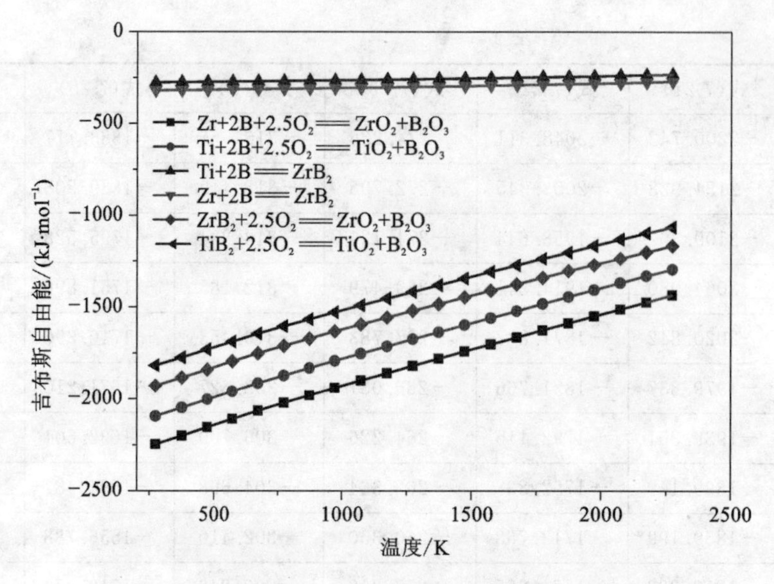

图 7-27　反应式(7-21)～式(7-26)自由能变化曲线

(2)电容对 ZrB_2-TiB_2 复相涂层厚度的影响

图 7-28 揭示了当电压(12 V)、点焊电极转速(700 rpm)、沉积时间(120 s)不变时,ZrB_2-TiB_2 复相涂层厚度随电容变化的趋势。图 7-28 说明,随着电容增加涂层厚度呈先增后减趋势,引起 ZrB_2-TiB_2 复相涂层厚度减小的可能原因是:随着沉积进行,放电电极不断向基体表面迁移,同时基体表面伴随电蚀发生,物理化学反应在放电微区剧烈发生,在反复热冲击作用下硬脆的 ZrB_2-TiB_2 涂层产生了内应力。内应力积累到一定程度后,涂层就会产生裂纹乃至断裂。在电极机械作用和电火花爆炸作用下,破裂的涂层碎片从其表面脱离飞溅出去,当沉积-飞溅达到平衡时,即达到沉积厚度的峰值。电容越大,阳极腐蚀产生的涂敷棒消耗越大,涂层材料越多[14]。与此同时,电火花放电所产生的循环热应力随电容增大而增大,飞溅材料量增大,最终沉积厚度减小。

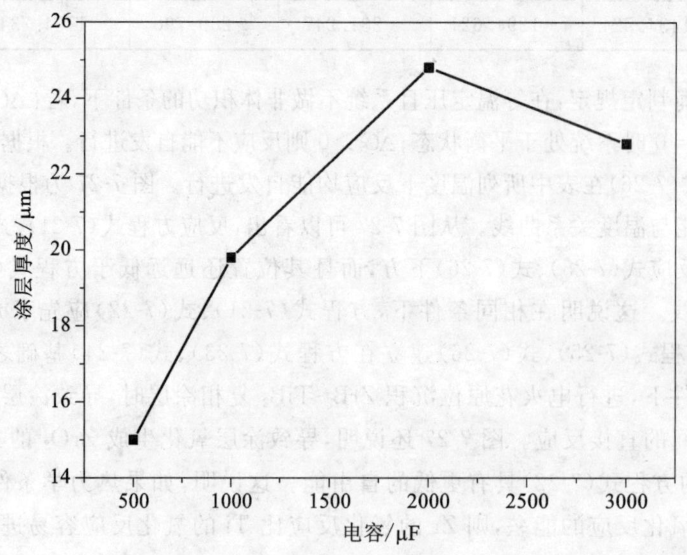

图 7-28　涂层厚度随电容变化趋势

(3) 电容对 ZrB_2-TiB_2 复相涂层微结构的影响

图 7-29 揭示了当电压(12 V)、点焊电极转速(700 rpm)、沉积时间(120 s)、振动频率(30 Hz)不变时,不同沉积电容参数所得 ZrB_2-TiB_2 复相涂层电极表面及相应横截面形貌。

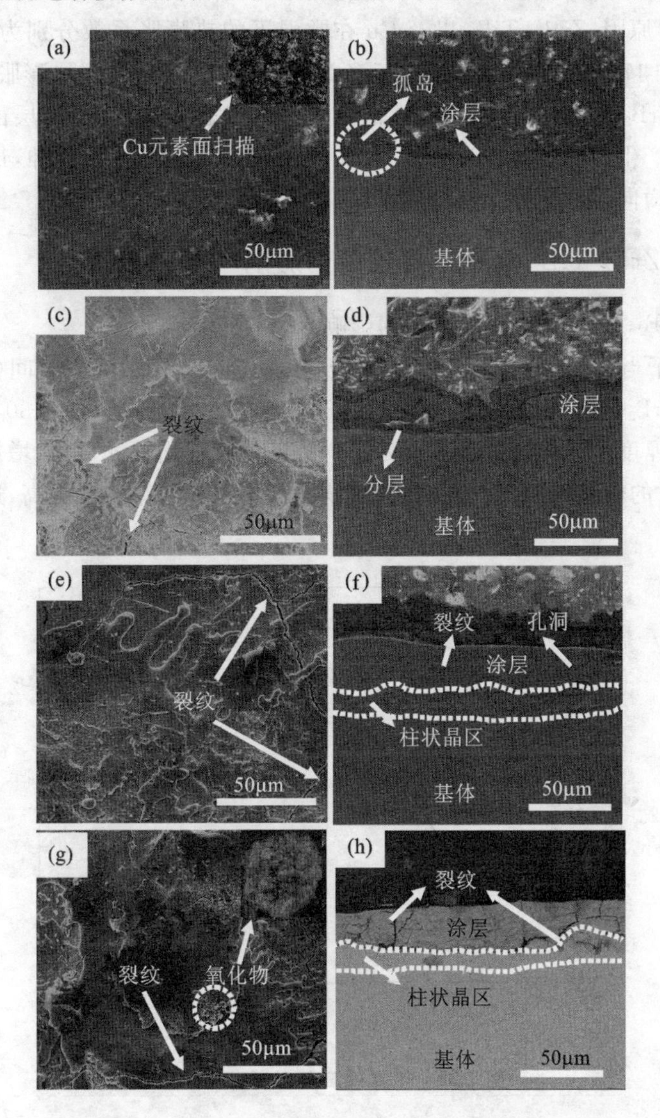

图 7-29 不同沉积电容下涂层电极表面及截面形貌

(a)500 μF 表面;(b)500 μF 截面;(c)1000 μF 表面;(d)1000 μF 截面;
(e)2000 μF 表面;(f)2000 μF 截面;(g)3000 μF 表面;(h)3000 μF 截面

当沉积电容为 500 μF 时,涂层只是零星分布于电极表面,涂层电极表面能谱结果显示,涂层表面存在大量基体元素 Cu[图 7-29(a)]。对应的横截面 SEM 图[图 7-29(b)]也说明,此参数下获得的涂层存在严重质量问题,首先涂层缺乏连续性,其次有零星的涂层“孤岛”出现。导致涂层出现上述质量问题的主要原因可能是沉积过程中使用的电容容量较小,使得放电电极未能充分反应,进而影响放电电极向工件表面的顺利过渡。当沉积电容增至 1000 μF 时,涂层质量相对于 500μF 时有所改观,主要表现在,涂层覆盖面更广且涂层表面相对光滑[图 7-29

(c)]。不仅如此,此时涂层厚度相对于前者有所增加,涂层“孤岛”也基本消失。此参数下涂层质量虽有所提高,但还是存在诸多缺陷,例如涂层表面及内部裂纹仍然存在,且在涂层与基体界面处还存在明显分层现象。涂层材料与基体间热膨胀物理性能方面的差异,应该是导致涂层产生裂纹的主要原因,ZrB_2、TiB_2 以及 Cu 在常温下的热膨胀系数分别为 5.5×10^{-6} m/K、4.6×10^{-6} m/K 和 17.8×10^{-6} m/K。由于 ZrB_2、TiB_2 以及 Cu 之间热膨胀性的不匹配,沉积过程中当热熔的 ZrB_2-TiB_2 向温度相对较低的点焊电极表面过渡时,涂层由于承受拉应力作用,裂纹在界面处产生。随着沉积过程的延续,裂纹在涂层内部扩展延伸,最终或形成涂层内部纵向裂纹,或沿横向扩展导致涂层分层[图 7-29(d)]。

7.3.2 电压对 ZrB_2-TiB_2 复相涂层性能的影响

(1)电压对 ZrB_2-TiB_2 复相涂层厚度的影响

图 7-30 揭示了当电容(2000 μF)、点焊电极转速(700 rpm)、沉积时间(120 s)、振动频率(30 Hz)不变时,ZrB_2-TiB_2 复相涂层平均厚度随电压的变化情况。图 7-30 说明,随着沉积电压增加,涂层平均厚度呈整体增加趋势。根据电火花能量输出公式可知,增加沉积电压等同于增加电火花沉积时的能量输出,使得在相同沉积时间下沉积效率得以提高,进而使得涂层厚度增加。

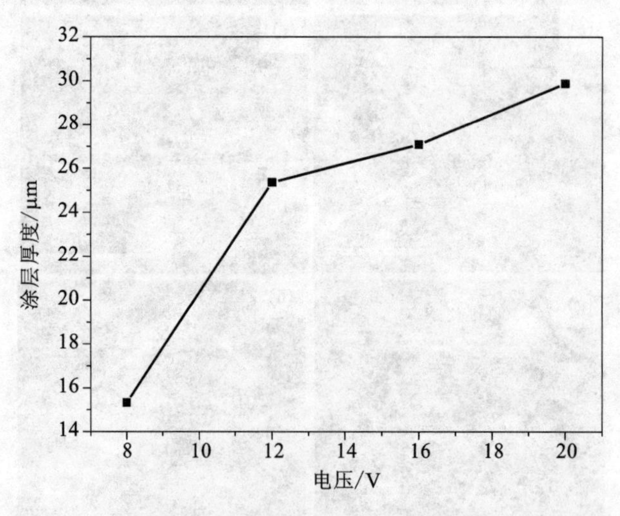

图 7-30 涂层厚度随电压变化趋势

(2)电压对 ZrB_2-TiB_2 复相涂层微结构的影响

图 7-31 揭示了当电容(2000 μF)、点焊电极转速(700 rpm)、沉积时间(120 s)、振动频率(30 Hz)不变时,不同沉积电压所获 ZrB_2-TiB_2 复相涂层电极表面及横截面的微观形貌。图 7-31说明,当沉积电压较低时(8 V),涂层表面及内部缺陷较少[图 7-31(a)、图 7-31(b)],涂层主要由 ZrB_2 及 TiB_2 组成[图 7-32(a)]。当沉积电压增至 12V 时,涂层表面出现明显裂纹[图 7-29(e)],且涂层内部裂纹也明显增多[图 7-29(f)]。导致涂层缺陷加剧的主要原因应该是,随着电压增加,沉积时电火花释放能量亦随之增加,从而使得电火花放电时热冲击作用加强,最终导致涂层表面及内部缺陷加剧。虽然此时涂层存在一些缺陷,但其组成相仍以 ZrB_2 及 TiB_2 为主[图 7-32(b)]。

随着沉积电压继续增加，涂层表面及内部缺陷进一步加剧，除表面发生零星氧化[图 7-31(c)]外，涂层与基体间产生明显分层问题，而且在涂层内部有大量横向和纵向裂纹产生，不仅如此，此时柱状晶区也明显宽化[图 7-31(d)]。相对较高的电火花能量输出，是导致涂层发生氧化的主要原因。电火花输出能量增加，意味着会有更多的电能转化为热能。在此条件下，母材熔化区深度相对于低能量输出时，将有所增加，这为柱状晶区宽化提供了条件。较高电火花能量输出，还导致涂层发生一定程度氧化。图 7-32(c)说明，当沉积电压为 16 V 时，涂层电极 XRD 结果除 ZrB_2、TiB_2、Cu 衍射峰外还包括 ZrO_2 衍射峰，这说明在此参数下涂层已发生明显氧化。当沉积电压增至 20 V 时，涂层质量进一步恶化。首先，涂层表面由于氧化而形成的疏松区域显著增加[图 7-31(e)]。其次，裂纹对涂层的完整性已造成一定影响，局部区域涂层有脱落的趋势(涂层与基体间的结合力与上述沉积电压参数相比相差甚远，如表 7-5 所示)，而且在此参数下基体柱状晶区宽度也进一步增加[图 7-31(f)]。不仅如此，此时涂层还发生了严重氧化[图 7-32(d)]，其氧化行为在沉积过程便有所表现，主要表现在沉积时放电电极由于过热而发红，冷却后在其表面有白色物质附着。较高能量输出不仅对涂层质量造成严重影响，而且还导致涂层电极基体显微硬度整体明显降低(表 7-6)，这主要是由于基体温度较高，使得基体产生软化(常用铬锆铜点焊电极软化温度大约为 550 ℃，基体显微硬度大约为 180 HV)。

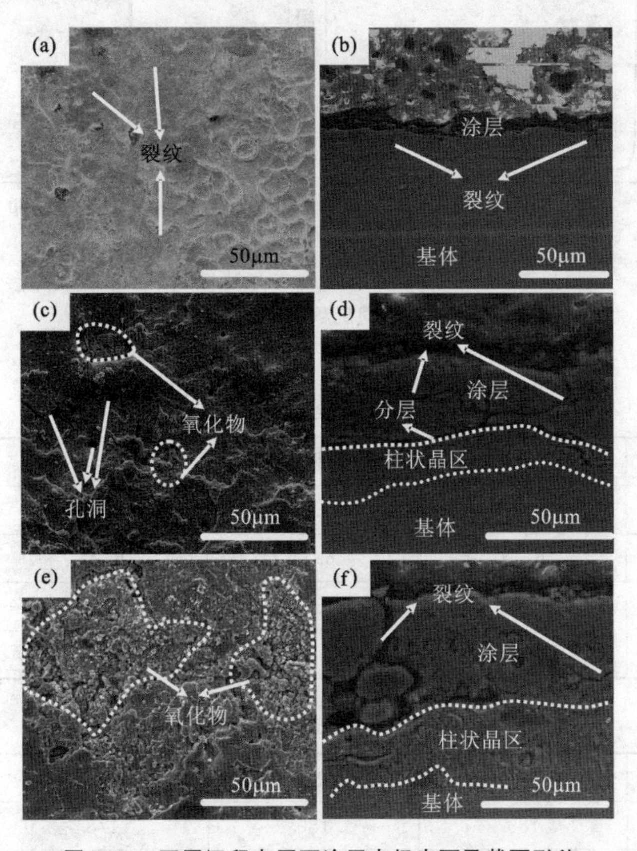

图 7-31 不同沉积电压下涂层电极表面及截面形貌

(a)8 V 表面；(b)8 V 截面；(c)16 V 表面；(d)16 V 截面；(e)20 V 表面；(f)20 V 截面

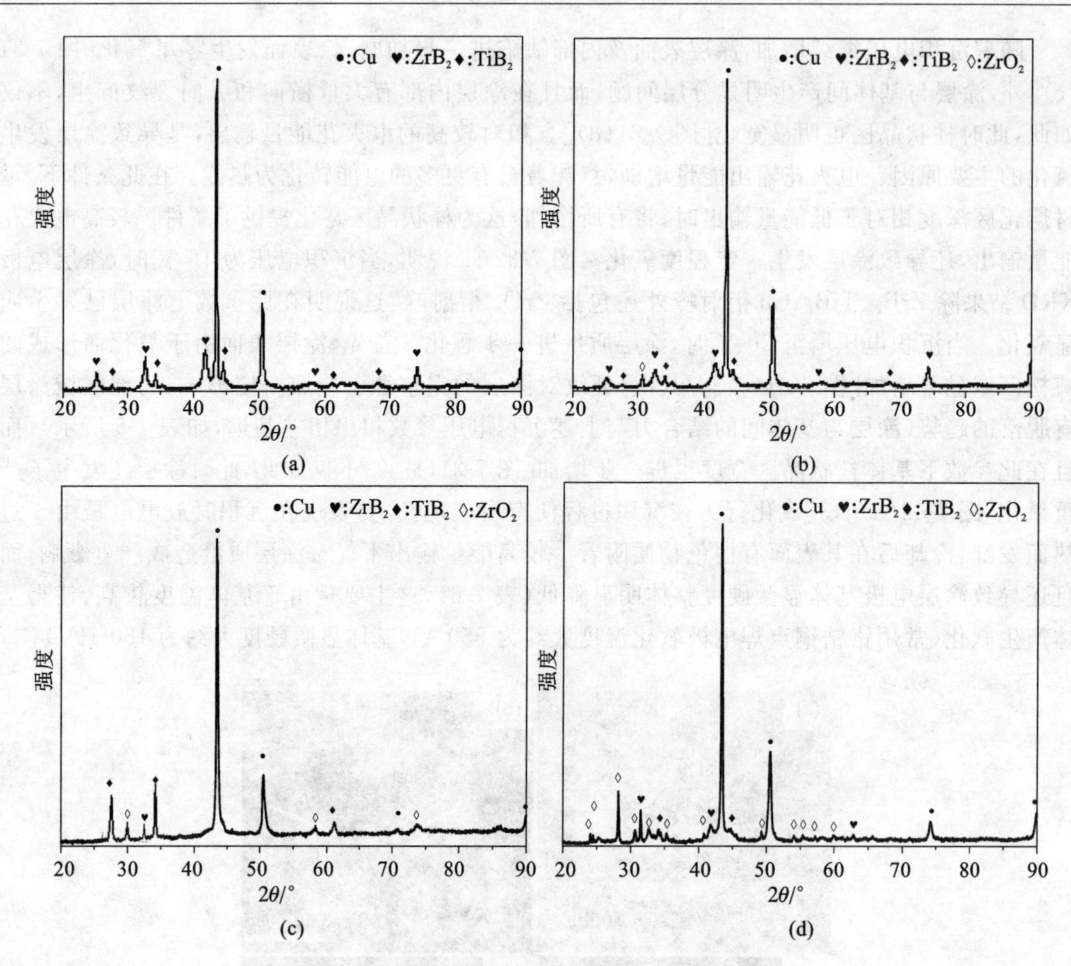

图 7-32　不同沉积电压时涂层 XRD

(a)8 V;(b)12 V;(c)16 V;(d)20 V

表 7-5　不同沉积电压下涂层结合强度

沉积电压/V	结合强度/N			平均结合强度/N
8	6.23	6.15	5.96	6.11
12	6.18	6.11	6.21	6.17
16	2.01	1.96	1.82	1.93
20	0.03	0.02	0.03	0.03

表 7-6　不同沉积电压下基体平均显微硬度

沉积电压/V	显微硬度/HV			平均显微硬度/HV
8	185	180	178	181
12	181	184	173	179
16	176	169	183	176
20	112	105	97	105

通过对沉积电压的讨论发现，选择低沉积电压（如 8 V）虽可以减少涂层缺陷但不能杜绝，而且涂层较薄，大约为 15 μm。当沉积电压增至 12 V 时，涂层厚度明显增加，大约为 25 μm，此时基础开始有柱状晶区产生，深度大约为 10 μm。当沉积电压增至 16 V 和 20 V 时，涂层平均厚度也有所增加，分别为 27 μm 和 30 μm，但此时涂层质量急剧恶化，氧化、裂纹、分层缺陷加剧，柱状晶区深度增大，涂层与基体间的结合力明显降低。当沉积电压过高（如 20 V）时，还会导致基体软化。因此，在选用电火花工艺原位沉积 ZrB_2-TiB_2 复相涂层时，电压参数选择不宜太高，亦不宜太低（此时涂层较薄）。综合考虑涂层质量、机械性能等因素，在电容（2000 μF）、点焊电极转速（700 rpm）、沉积时间（120 s）、振动频率（30 Hz）不变时，选择 12 V 沉积电压可以使涂层具有相对较好的综合性能。

(3) 电压对 ZrB_2-TiB_2 复相涂层硬度的影响

图 7-33 揭示了当电容（2000 μF）、点焊电极转速（700 rpm）、沉积时间（120 s）、振动频率（30 Hz）不变时，ZrB_2-TiB_2 复相涂层平均显微硬度随电压变化曲线。

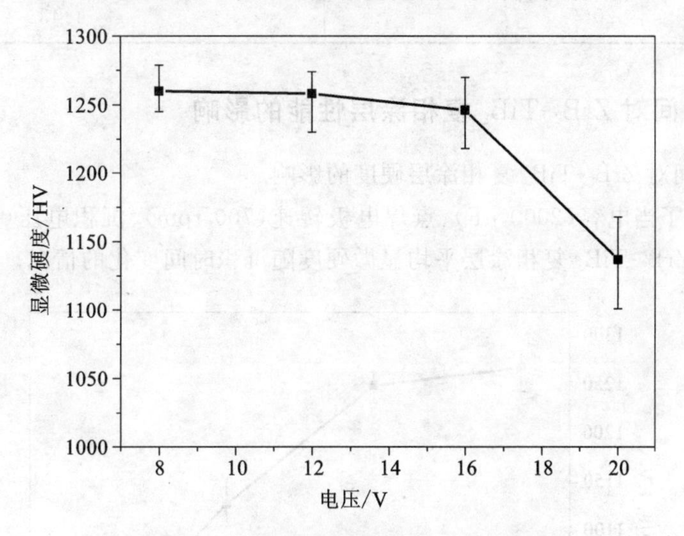

图 7-33 涂层显微硬度随电压变化的趋势

图 7-33 说明，当其他参数不变时，随着沉积电压增加，涂层平均显微硬度呈下降趋势。Galinov 等人[15]认为，电火花沉积过程中电源释放能量 W_p 满足式（7-28）。

$$W_p = \int_0^{\tau_p} V(\tau) \cdot I(\tau) \mathrm{d}\tau \tag{7-28}$$

表 7-7 记录了沉积过程中，当沉积电压改变时，电流的变化情况。记录结果说明，在其他参数不变的情况下，无论是电流峰值还是平均值均随沉积电压增加而增加。

表 7-7 不同沉积电压所对应沉积电流的变化

沉积电压/V	最大电流/A	平均电流/A
8	6.3	5.5
12	8.1	6.8
16	9.8	8.3
20	11.4	9.1

根据电火花沉积过程中的能量表达式(7-28),以及沉积过程中电流实测结果可以肯定,随着沉积电压增加,电火花放电能量亦随之增加。较高的电火花能量,必然导致元素扩散加剧(与增加电容相似)。表7-8揭示了不同沉积电压下,涂层内Cu元素能谱分析(EDS)结果。EDS结果说明,涂层内Cu元素平均含量随沉积电压增加而有所提高。由于Cu元素在涂层内部含量增加,涂层平均显微硬度有一定程度的降低。

表7-8 不同沉积电压下涂层内平均Cu元素含量

沉积电压/V	平均Cu元素含量/wt%
8	0.24
12	0.68
16	1.12
20	1.43

7.3.3 沉积时间对 ZrB_2-TiB_2 复相涂层性能的影响

(1) 沉积时间对 ZrB_2-TiB_2 复相涂层硬度的影响

图7-34揭示了当电容(2000 μF)、点焊电极转速(700 rpm)、沉积电压(12 V)、振动频率(30 Hz)不变时,ZrB_2-TiB_2 复相涂层平均显微硬度随沉积时间变化的情况。

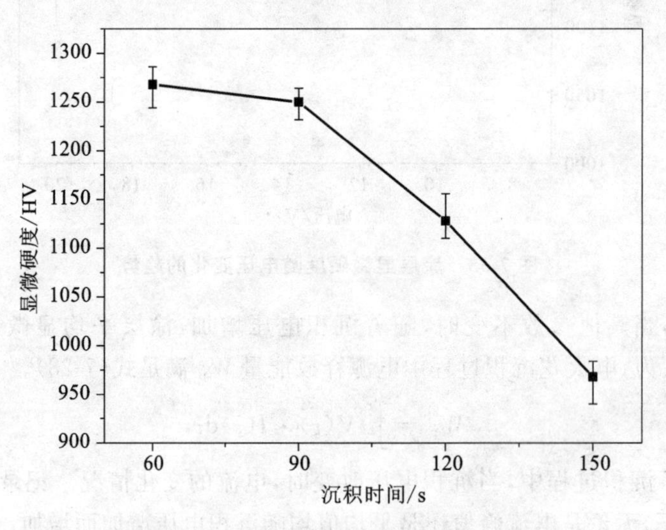

图7-34 涂层显微硬度随沉积时间的变化趋势

图7-34说明,随沉积时间增加涂层平均显微硬度呈下降趋势。不仅如此,沉积时间过长,还会导致基体软化。表7-9揭示了不同沉积时间,涂层点焊电极基体平均显微硬度测定结果,测量结果充分证实,沉积时间过长将使涂层电极基体严重软化。

表7-10揭示了不同沉积时间,涂层内Cu元素的平均含量。测试结果说明,不同沉积时间内,涂层内Cu元素平均含量相差无几。这说明,不同沉积时间参数下,由于Cu向涂层内部扩散而导致的涂层平均显微硬度下降相当有限。

表 7-9 不同沉积时间下基体平均显微硬度

沉积时间/s	显微硬度/HV			平均显微硬度/HV
60	185	180	178	181
90	181	179	183	181
120	181	184	173	179
150	121	135	126	127

表 7-10 不同沉积时间下涂层内 Cu 元素平均含量

沉积时间/s	Cu 元素平均含量/wt%
60	0.64
90	0.68
120	0.70
150	0.73

(2)沉积时间对 ZrB_2-TiB_2 复相涂层厚度的影响

图 7-35 反映了沉积时间对 ZrB_2-TiB_2 复相涂层厚度的影响曲线。图 7-35 说明，ZrB_2-TiB_2 复相涂层厚度并不随时间的延长呈线性增长趋势。沉积时间超过 120 s 后，涂层厚度增加趋势开始明显变缓。主要原因是随着沉积过程的进行，ZrB_2-TiB_2 复相涂层内反复被加热和冷却，热循环造成很大的热应力和组织应力，最终在 ZrB_2-TiB_2 复相涂层内产生热疲劳裂纹。热疲劳裂纹不断萌生扩展，造成 ZrB_2-TiB_2 复相涂层微块剥落，使 ZrB_2-TiB_2 复相涂层质量和厚度减小，且 ZrB_2-TiB_2 复相涂层性能恶化。另外，ZrB_2-TiB_2 复相涂层化学成分的变化也是限制 ZrB_2-TiB_2 复相涂层厚度增加的一个重要因素，在用单一电极沉积时，随着沉积时间的增加，电极材料的物质迁移量增加，被沉积试件表面的合金成分逐渐接近电极材料的成分，此时迁移到试件表面的电极材料物质将减少，最终导致 ZrB_2-TiB_2 复相涂层厚度增加变缓甚至停止或负增长。

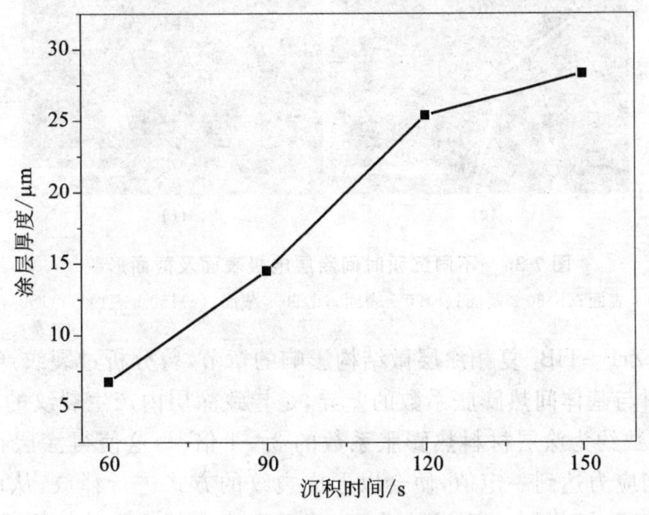

图 7-35 涂层厚度随沉积时间变化趋势

(3) 沉积时间对 ZrB_2-TiB_2 复相涂层微结构的影响

图 7-36 揭示了当电容(2000 μF)、点焊电极转速(700 rpm)、沉积电压(12 V)、振动频率(30 Hz)不变时，ZrB_2-TiB_2 复相涂层电极表面及横截面微观形貌随沉积时间变化的情况。图 7-36(a)、图 7-36(b)说明，当沉积时间为 60 s 时，涂层电极无论是表面还是截面，裂纹缺陷相对较少。当沉积时间增至 90 s 时，涂层表面开始出现明显裂纹[图 7-36(c)]，且在基体界面处出现深度大约为 8μm 的柱状晶区[图 7-36(d)]。随着沉积时间继续增加，当沉积时间为 120s 时，涂层表面裂纹数量开始增多[图 7-29(e)]，且涂层内部也有明显裂纹产生[图 7-29(f)]。不仅如此，柱状晶区深度也有所增加[图 7-29(f)]，此时柱状晶区平均深度大约为 14 μm。当沉积时间增至 150 s 时，涂层表面裂纹急剧增加[图 7-36(e)]，且涂层内部缺陷也明显增多，涂层完整性开始受到破坏，部分区域出现剥落现象[图 7-36(f)]，柱状晶区深度略有增加，但不明显，此时柱状晶区平均深度大约为 15 μm。

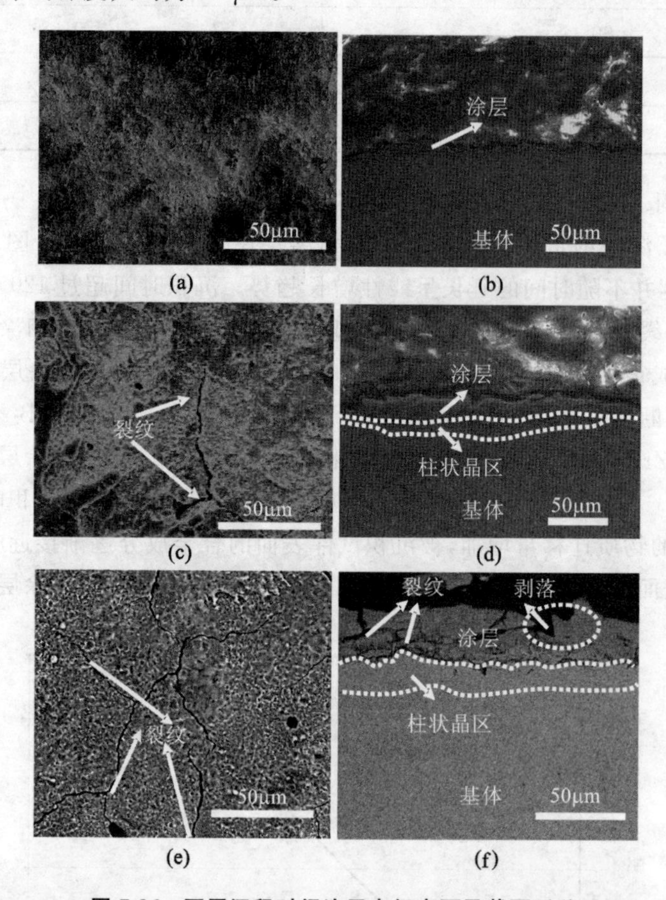

图 7-36 不同沉积时间涂层电极表面及截面形貌

(a)60 s 表面；(b)60 s 截面；(c)90 s 表面；(d)90 s 截面；(e)150 s 表面；(f)150 s 截面

在讨论电容对 ZrB_2-TiB_2 复相涂层微结构影响的章节，曾分析过裂纹产生的原因，分析认为，沉积时涂层材料与基体间热膨胀系数的差异，是导致涂层内产生裂纹的主要原因。沉积时基体(Cu)热膨胀系数约为涂层材料热膨胀系数的 3～4 倍[1]，这使得涂层在沉积过程中始终承受拉应力作用，当应力达到一定值，便会以形成裂纹的方式进行释放，从而形成裂纹源。随着沉积时间增加，沉积时不断产生的应力作用，使得裂纹在其源头处扩展或延伸，最终导致涂层内外裂纹随沉积时间增加呈逐渐恶化的趋势。

通过对沉积时间因素的讨论发现，沉积时间对涂层质量最显著的影响表现在，随沉积时间延长涂层内外裂纹呈上升趋势。试验结果还说明，电火花原位沉积 ZrB_2-TiB_2 复相涂层时间不宜太长，较长的沉积时间会导致点焊电极基体软化，且涂层完整性也会遭到破坏（如沉积时间为 150s 时）。沉积时间较短（如 60s），则涂层厚度较薄。上述沉积参数探讨结果，并未揭示电火花沉积获得目标涂层机理、涂层材料过渡方式。因此，有必要对电火花原位沉积 ZrB_2-TiB_2 复相涂层相关机理，以及沉积过程中涂层材料向点焊电极表面过渡过程进行探讨。

7.3.4 涂层形成过程

图 7-37 揭示了 ZrB_2-TiB_2 复相涂层成长物理模型。ZrB_2-TiB_2 复相涂层采用振动式电火花沉积设备获得。介于沉积过程中放电电极与工件运动方式（放电电极上下振动；工件旋转），涂层最终由无数沉积点堆砌而成。沉积时，放电电极首先与工件接触，此时作为正极的放电电极与作为负极的工件形成放电回路，产生电火花[图 7-37(a)]。沉积过程中，加工工件不断旋转且放电电极以一定频率往复振动，经 t_1 时间沉积后，便在工件表面形成零星呈环状分布的沉积点[图 7-37(b)]。沉积过程继续进行，经 t_2 时间后，在沉积和溅射共同作用下，强化点相互重叠和融合，在工件表面形成一层强化层，如图 7-37(c)所示。移动放电电极位置，重复上述过程，经 t_3 时间沉积后，最终在工件表面形成所需覆盖面积与厚度的涂层[图 7-37(d)]。

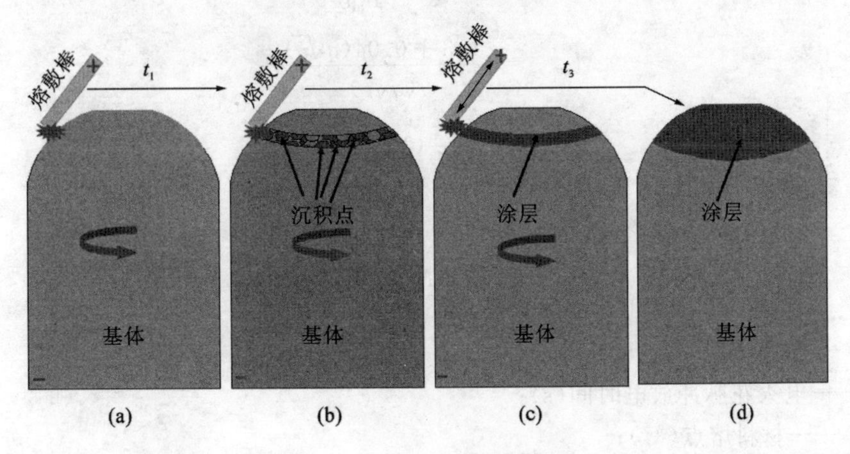

图 7-37 涂层形成物理模型

涂层材料与基体间的物理性能差异（特别是材料的气化性能），以及电火花沉积工艺特点，应该是造成质量转移过程中，基体质量获取与放电电极质量损失数量上存在差异的主要原因。Galinov 等人[15]在 Cu 基体表面沉积镍和银时，曾从电火花放电能量角度，对沉积时阴极（工件）质量增加、阳极（放电电极）质量减小与电火花脉冲能量以及功率间关系进行了探讨。Galinov[15]首先对式(7-28)进行了简化处理，简化后如式(7-29)所示。

$$W_p \approx 0.25 U_a I_a \tau_p \tag{7-29}$$

式中 W_p ——脉冲能量(J)；

U_a ——工作电压(V)；

I_a ——工作电流(A)；

τ_p ——脉冲时间(s)。

陈明军等人[16]研究电火花放电过程时，曾对完成一次单点电火花沉积时间进行了估算，估算结果说明，完成一次单点沉积放电时间为10～30 μs。完成一次单点沉积需经历三个阶段，首先放电电极向下振动，随后放电电极与基体接触产生电火花放电，最后振动回起始点。为处理方便，假设单点沉积过程中每阶段所消耗的时间相同。基于此，单点沉积时放电时间，可以粗略认为等于单点完成时间的$\frac{1}{3}$。为便于计算，单点完成时间取平均值(即20 μs)，因此放电时间为$\tau_p=\frac{1}{3}\times 20\approx 7\ \mu s$。

根据表7-7可知，当$U_a=12$ V时，I_a平均值大约为6.8 A，则单个脉冲放电能量约为：

$$W_p \approx 0.25U_a I_a \tau_p = 0.25\times 12\times 6.8\times 7\times 10^{-6} = 1.428\times 10^{-4}\ \mathrm{J}$$

故每秒脉冲放电电量约为：

$$W = f(\text{振动频率})W_p = 30\times 1.428\times 10^{-4} = 4.284\times 10^{-3}\ \mathrm{J}$$

通常情况下，电火花热源被认为是平面热源。因此，可以认为其散热方向为垂直于界面的一维方向。同时，平行于界面方向的散热可以忽略不计。前面曾假设涂层与基材之间气化性能的差异是放电电极质量损失量与基体质量获取量存在偏差的主要原因。Galinov等人[15]结合电火花能量式(7-29)，通过下式计算了Cu电火花沉积时的气化质量。

$$(q\sqrt{\tau})_* = \frac{q\sqrt{\tau}}{T_m \varepsilon} \tag{7-30}$$

$$M_{sum*} = \frac{1.3 + 0.04(q\sqrt{\tau})_*}{(q\sqrt{\tau})_*} \tag{7-31}$$

$$M_{vap*} \approx \frac{CT_m}{\Delta H_v}(1 - 3M_{sum*}) \tag{7-32}$$

$$M_{sum} = \frac{M_{sum*}W_p}{CT_m} \tag{7-33}$$

$$M_{vap} = \frac{M_{vap*}W_p}{CT_m} \tag{7-34}$$

式中 q——热流密度($\mathrm{W\cdot m^{-2}}$)；
τ——电火花脉冲放电时间(s)；
T_m——材料熔点(℃)；
ε——蓄热系数($\mathrm{J\cdot K^{-1}\cdot m^{-2}\cdot s^{-1/2}}$)；
C——材料比热容($\mathrm{J\cdot kg^{-1}\cdot K^{-1}}$)；
W_p——电火花输入能量(J)；
M_{sum}——熔化和气化质量之和(kg)；
H_v——气化热($\mathrm{J\cdot mol^{-1}}$)；
M_{vap}——气化质量(kg)；
M_{sum*}——M_{sum}相对量；
M_{vap*}——M_{vap}相对量。

将脉冲放电能量及基体(Cu)相关物理性能数据(基体Cu的物理性能如表7-11所示)代入式(7-30)～式(7-34)，获得1 s沉积时间内，放电造成的基体气化质量损失为：

$$M_{vap} = 0.288\times 10^{-10}\ \mathrm{kg}$$

因此，在 30 s 沉积时间内，电火花沉积导致基体气化所造成的质量损失可表示为：

$$M_{vap-30} = 0.288 \times 10^{-10} \times 30 = 8.64 \times 10^{-10}\ kg = 0.864\ mg$$

将计算结果与实测结果对比发现，首次 30 s 沉积时，气化导致的净质量损失与计算结果基本相符。在随后沉积时间间隔内，实测结果与计算结果相差较大，主要表现为实测结果远高于理论计算值。主观思维认为，后续时间间隔内质量净损失量应低于计算结果，这是由于，已有涂层会对基体气化造成一定阻碍，使其气化在一定程度上减轻，但实测结果却恰好相反。导致这一结果的主要原因可能是，后续沉积相对于首次沉积而言，放电电极过渡介质发生了明显变化。首次沉积时，沉积主要向基体过渡。随着沉积时间增加，放电电极至基体质量过渡模式开始减弱，并逐渐向同质（放电电极至涂层）过渡模式转变。

表 7-11　点焊电极基体（Cu）基本物理性能参数

密度 ρ/(kg·m^3)	蓄热系数 ε/(J·K^{-1}·m^{-2}·s$^{-1/2}$)	气化热 ΔH_v/(J·mol^{-1})	熔点 T_m/℃	热流密度 q/(W·m^{-2})	比热容 C/(J·kg^{-1}·K^{-1})
8.9×10^3	3.28×10^4	4.8×10^6	1083	5.3×10^{10}	390

7.4　ZrB_2-TiB_2 复相涂层缺陷控制

无论沉积参数如何调整，涂层均存在或多或少的质量问题，特别是裂纹缺陷始终存在，因此需要对涂层存在的缺陷进行控制。

7.4.1　气氛保护对 ZrB_2-TiB_2 复相涂层质量的影响

图 7-38 揭示了氩气保护条件下，电火花原位沉积 ZrB_2-TiB_2 复相涂层 XRD。与无保护气沉积涂层 XRD 对比发现，使用气体保护后涂层氧化现象基本消失。由于空气中含有大量氧元素，当电火花沉积在大气环境下进行时，涂层产生氧化在所难免。当沉积在气体保护条件下

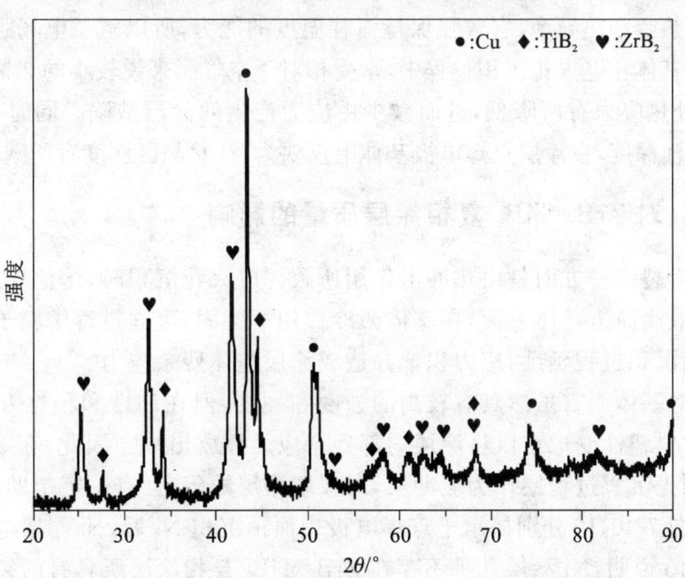

图 7-38　氩气保护下电火花原位沉积 ZrB_2-TiB_2 涂层 XRD

进行时，涂层氧化得以克制的主要原因是，沉积时在保护气(Ar)作用下，与熔池接触的氧含量大大减少，进而使沉积时涂层氧化程度减弱或氧化得以克制。不仅如此，采用氩气保护沉积后，涂层内外缺陷也在一定程度上有所减少。

图 7-39 揭示了氩气保护条件下，电火花沉积 ZrB_2-TiB_2 复相涂层电极表面[图 7-39(a)]及相应横截面[图 7-39(b)]SEM。与相同沉积参数但无气体保护电火花沉积涂层电极微观形貌[图 7-29(e)、图 7-29(f)]对比发现，使用氩气保护后，ZrB_2-TiB_2 复相涂层电极无论其表面还是涂层内部裂纹均有所减少，且柱状晶区平均宽度也有所减小(10 μm)。

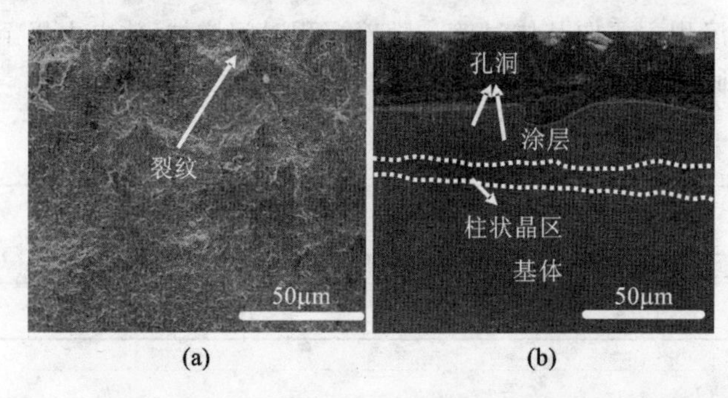

图 7-39　氩气保护下沉积 ZrB_2-TiB_2 复相涂层表面形貌以及横截面形貌

(a)表面形貌；(b)横截面形貌

涂层质量得以改善的原因可能是，电火花在不同介质中放电特性存在差异。电火花沉积本质上属于微脉冲弧焊表面处理，因此不同气氛环境对电火花起弧、电弧特性等性能必然存在一定影响。譬如，100 A 氦弧比 100 A 氩弧可以熔融更多的同质金属[17]。这主要是由于气体间热导率存在差异。Dunn 等人[18]从气体动力学角度对气体热导率进行了分析，结果发现，气体热导率与其原子质量扩散系数有关，并且正比于气体原子质量平方根之倒数。将氩气原子质量与空气相对原子质量进行比较，氩气原子质量约为空气相对原子质量的 1.4 倍。援引 Dunn 的理论，并考虑氩气与空气原子质量的比值，可以得到氩气的热导率约为空气的 85%。加之氩气为单原子气体，具有较低的热容和热导率，有较强保持弧柱温度的能力，所以氩弧电场强度较低。氩弧上述性能，使涂层与基体在电火花沉积过程中，承受相对于空气弧来说较小的热冲击作用。这将使涂层内部或界面处热应力有所降低，进而减少由应力产生的涂层缺陷。同时，电火花弧热量减少，必然会影响熔池深度，在涂层点焊电极基体上反映为，柱状晶区深度有所减小。

7.4.2　预涂 Ni 对 ZrB_2-TiB_2 复相涂层质量的影响

涂层表面产生裂纹一方面是由热冲击作用所致。电火花沉积时，熔池在基体表面形成，熔融的沉积材料呈液滴撞击基体表面，在基体激冷作用下凝固，凝固过程中粒子由于收缩而产生微观收缩应力，随沉积过程延续，应力积聚并造成涂层整体残余应力。

涂层材料相对基体而言虽然具有较高的强度和硬度，但在韧性和塑性方面与基体相差甚远，仅通过涂层材料塑性变形难以将涂层内部残余应力释放出来。因此，在 ZrB_2-TiB_2 复相涂层与基体间，将预先沉积过程层作为缓冲层，对缓解涂层缺陷，会有一定帮助。

图 7-40(a)、图 7-40(b)分别揭示了点焊电极表面预沉积 Ni 后，Ni 涂层电极表面及截面的微观形貌。图 7-40 说明，Ni 涂层几乎不存在 ZrB_2-TiB_2 复相涂层所具有的裂纹缺陷。这主要是由于，Ni 与基体(Cu)的润湿性较好，可以完全互溶；另一方面，Ni 与 Cu 之间材料热物理性

能差异不是太大(材料热膨胀性方面，293 K 时 Ni、Cu 热膨胀系数分别为 13.3×10^{-6} m/K、17.8×10^{-6} m/K)。不仅如此，由于 Ni 具有良好的塑、韧性，电火花沉积时，涂层内应力可通过 Ni 沉积层点缺陷或位错运动方式释放，进而避免了涂层裂纹产生或加剧。

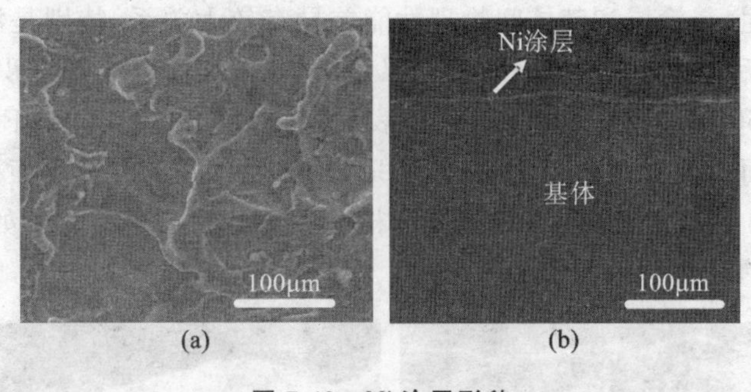

图 7-40　Ni 涂层形貌

(a)表面；(b)截面

图 7-41 揭示了预沉积 Ni 后，再于 Ni 层上进行电火花原位沉积 ZrB_2-TiB_2 复相涂层点焊电极表面[图 7-41(a)]及截面[图 7-41(b)]形貌，以及截面主要元素面扫描结果[Ti:图 7-41(c);Zr:图 7-41(d);Ni:图 7-41(e);Cu:图 7-41(f)]。从图 7-41(a)、图 7-41(b)可以发现，在 Ni

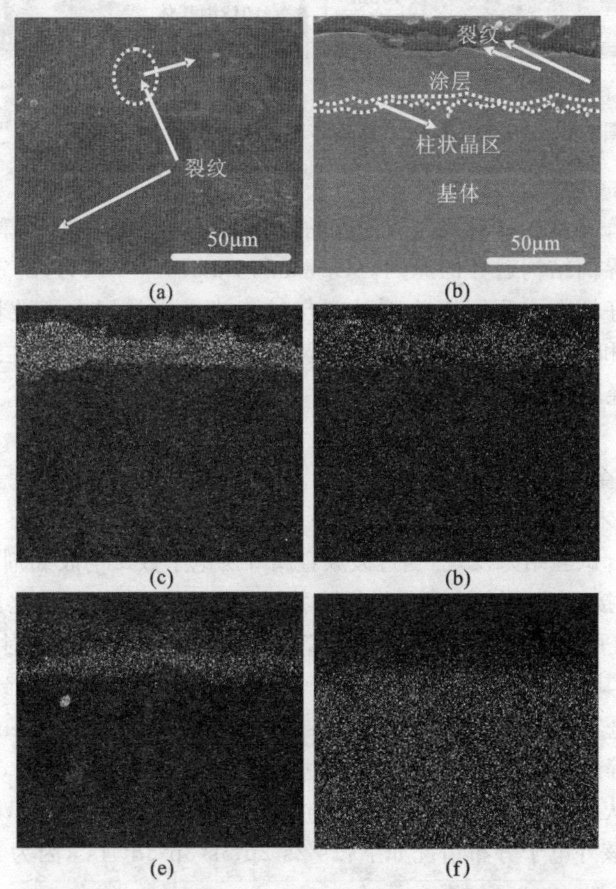

图 7-41　预涂 Ni 再涂 ZrB_2-TiB_2 复相涂层表面形貌、相应截面形貌以及主要元素面扫描结果

(a)表面形貌；(b)相应截面形貌；(c)Ti 的面扫描结果；(d)Zr 的面扫描结果；(e)Ni 的面扫描结果；(f)Cu 的面扫描结果

层上沉积 ZrB_2-TiB_2 复相涂层，所得涂层表面及内部质量均有明显改善。首先，裂纹在数量上明显减少。其次，柱状晶区深度明显减小。较为重要的是，出现在涂层与基体界面处的分层现象，在此沉积条件下几乎消失。

分层现象的产生，与涂层和基体间物理性能差异有较大关系，特别是润湿性方面的差异。Agarwal 等人[19]在无氧高导铜合金(OFHC)以及 1018 钢表面电火花沉积 TiB_2 时(OFHC 表面沉积参数：电容 450 μF，电流 30 A；1018 钢表面沉积参数：电容 450 μF，电流 50 A)发现了截然不同的涂层界面特征。在 OFHC 表面沉积 TiB_2 时，涂层与基体界面处存在明显分层，而当 TiB_2 沉积于 1018 钢表面时，界面与基体间未发现明显分层缺陷，分别如图 7-42(a)、图 7-42(b)所示。

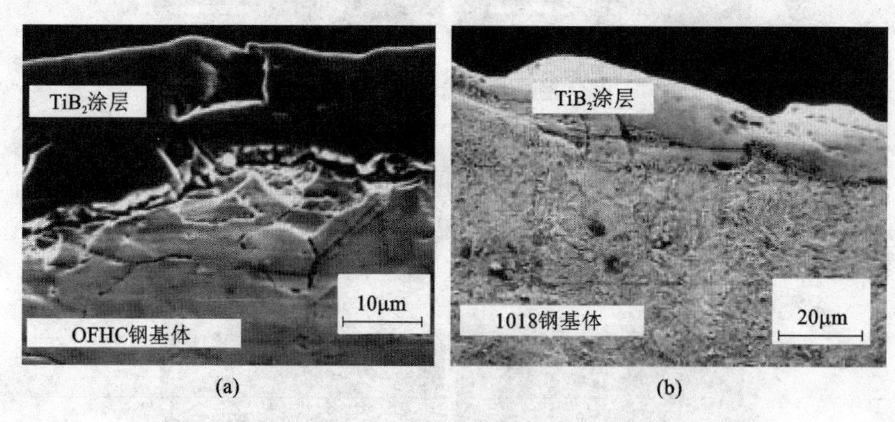

图 7-42 OFHC 及 1018 钢基体表面沉积 TiB_2 涂层截面形貌[19]

(a)OFHC 表面沉积 TiB_2；(b)1018 钢基体表面沉积 TiB_2

Agarwal 等人[19]将基体材料视为陶瓷胶黏剂并从材料润湿角度，解释了不同基体表面电火花沉积 TiB_2 时，界面结构迥异的原因。Ogwu 和 Davies[13,20]认为，决定胶黏剂与过渡族金属硼化物间润湿性好坏的主要因素为胶黏剂与过渡族金属外层电子数量，特别是次外层(d 层)电子数。Ogwu 和 Davies 根据试验结果以及胶黏剂与过渡族金属 d 层电子数，得到了金属硼化物胶黏剂选择经验指导式(7-35)。

$$x + y = 11 \tag{7-35}$$

式中 x——过渡族金属 d 层电子数；

y——胶黏剂未填满 d 层电子数。

Ogwu 和 Davies 试验结果发现，当过渡族金属 d 层电子数 x 与胶黏剂未填满 d 层电子数 y 之和与公式(7-35)越接近时，其对应硼化物与胶黏剂间的润湿性越好，反之则越差。式(7-35)中 x、y 和固体与分子经验电子理论(余氏理论 EET)中提及的等效价电子对应。余氏理论认为，过渡族金属硼化物，其外部 d 轨道中，部分电子在空间中呈扩散分布，以致它们对共价键距的影响与 s 或 p 轨道电子影响等效，称之为等效 s 或 p 轨道 d 电子[21]。Dempsey 计算了部分过渡族金属及其陶瓷等效价电子，并绘制了部分过渡金属及其典型化合物 d 轨道电子数与温度关系图(图 7-43)。从图 7-43 可以发现，ZrB_2 与 TiB_2 有相同的 d 电子数，即 $x=5.5$。

基体材料(Cu)核外电子分布情况如下：$1s^2 2s^2 2p^6 3s^2 3p^6 3d^{10} 4s^1$，因为其次外层 3d 未填满，有 10 个电子，即 $y=10$。

因此，对于 ZrB_2-Cu、TiB_2-Cu 系统来说，式(7-35)最终值为：

$$x(=5.5)+y(=10)=15.5 \tag{7-36}$$

Ni 核外电子分布情况为 $1s^2 2s^2 2p^6 3s^2 3p^6 3d^8 4s^2$，根据其 3d 层电子分布数可知，对于 Ni 而言，$y=8$。而对于 ZrB_2-Ni、TiB_2-Ni 系统，式(7-35)计算结果为：

$$x(=5.5)+y(=8)=13.5 \tag{7-37}$$

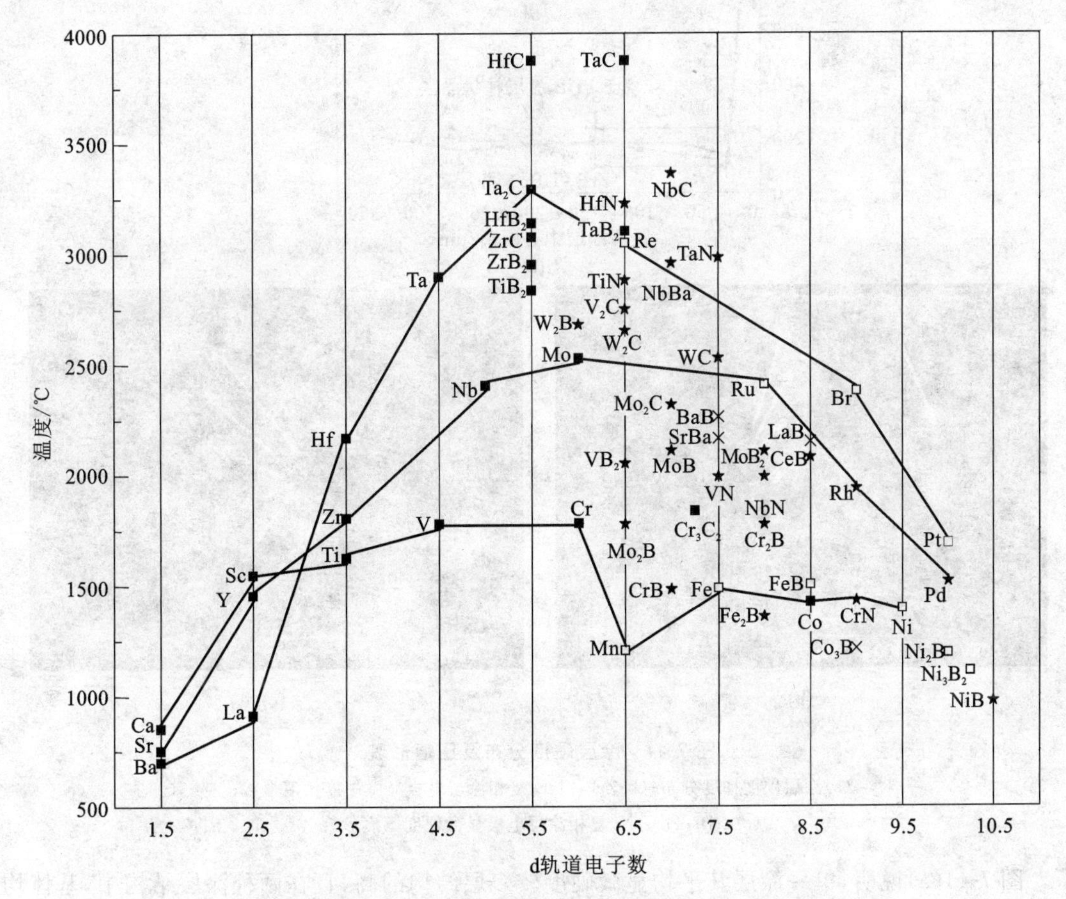

图 7-43　部分过渡金属及其化合物 d 轨道电子数与温度的关系[22]

式(7-36)与式(7-37)计算结果说明 Cu 与 ZrB_2、TiB_2 之间润湿性较 Ni 与 ZrB_2、TiB_2 之间润湿性差。Yasinskaya 等人[23]通过试验测量了 Cu、Ni 与 ZrB_2、TiB_2 之间的润湿角，测试结果证实 Ni-ZrB_2、Ni-TiB_2 之间润湿角明显小于 Cu-ZrB_2、Cu-TiB_2 之间润湿角(ZrB_2、TiB_2 与 Ni 之间的润湿角分别为 78°和 64°，而 Cu 与 ZrB_2、TiB_2 之间的润湿角则分别为 138°、136°)。

上述分析说明基体(Cu)与涂层间润湿性较差。从另一角度来说，Cu 并不适合作为 ZrB_2、TiB_2 理想的胶黏剂。当涂层被直接沉积于基体表面时，涂层与基体润湿性不匹配使其微观上出现分层和裂纹。而当电火花原位沉积 ZrB_2-TiB_2 复相涂层在 Ni 过渡层上执行时，涂层与基体界面发生改变，由 Cu/ZrB_2-TiB_2 界面变为 Ni/ZrB_2-TiB_2 界面。这样的变化，使得不润湿界面特征变为润湿，从而使得界面分层现象得以解决。

图 7-44(a)揭示了直接沉积以及在过渡层上沉积(沉积均在氩气保护下进行)的涂层电极显微硬度梯度分布，相应 ZrB_2-TiB_2、ZrB_2-TiB_2/Ni 涂层电极显微压痕 SEM 形貌分别如图 7-44(b)、图 7-44(c)所示。

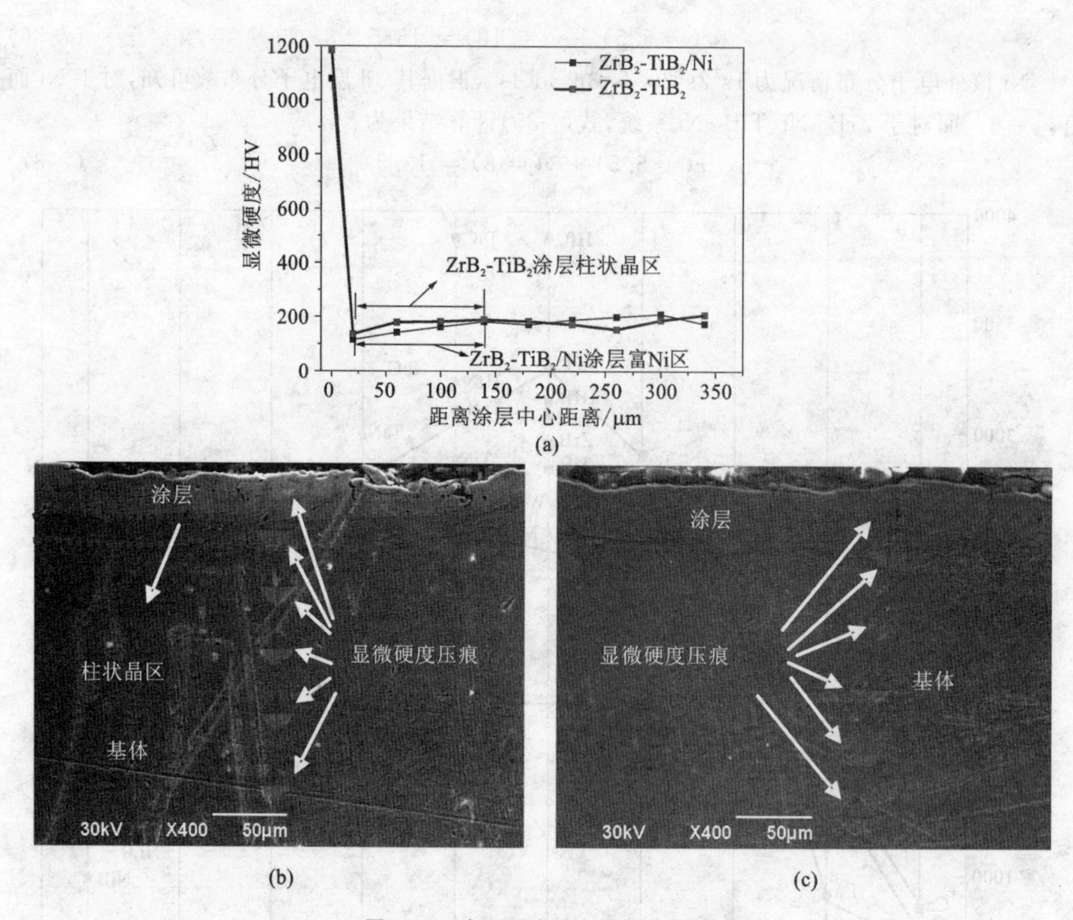

图 7-44 涂层硬度分布及压痕形貌

(a)涂层硬度梯度分布；(b)ZrB_2-TiB_2复相涂层电极显微硬度压痕形貌；(c)ZrB_2-TiB_2/Ni复相涂层电极显微硬度压痕形貌

图 7-44(a)说明，单一涂层其平均显微硬度较多层结构的高，且在两种涂层结构中，基体均存在一定深度软化区(此区域平均显微硬度低于基体)。导致上述结果的原因可能是，涂层电极横截面元素分布不同(图 7-45)。图 7-45(a)、图 7-45(b)分别揭示了 ZrB_2-TiB_2、ZrB_2-TiB_2/Ni 涂层电极截面元素分布情况，从图 7-45(a)可以发现，当涂层直接沉积于点焊电极基体上时，涂层与基体间未发现明显元素扩散现象，各元素在界面处呈陡增或陡降趋势[图 7-45(a)]。当沉积采用过渡层结构时，在基体一侧 Cu、Ni 元素含量呈一定梯度变化，未见陡增或陡降现象，这说明在此区域存在 Cu、Ni 元素相互扩散。涂层电极 XRD 结果也证实了上述推论(图 7-46)。

图 7-46 为 ZrB_2-TiB_2/Ni 涂层电极 XRD 检测结果，衍射峰除 ZrB_2、TiB_2、Cu 之外，Ti-Ni 及 Cu-Ni 固溶体衍射峰在 ZrB_2-TiB_2/Ni 涂层内也被发现。上述结果说明了 ZrB_2-TiB_2/Ni 涂层平均硬度较 ZrB_2-TiB_2 涂层低的原因，TiNi 相相对于 ZrB_2、TiB_2 而言硬度较低，从而拉低了涂层平均显微硬度值；另外，由于过渡层(Ni)与基体(Cu)间完全互溶，Cu-Ni 固溶体形成。由于过渡层及 Cu-Ni 固溶体显微硬度低于基体，因此在涂层与基体之间形成一定深度软化区。软化区在 ZrB_2-TiB_2 涂层电极内同样存在，但软化原因却不尽相同。在直接沉积条件下，软化区是粗大柱状晶所带来的结果。虽然，在 ZrB_2-TiB_2/Ni 结构中，涂层电极也存在柱状晶区，但其大小相对于直接沉积 ZrB_2-TiB_2 结果而言要小。

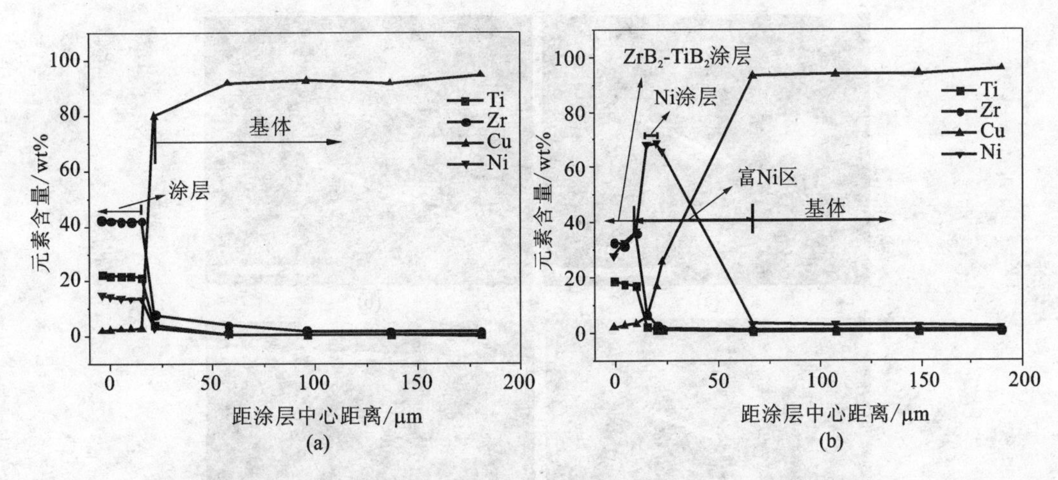

图 7-45 ZrB_2-TiB_2 及 ZrB_2-TiB_2/Ni 涂层电极 Ti、Zr、Ni、Cu 元素截面分布

(a) ZrB_2-TiB_2 涂层电极；(b) ZrB_2-TiB_2/Ni 涂层电极

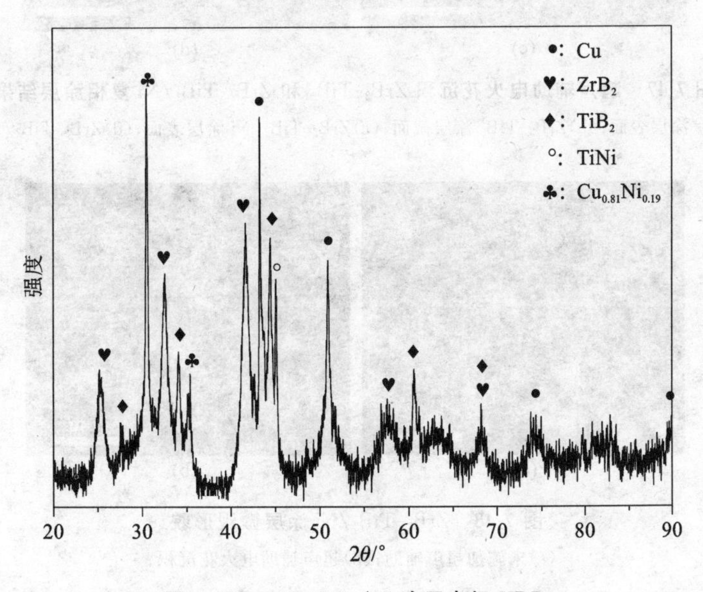

图 7-46 ZrB_2-TiB_2/Ni 涂层电极 XRD

7.4.3 超声辅助电火花沉积对 ZrB_2-TiB_2 复相涂层质量的影响

图 7-47(a)、图 7-47(b)揭示了超声辅助条件下，点焊电极表面直接电火花原位沉积 ZrB_2-TiB_2 复相涂层表面及截面形貌。从图 7-47(a)可以发现，涂层表面裂纹仍然存在。而图 7-47(b)则说明，此沉积条件下，基体一侧柱状晶区基本消失，但分层缺陷却仍然存在。在超声辅助沉积条件下，分层仍然存在的主要原因是，涂层与基体间润湿性能仍未改善。图 7-47(c)、图 7-47(d)揭示了超声辅助条件下，所获 ZrB_2-TiB_2/Ni 复相涂层表面及截面形貌。与无超声辅助沉积相比，涂层质量改观体现在：第一，涂层厚度相对比较均匀；第二，基体内柱状晶区基本消失；第三，涂层内晶粒得到明显细化[图 7-48(a)为无超声辅助条件下涂层 SEM，图 7-48(b)为超声辅助条件下涂层 SEM]。

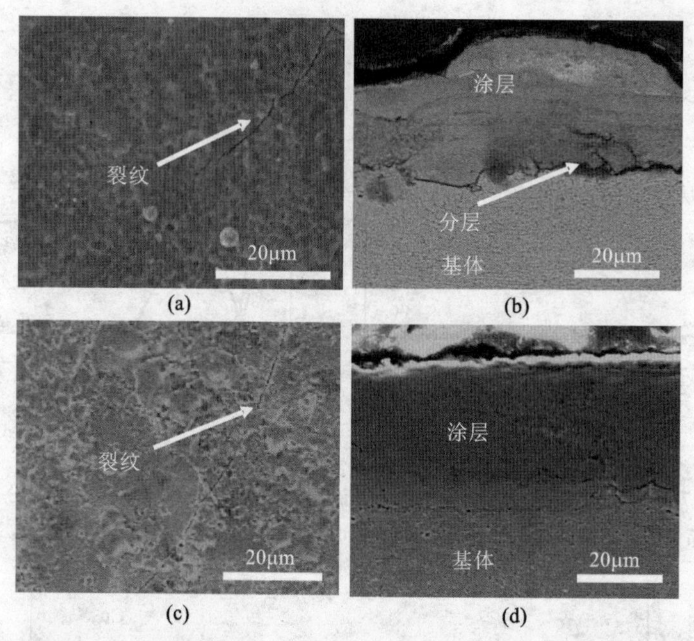

图 7-47 超声辅助电火花沉积 ZrB_2-TiB_2 和 ZrB_2-TiB_2/Ni 复相涂层结果

(a)ZrB_2-TiB_2 涂层表面;(b)ZrB_2-TiB_2 涂层截面;(c)ZrB_2-TiB_2/Ni 涂层表面;(d)ZrB_2-TiB_2/Ni 涂层截面

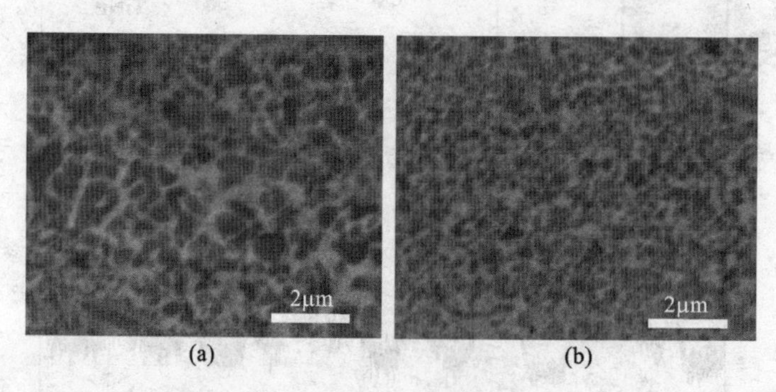

图 7-48 ZrB_2-TiB_2/Ni 涂层微观形貌

(a)未施加超声辅助;(b)超声辅助电火花沉积

上述结果说明,施加超声辅助对消除柱状晶区以及细化涂层晶粒发挥了积极作用。由于涂层电极微结构发生变化,其机械性能也随之有所改变。图 7-49 揭示了超声辅助条件下,ZrB_2-TiB_2、ZrB_2-TiB_2/Ni 复相涂层电极截面显微硬度梯度分布。与未施加超声辅助相比[图 7-48(a)],涂层显微硬度明显提高。不仅如此,图 7-48(a)中出现的软化区,在图 7-49 中已不复存在,而且相应区域显微硬度略高于基体(图 7-49 中插图揭示了相应区域金相,插图说明,过渡区晶粒与基体相比晶粒略有细化)。根据细晶强化经典理论,晶粒越小,晶界就越多,对位错运动的阻碍就越大,材料形变的阻力就越大,宏观上表现为硬度越高。

超声辅助晶粒细化理论主要包括超声空化破碎理论和过冷生核理论。超声空化破碎理论认为:超声形成的大量气泡,在超过一定阈值的声压作用下发生崩溃,并产生激波,将结晶长大的晶粒打碎,使晶粒得到细化;而过冷生核理论则认为,超声振动所产生的空化泡,在膨胀以及泡内液体蒸发时,空化泡壁温度下降,引起空化泡周围熔液降温并形成新晶核,细化晶粒。

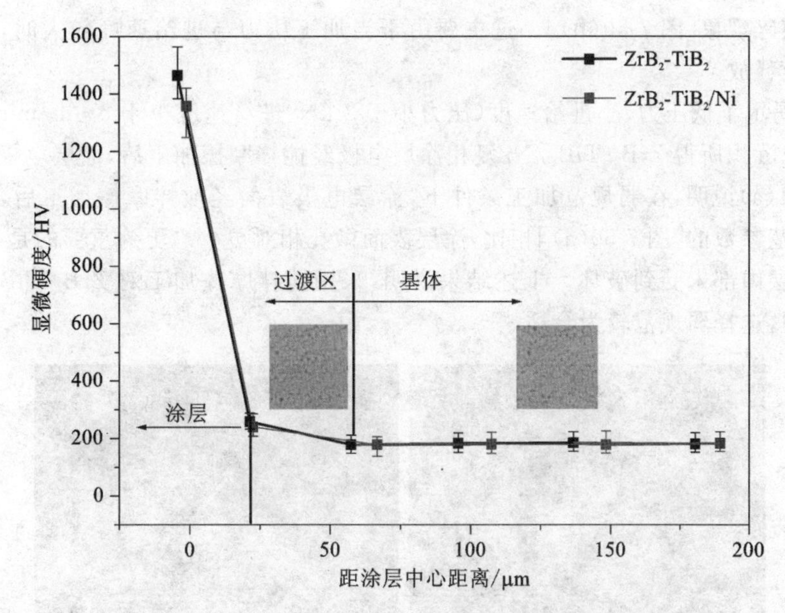

图 7-49　超声辅助条件下涂层电极显微硬度梯度分布

超声辅助电火花沉积时，涂层及基体性能得以改善主要源于超声机械效应。超声辅助电火花沉积时，超声振动直接作用于点焊电极，因此能够对基体产生冲击。当放电电极材料熔化于基体表面形成强化层时，超声所产生的振动，必然对熔池产生影响。同时超声振动能够降低反应势垒，促进电极材料和基体材料组元的扩散运动，也能起到增强基材与电极冶金结合的作用。对于强化层，在电极材料熔化形核的过程中，超声具有“高速搅拌”效应，使晶粒得到细化[24]。

7.4.4　搅拌摩擦后处理对 ZrB_2-TiB_2 复相涂层质量的影响

图 7-50 揭示了超声辅助电火花沉积所得 ZrB_2-TiB_2 复相涂层在强操作规范下（压力大于 2 kN、进给速度 5 μm/min 以上），经搅拌摩擦加工后，其表面及截面形貌。图 7-50(a)说明，涂层经搅拌摩擦加工后，表面形貌相对未加工前[图 7-47(c)]更为平滑。这源于搅拌摩擦加工过程中，搅拌头对涂层表面的切削作用。不仅如此，表面裂纹经搅拌摩擦加工后也有所改观。虽然在强规范参数下，涂层表面质量有所提高，但由于加工时所施加压力、进给速度过大，涂层内

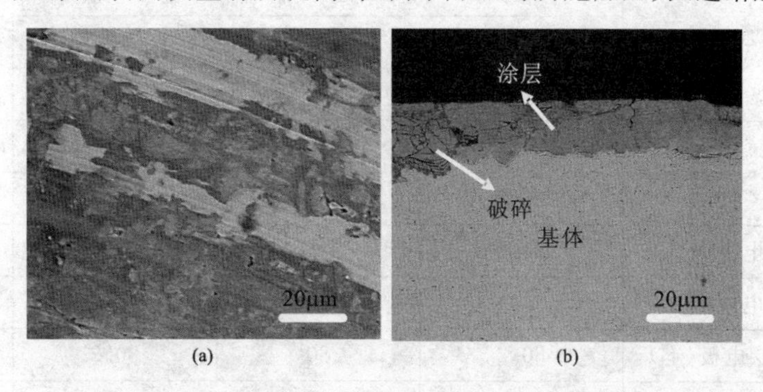

图 7-50　ZrB_2-TiB_2/Ni 复相涂层在强规范条件下经搅拌摩擦加工后表面及截面形貌

(a)表面形貌；(b)截面形貌

部产生严重破碎现象[图 7-50(b)]。这主要由于当加工压力与进给速度较大时，涂层内积累的应力来不及释放。

图 7-51 揭示了低压力、小进给速度(压力小于 2 kN、进给速度小于 5 μm/min)参数下，超声辅助电火花沉积所得 ZrB_2-TiB_2/Ni 复相涂层电极经搅拌摩擦加工后，涂层电极表面及截面形貌。图 7-51(a)说明，在弱规范加工条件下，涂层电极表面经搅拌摩擦加工后，表面更为光滑，且与强规范参数的[图 7-50(a)]相比，涂层表面微孔相对更少。更为重要的是，在弱规范加工条件下，涂层内部未受到破坏。上述结果说明，采用搅拌摩擦加工对 ZrB_2-TiB_2/Ni 复相涂层进行后处理，选择弱规范较为合适。

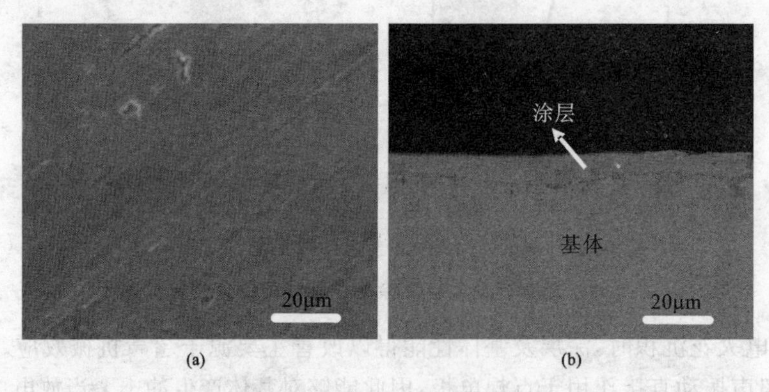

图 7-51　ZrB_2-TiB_2/Ni 复相涂层在弱规范条件下经搅拌摩擦加工后表面及截面形貌

(a)表面形貌；(b)截面形貌

图 7-52 分别揭示了无涂层电极[图 7-52(a)]、ZrB_2-TiB_2 涂层电极[图 7-52(b)]、ZrB_2-TiB_2/Ni 涂层电极[图 7-52(c)]焊接窗口测定过程中，不同焊接时间下，焊点熔核直径随焊接电流变化趋势。图中 t 表示板厚，c 表示最小熔核直径。

图 7-53 为不同点焊电极焊接窗口(根据图 7-52 的结果绘制)，从图 7-53 可发现，ZrB_2-TiB_2/Ni 涂层电极具有最宽的焊接窗口，ZrB_2-TiB_2 涂层电极次之，无涂层点焊电极焊接窗口最小。导致点焊电极焊接窗口不同的主要原因是，点焊电极表面沉积涂层后，涂层电极电导率发生了明显改变，表 7-12 揭示了试验用点焊电极电导率测量结果。

表 7-12　电极电导率

电极	电导率/%IACS			
	测量值			平均值 %IACS
	1	2	3	
无涂层电极(上)	85.3	85.2	85	85.2
无涂层电极(下)	85.2	85.3	85.3	85.3
ZrB_2-TiB_2 涂层电极(上)	82.7	83.2	83.5	83.1
ZrB_2-TiB_2 涂层电极(下)	83	82.5	82.3	82.6
ZrB_2-TiB_2/Ni 涂层电极(上)	80.2	80	80.2	80.1
ZrB_2-TiB_2/Ni 涂层电极(下)	80.2	80	80.1	80.1

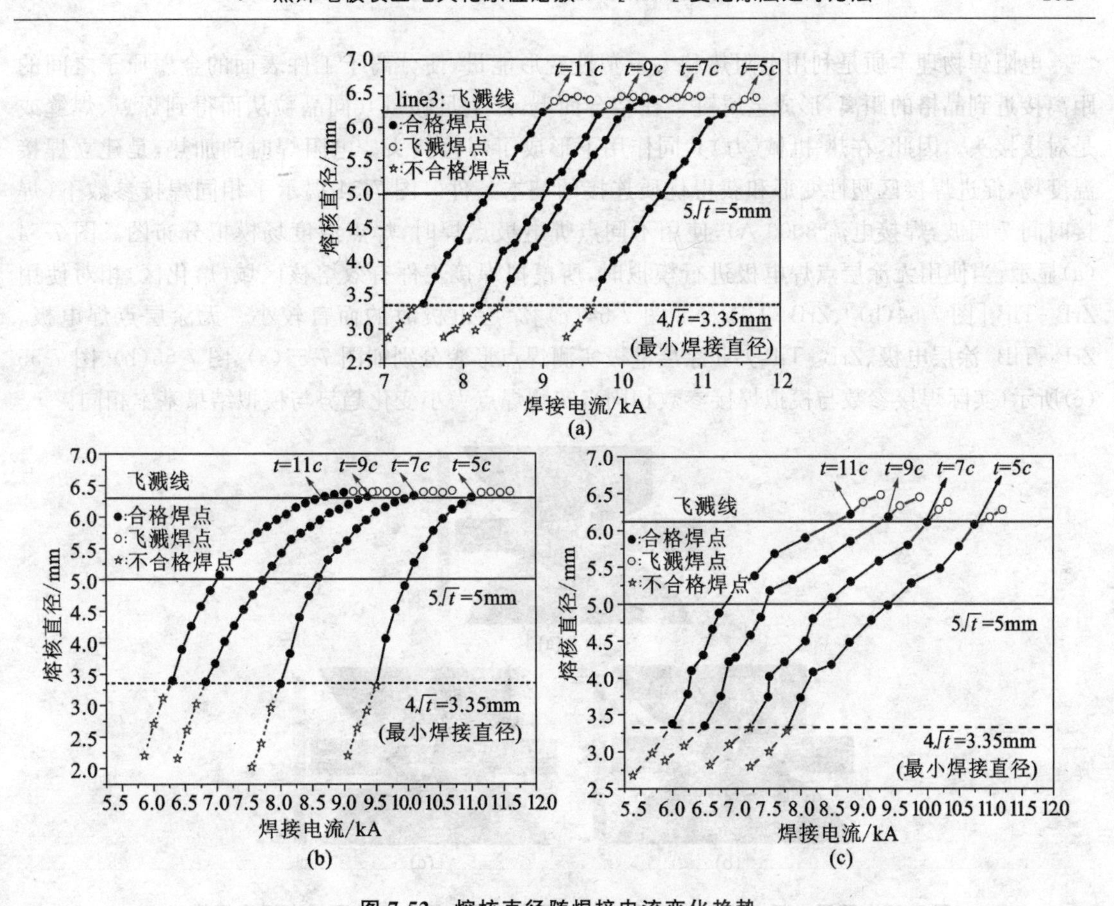

图 7-52 熔核直径随焊接电流变化趋势

(a)无涂层电极；(b)ZrB_2-TiB_2 涂层电极；(c)ZrB_2-TiB_2/Ni 涂层电极

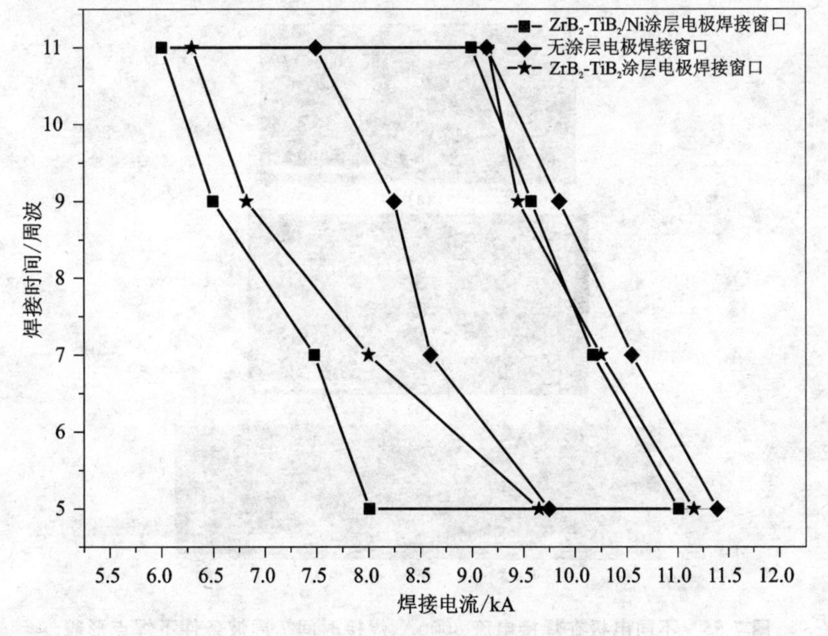

图 7-53 不同电极焊接窗口

电阻焊物理本质是利用电阻热和大量塑性变形能量，使分离于工件表面的金属原子之间的距离接近到晶格的距离，形成金属键。在结合面上，产生足够量共同晶粒从而得到焊点、焊缝或是对接接头。因此，在热-机械(力)共同作用下形成了焊接接头。电阻焊时的加热，是建立焊接温度场，促进焊接区塑性变形和获得优质连接的基本条件。图 7-54 揭示了相同焊接参数下(焊接时间 7 周波，焊接电流 8000 A)，使用不同点焊电极点焊时，焊点温度场模拟分布图。图 7-54(a)显示，当使用无涂层点焊电极进行模拟时，所模拟焊接工件有效熔核区域(熔化区)相对使用 ZrB_2-TiB_2[图 7-54(b)]、ZrB_2-TiB_2/Ni[图 7-54(c)]涂层电极时的而言较小。无涂层点焊电极、ZrB_2-TiB_2 涂层电极、ZrB_2-TiB_2/Ni 涂层电极实测焊点形貌分别如图 7-55(a)、图 7-55(b)、图 7-55(c)所示(实际焊接参数与模拟焊接参数相同)，实测焊点大小变化趋势与模拟结果基本相同。

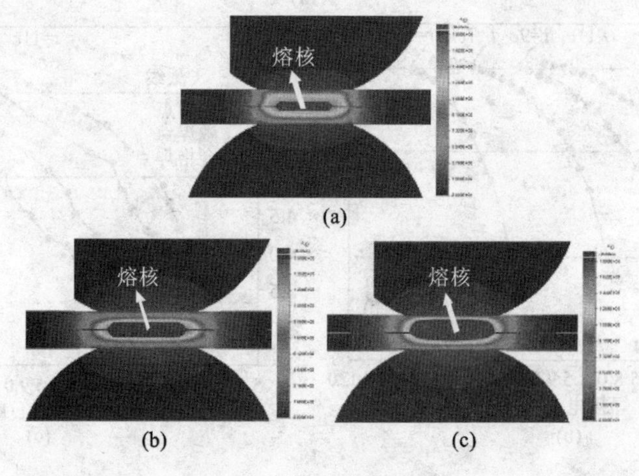

图 7-54　不同电极在焊接电流 8000 A、焊接时间 7 周波条件下焊点温度场模拟

(a)无涂层电极；(b) ZrB_2-TiB_2 涂层电极；(c) ZrB_2-TiB_2/Ni 涂层电极

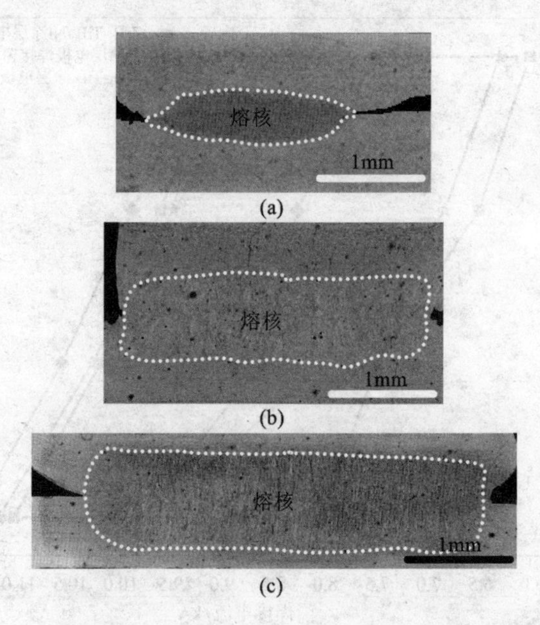

图 7-55　不同电极在焊接电流 8000A、焊接时间 7 周波条件下焊点形貌

(a)无涂层电极；(b)ZrB_2-TiB_2 涂层电极；(c)ZrB_2-TiB_2/Ni 涂层电极

涂层电极电导率下降，除涂层自身电导率低于基体以外，界面增加所引起的接触电阻增加，也是涂层电极电导率下降的原因之一。因此，当于点焊电极表面沉积 ZrB_2-TiB_2 时，电阻分布便会随之发生变化。图 7-56 为使用涂层电极点焊时，电阻分布示意图，相对于无涂层电极而言增加了 R_6 和 R_7。而对于 ZrB_2-TiB_2/Ni 涂层电极而言，界面会更多，因此新增的接触电阻也会增加。由于电阻点焊热源主要为焦耳热，根据焦耳楞次定律，电阻点焊时总热量 Q 为：

$$Q = I^2 Rt \tag{7-38}$$

式中 I ——焊接电流(A)；

R ——电阻(Ω)；

t ——通过焊接电流的时间(s)。

式(7-38)中，R 为点焊电极和工件所组成系统中所有电阻之和，若不考虑其他影响因素则 R 可表示为：

$$R = \sum_{i=1}^{n} R_i \tag{7-39}$$

对于 ZrB_2-TiB_2/Ni 结构涂层电极而言，式(7-39)中 i 值大于 ZrB_2-TiB_2 结构涂层电极以及无涂层电极的。这使得前者在点焊时，具有更高的系统电阻值。因此，ZrB_2-TiB_2/Ni 结构涂层电极，点焊时可以获得更高的热量，有利于提高焊透率，进而提高焊点综合质量。当然，R 值并非越大越好，当 R 值过大时，可能会带来一些负面影响，例如，飞溅、粘连以及需要更优质(或更大流量)的冷却水等。

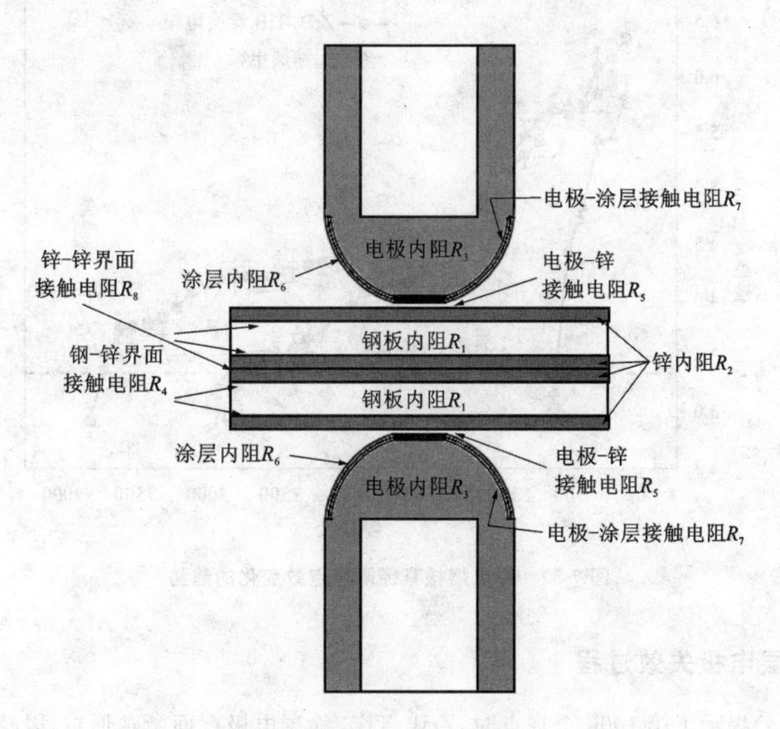

图 7-56 涂层电极点焊时电阻分布图

7.4.5　电极寿命测试

根据所测点焊电极焊接窗口，并参考 ANSI/AWS/SAE/D8.9-97 标准[1]，确定不同点焊电极焊接参数[表 7-13]。

表 7-13　焊接参数

电极	焊接电流/A	焊接压力/kN	焊接时间(周波)	维持时间(周波)	焊接速度/(点/min)	水流速度/(L/min)
无涂层电极	9300	2	7	10	30	2
ZrB_2-TiB_2 涂层电极	8600	2	7	10	30	2
ZrB_2-TiB_2/Ni 涂层电极	8400	2	7	10	30	2

注：焊接电流取熔核直径为 $5\times\sqrt{t}$ 时电流值（t 为钢板厚度，$t=0.7$ mm）。

图 7-57 揭示了不同电极使用表 7-13 提供的焊接参数时，熔核直径随焊点数变化的趋势。寿命测试结果说明，ZrB_2-TiB_2/Ni 涂层电极寿命最长，平均寿命大约为 3700 个焊点；ZrB_2-TiB_2 涂层电极相对无涂层电极而言，点焊电极寿命也有明显延长，平均寿命大约为 2700 个焊点；无涂层点焊电极平均寿命最短，在 600 个焊点以下。

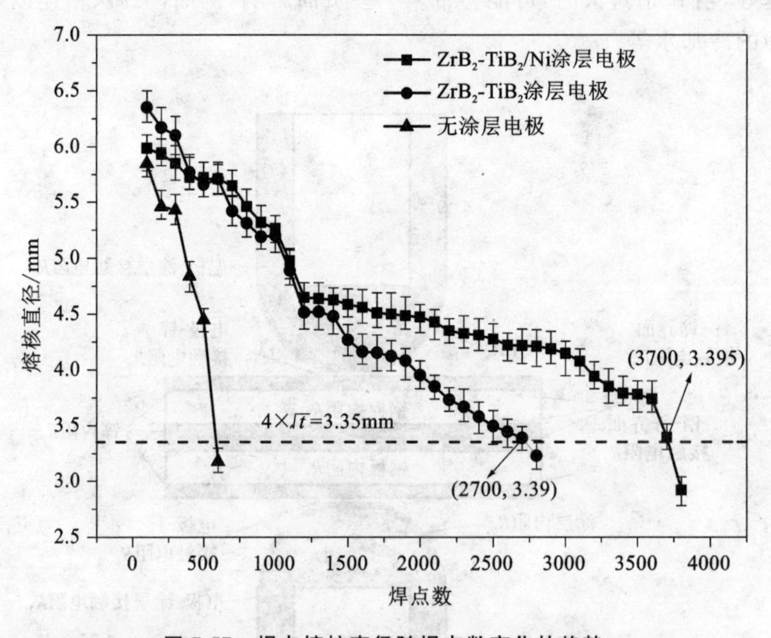

图 7-57　焊点熔核直径随焊点数变化的趋势

7.4.6　涂层电极失效过程

图 7-58(a)揭示了第 1000 个焊点时，ZrB_2-TiB_2 涂层电极截面微观形貌，以及主要元素 Cu[图 7-58(b)]、Zn[图 7-58(c)]、Zr[图 7-58(d)]、Ti[图 7-58(e)]面扫描结果。相同焊点下，ZrB_2-TiB_2/Ni 涂层电极截面微观形貌，以及 Cu、Zn、Ti、Zr、Ni 元素面扫描结果，分别如图 7-59

(a)、图 7-59(b)、图 7-59(c)、图 7-59(d)、图 7-59(e)、图 7-59(f)所示。对比图 7-58(a)与图 7-59(a)发现，当点焊至 1000 点时，对于 ZrB_2-TiB_2 涂层电极而言，涂层虽然存在且完整，但其内部裂纹与界面分层问题已变得很严重。而此时，ZrB_2-TiB_2/Ni 涂层电极其涂层质量相对 ZrB_2-TiB_2 涂层电极的而言，要好很多，仅在涂层内部出现了些许裂纹，且涂层与基体界面完整性未受到破坏。点焊时，在机械力和电阻热循环作用下，介于涂层性能，产生裂纹是不可避免的。点焊相同焊点数，ZrB_2-TiB_2/Ni 涂层表现出较好的抗破坏能力，源于 ZrB_2-TiB_2/Ni 涂层电极中 Ni 过渡层的缓冲作用。图 7-60(a)揭示了点焊至 2000 点时，ZrB_2-TiB_2 涂层电极截面形貌[元素 Cu、Zn、Zr、Ti 面扫描结果分别如图 7-60(b)、图 7-60(c)、图 7-60(d)、图 7-60(e)所示]。图 7-60 说明，随着点焊过程延续，ZrB_2-TiB_2 涂层电极中涂层完整性遭到严重破坏，涂层内几乎遍布裂纹，更为严重的是，一些区域涂层已经脱离。此时电极端部 XRD 结果，除包含 Cu、Zn、ZrB_2、TiB_2 衍射峰外，还发现 CuZn 衍射峰[图 7-62(a)]。这说明，点焊至 2000 点左右时，ZrB_2-TiB_2 涂层电极已开始受到合金化影响。导致上述结果的主要原因是，涂层严重破坏后，涂层裂纹以及脱落问题为 Zn 向基体扩散提供了通道，导致了合金化产生。

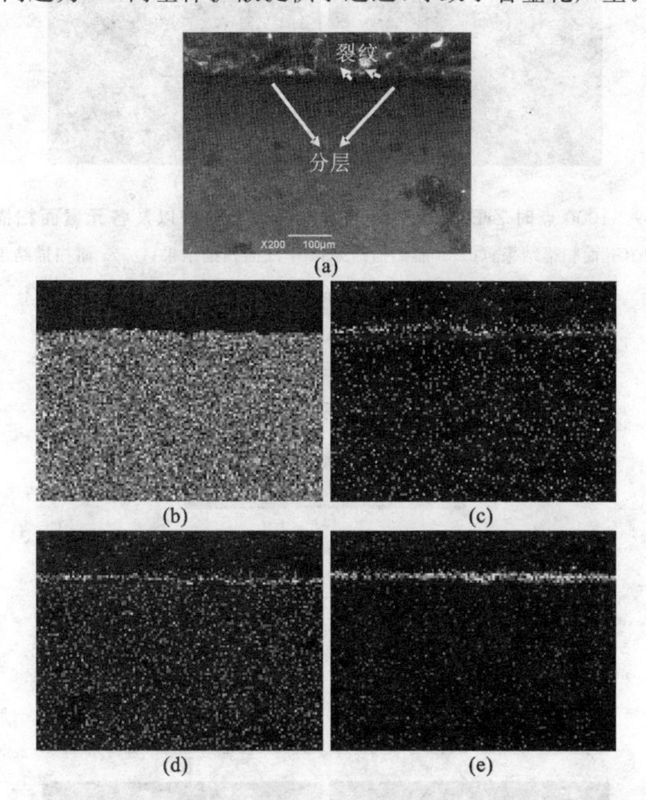

图 7-58　1000 点时 ZrB_2-TiB_2 涂层电极表面形貌以及各元素面扫描结果

(a)电极表面形貌；(b)Cu 面扫描结果；(c)Zn 面扫描结果；(d)Zr 面扫描结果；(e)Ti 面扫描结果

ZrB_2-TiB_2/Ni 涂层电极点焊至 2000 点时电极表面形貌，以及 Cu、Zn、Ti、Zr、Ni 元素面扫描结果，如图 7-61 所示。此时，涂层虽存在很多裂纹，但完整性未遭破坏，涂层还能完全覆盖于基体表面，这为减缓电极合金化提供了保障。此时电极表面 XRD 检测结果也说明，电极未发生明显合金化反应[图 7-62(b)]。

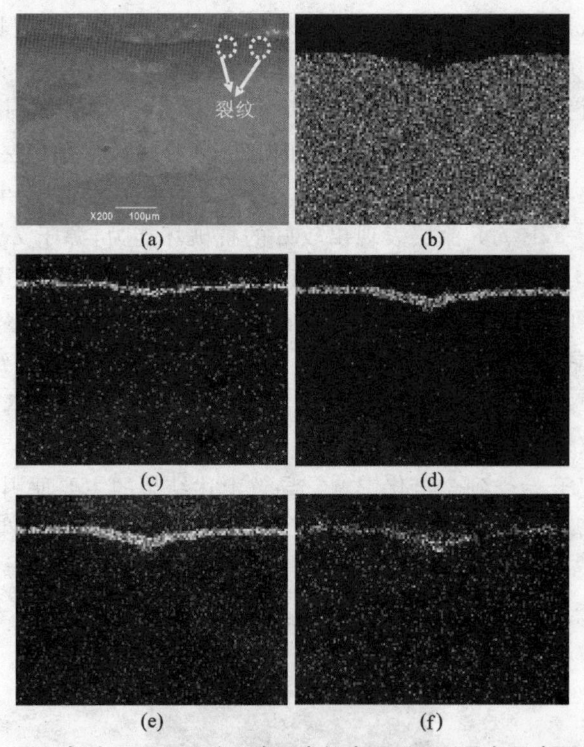

图 7-59 1000 点时 ZrB_2-TiB_2/Ni 涂层电极表面形貌以及各元素面扫描结果

(a)电极表面形貌;(b)Cu 面扫描结果;(c)Zn 面扫描结果;(d)Ti 面扫描结果;(e)Zr 面扫描结果;(f)Ni 面扫描结果

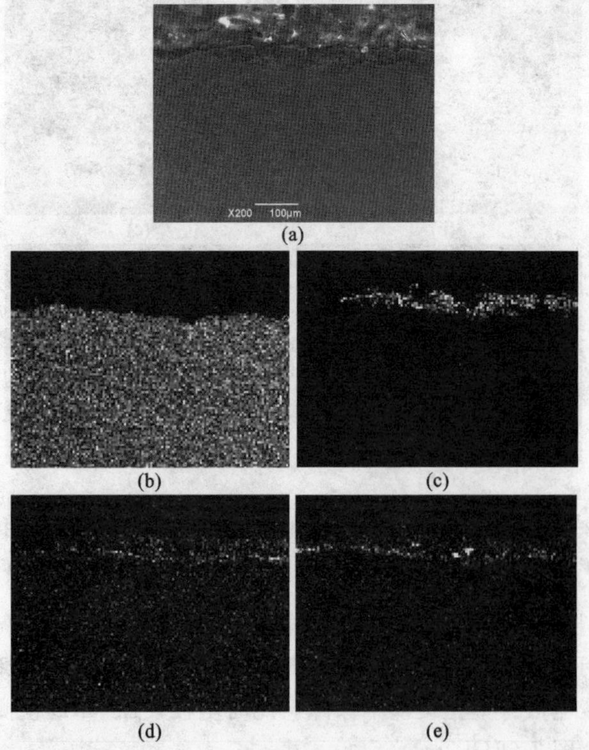

图 7-60 2000 点时 ZrB_2-TiB_2 涂层电极表面形貌以及各元素面扫描结果

(a)电极表面形貌;(b)Cu 面扫描结果;(c)Zn 面扫描结果;(d)Zr 面扫描结果;(e)Ti 面扫描结果

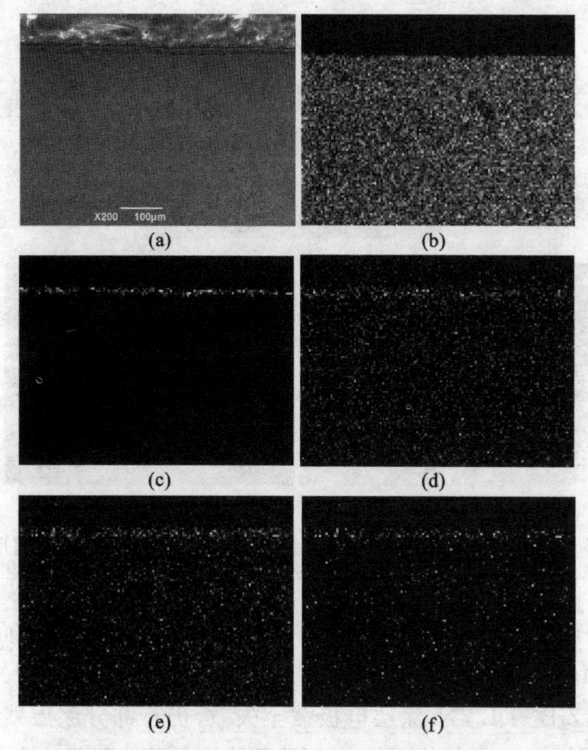

图 7-61　2000 点时 ZrB_2-TiB_2/Ni 涂层电极表面形貌以及各元素面扫描结果

(a)电极表面形貌；(b)Cu 面扫描结果；(c)Zn 面扫描结果；(d)Ti 面扫描结果；(e)Zr 面扫描结果；(f)Ni 面扫描结果

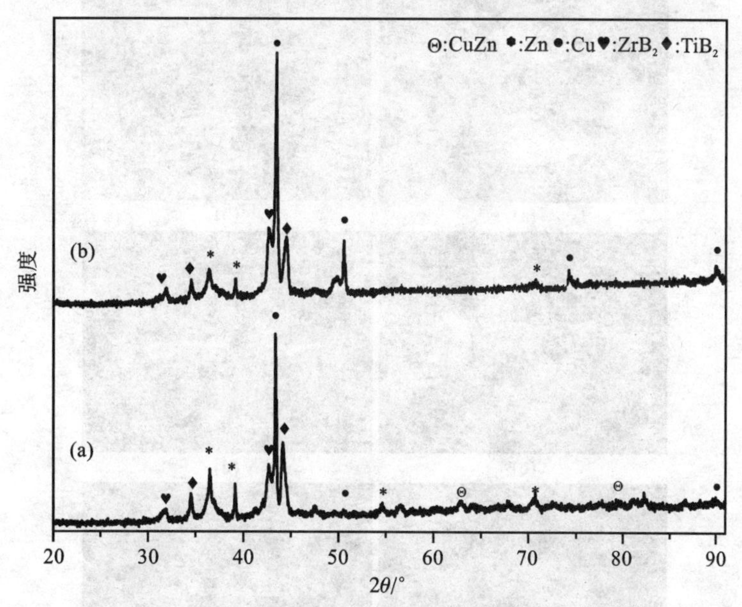

图 7-62　第 2000 点时点焊电极表面 XRD

(a)ZrB_2-TiB_2 涂层电极；(b)ZrB_2-TiB_2/Ni 涂层电极

图 7-63 揭示了 ZrB_2-TiB_2 涂层电极失效时(即第 2700 点)电极截面形貌[图 7-63(a)]，以及主要元素 Cu[图 7-63(b)]、Zn[图 7-63(c)]面扫描结果。图 7-63 说明，ZrB_2-TiB_2 涂层电极失效时，涂层在外力作用下几乎已经完全脱落。这源于前期电极塑性变形以及合金化的逐渐积累。

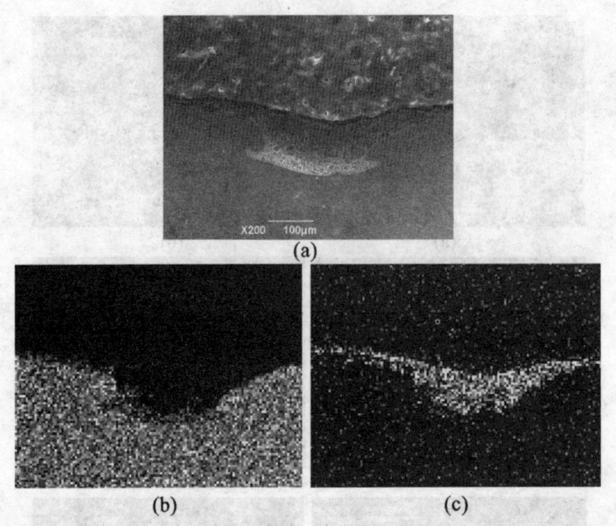

图 7-63　2700 点时 ZrB_2-TiB_2 涂层电极表面形貌以及 Cu、Zn 面扫描结果

(a)电极表面形貌；(b)Cu 面扫描结果；(c)Zn 面扫描结果

图 7-64 揭示了，ZrB_2-TiB_2/Ni 涂层电极失效时(即第 3700 点)电极截面形貌[图 7-64(a)]，以及主要元素 Cu[图 7-64(b)]、Zn[图 7-64(c)]、Ti[图 7-64(d)]、Zr[图 7-64(e)]、Ni[图 7-64(f)]面扫描结果。图 7-64 说明，ZrB_2-TiB_2/Ni 涂层电极截至失效，仍有部分涂层残留于电极表面。这一方面源于涂层与基体间较好的结合力，另一方面源于涂层与基体间为冶金结合。

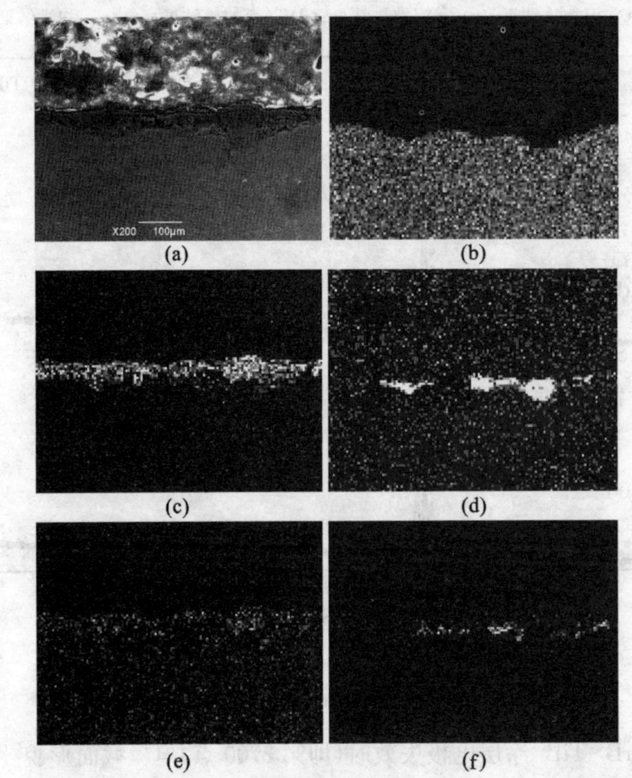

图 7-64　3700 点时 ZrB_2-TiB_2/Ni 涂层电极表面形貌以及各元素面扫描结果

(a)电极表面形貌；(b)Cu 面扫描结果；(c)Zn 面扫描结果；(d)Ti 面扫描结果；(e)Zr 面扫描结果；(f)Ni 面扫描结果

上述结果还说明，点焊过程中，ZrB_2-TiB_2 涂层电极与 ZrB_2-TiB_2/Ni 涂层电极在失效过程方面存在些许不同。图 7-65、图 7-66 分别为 ZrB_2-TiB_2、ZrB_2-TiB_2/Ni 涂层电极失效模型。对于 ZrB_2-TiB_2 涂层电极[图 7-65(a)]，其失效过程大致为，点焊过程中在力和热作用下，涂层内部首先产生裂纹[图 7-65(b)]，电极回撤时，黏连所产生的拉应力导致涂层脱落，而钢板镀层元素 Zn 则迅速填充该区域[图 7-65(c)]，为 Cu、Zn 之间合金化反应创造了条件。随着焊接过程的延续，电极工作面受涂层保护区域急剧减少[图 7-65(d)]。缺乏涂层保护后的点焊电极，无论是塑性变形速度，还是 Cu、Zn 之间的合金化程度都会加剧，进而加速了电极失效。

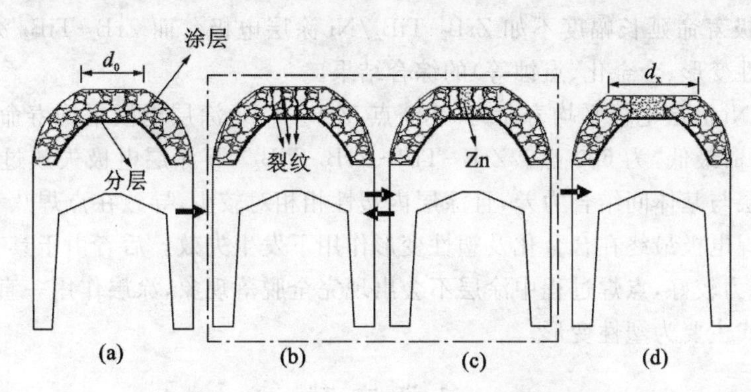

图 7-65 ZrB_2-TiB_2 涂层电极失效模型

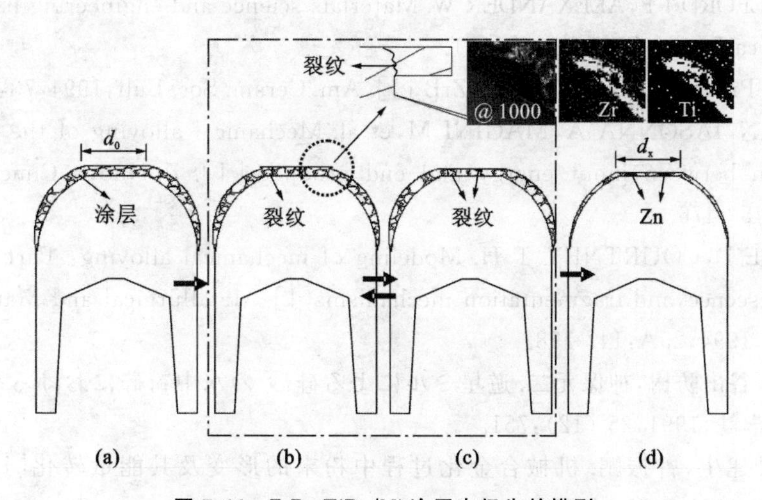

图 7-66 ZrB_2-TiB_2/Ni 涂层电极失效模型

对于 ZrB_2-TiB_2/Ni 涂层电极[图 7-66(a)]，点焊过程中涂层虽然也会产生裂纹，但由于存在塑性相对较好的过渡层(Ni 层)，在元素扩散作用下，多层结构 ZrB_2-TiB_2 沉积层内塑性相相对含量比单一涂层高。这使得涂层具备一定的变形能力，在点焊过程中出现类似于卷边的现象[图 7-66(b)及插图]，虽然此结构下涂层具备一定塑性，但相对于基体而言，塑性相差较大，因此卷边相对于无涂层电极而言小得多。而卷边接头处，往往是应力较为集中的部位，在随后焊接过程中，会产生应力裂纹而脱落[图 7-66(c)]，从而可避免端部直径额外增加。由于涂层与基体间不存在分层问题，因此避免或减小了涂层脱落的可能。焊接后期，ZrB_2-TiB_2/Ni 涂层电极端部最终也发现了 Zn 填充区域。这些区域的形成，与单一 ZrB_2-TiB_2 相比，形成机制可能有所区别。单一 ZrB_2-TiB_2 涂层电极主要是涂层脱落引起，而 ZrB_2-TiB_2/Ni 涂层电极则可能是由涂层裂纹不断发展所致。ZrB_2-TiB_2/Ni 涂层电极完整性最终虽然被破坏，但仍有部分涂层镶嵌于电极表面，起到了弥散强化的作用。ZrB_2-TiB_2/Ni 涂层电极在变形及涂层与基体界面间的优越表现，使得其寿命长于 ZrB_2-TiB_2 涂层电极。

通过上述分析，可以发现 ZrB_2-TiB_2/Ni 涂层电极失效，主要表现为塑性变形引起的端部直径增加，但这样的塑性变形，相对无涂层电极而言相当小，从而使点焊电极寿命得到有效延长。单一 ZrB_2-TiB_2 涂层电极对延长点焊电极寿命也有一定帮助，但由于涂层与基体界面间的固有缺陷，电极寿命延长幅度不如 ZrB_2-TiB_2/Ni 涂层电极。而 ZrB_2-TiB_2 涂层电极失效，则为多因素（塑性变形、合金化、点蚀等）的综合结果。

ZrB_2-TiB_2/Ni 涂层电极平均寿命为 3700 点、ZrB_2-TiB_2 涂层电极平均寿命为 2700 点，无涂层电极平均寿命最低，为 600 点。ZrB_2-TiB_2、ZrB_2-TiB_2/Ni 涂层电极失效过程存在些许不同，前者由于涂层与基体间结合力差，且涂层内塑性相相对较少，导致在点焊热和力作用下，涂层逐渐脱落，点焊电极最终在合金化及塑性变形作用下发生失效。后者由于具有一定塑性，且涂层与基体结合力较好，点焊过程中涂层不会出现完全脱落现象，涂层作用一直持续至电极失效，电极失效形式主要为塑性变形。

参考文献

[1] SHACKELFORD J F，ALEXANDER W. Materials science and engineering handbook[M]. 3rd ed. Boca Raton：CRC Press，2001.

[2] MROZ C. Processing TiZrC and $TiZrB_2$[J]. Am. Ceram. Soc. Bull，1994，73：78-81.

[3] BURGIO N，IASONNA A，MAGINI M，et al. Mechanical alloying of the Fe-Zr system correlation between input energy and end products[J]. Il Nuovo Cimento B，1991，13D (4)：459-476.

[4] MAURICE D，COURTNEY T H. Modeling of mechanical alloying：Part Ⅰ. Deformation，coalescence，and fragmentation mechanisms[J]. Metallurgical and Materials Transactions A，1994，25A：147-158.

[5] 横山豊和，谷山防樹，神保元二. 遊星ミルによる硅砂の水中粉砕における平衡粒度[J]. 粉体工学学誌，1991，25 (12)：751.

[6] 杨君友，吴建生，曾振鹏. 机械合金化过程中粉末的形变及其能量转化[J]. 金属学报，1998，(10)：1061-1067.

[7] BHATTACHARYA A K，ARZT Z. Temperature ise during mechanical alloying[J]. Scripta Metallurgica et Materialia，1992，27 (6)：749-754.

[8] SCHWARZ R B，KOCH C C. Formation of amorphous alloys by the mechanical alloying of crystalline powders of pure metals and powders of intermetallics[J]. Applied Physics Letters，1986，49：146-148.

[9] MAURICE D R，COURTNEY T H. The physics of mechanical alloying：A first Report [J]. Metallurgical and Materials Transactions A，1990，21(1)：289-303.

[10] YANG J Y，ZHANG T J，CUI K，et al. Analysis of impact behavior during ball milling [J]. Acta Metall Sinica，1997，33：381-381.

[11] 陈振华,陈鼎. 机械合金化与固液反应球磨[M]. 北京:化学工业出版社,2006.
[12] 黄培云. 粉末冶金原理[M]. 北京:冶金工业出版社,2011.
[13] OGWU A A,DAVIES T J. Proposed selection rules for suitable binders in cemented hard metals with possible applications for improving ductility in intermetallics[J]. Journal of Materials Science,1992,27:5382-5388.
[14] 罗成. 点焊电极表面电火花沉积 TiC、TiB_2 涂层结构和性能的研究[D]. 长沙:中南大学,2010.
[15] GALINOV I V,LUBAN R B. Mass transfer trends during electrospark alloying[J]. Surface & Coatings Technology,1996,79:8-18.
[16] 陈明军,严富强,王利民,等. 电火花放电设备及过程分析[J]. 装备技术,1965,6 (8):125-131.
[17] EICHHORN F. Advanced joining technologies: Proceedings of the international institute of welding congress on joining research, July 1990 [M]. London: Chapman and Hall,1990.
[18] DUNN G J,EAGAR T W. Metal vapors in gas tungsten arcs: Part Ⅱ. Theoretical calculations of transport properties[J]. Metallurgical and Materials Transactions A,1986,17A:1865-1871.
[19] AGARWAL A,DAHOTRE N B,SUDARSHAN T S. Evolution of interface in pulsed electrode deposited titanium diborideon copper and steel[J]. Surface Engineering,1999,15 (1):27-32.
[20] OGWU A A,DAVIES T J. Electronic structure basis for selection of metal binders for hardmetal systems[J]. Materials Science and Technology,1993,9:213-217.
[21] 刘志林. 界面电子结构与界面性能[M]. 北京:科学出版社,2002.
[22] DEMPSEY E. Bonding in the refractory hard-metals[J]. Philosophical Magazine A,1963,8:285.
[23] YASINSKAYA G A. The wetting of refractory carbides,borides,and nitrides by molten metals[J]. Sov. Powder. Metall. Met. Ceram,1996,5:557-559.
[24] TIMOTHY MASON J. Senochemistry and sonoprocessing-the link, the trends and probably the future[J]. Ultrasonics Sonochemistry,2003,10:175-179.